『まけた側の良兵器集Ⅰ』オープニング

こがしゅうと

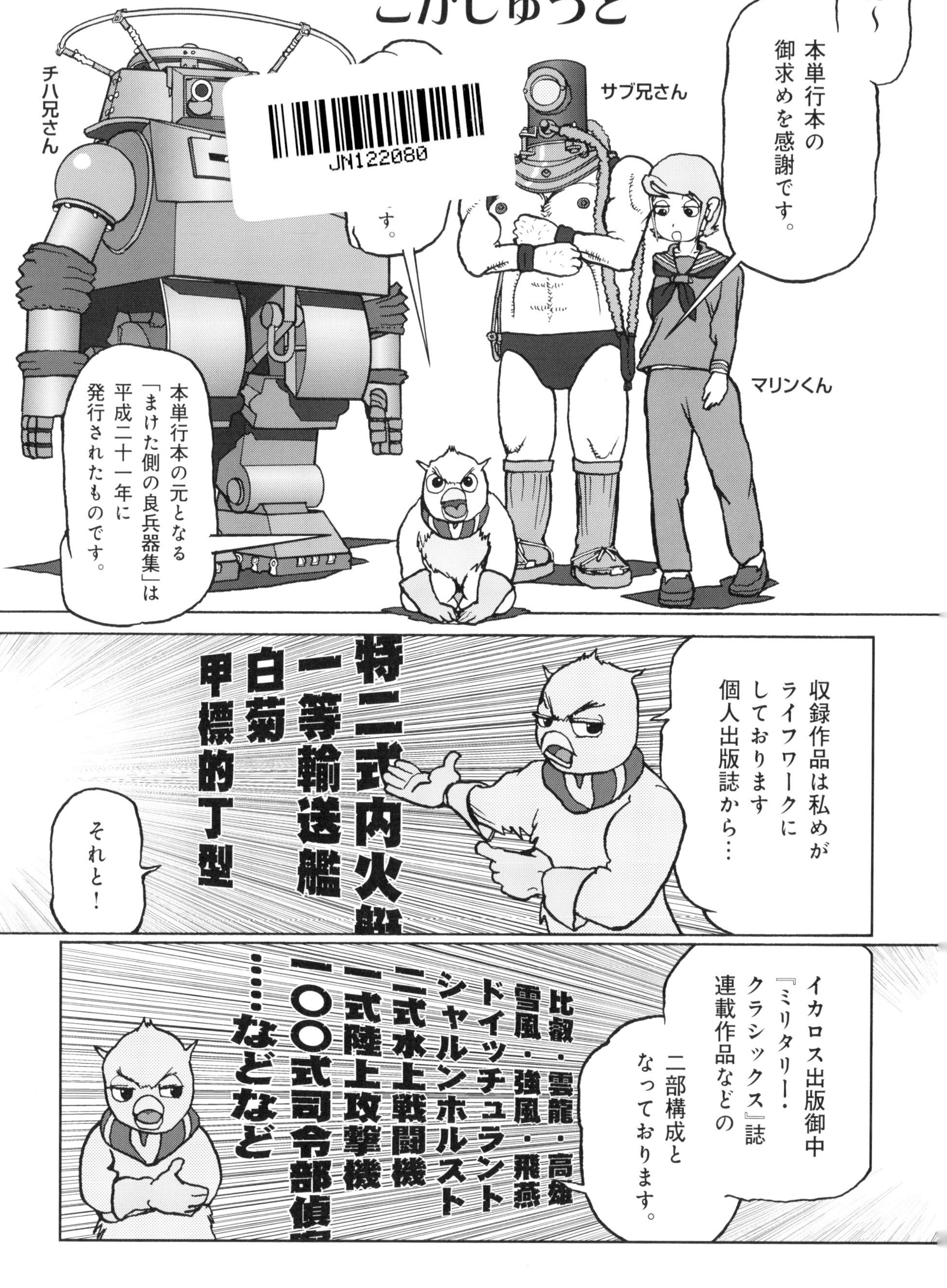
え〜
本単行本の御求めを感謝です。
サブ兄さん
マリンくん
す。
チハ兄さん
本単行本の元となる「まけた側の良兵器集」は平成二十一年に発行されたものです。
収録作品は私めがライフワークにしております個人出版誌から…
特二式内火
一等輸送艦
白菊
甲標的丁型
それと！
イカロス出版御中『ミリタリー・クラシックス』誌連載作品などの
二部構成となっております。
比叡・雲龍・高
雪風・強風・飛燕
ドイッチュラント
シャルンホルスト
二式水上戦闘機
一式陸上攻撃機
一〇〇式司令部偵
……などなど

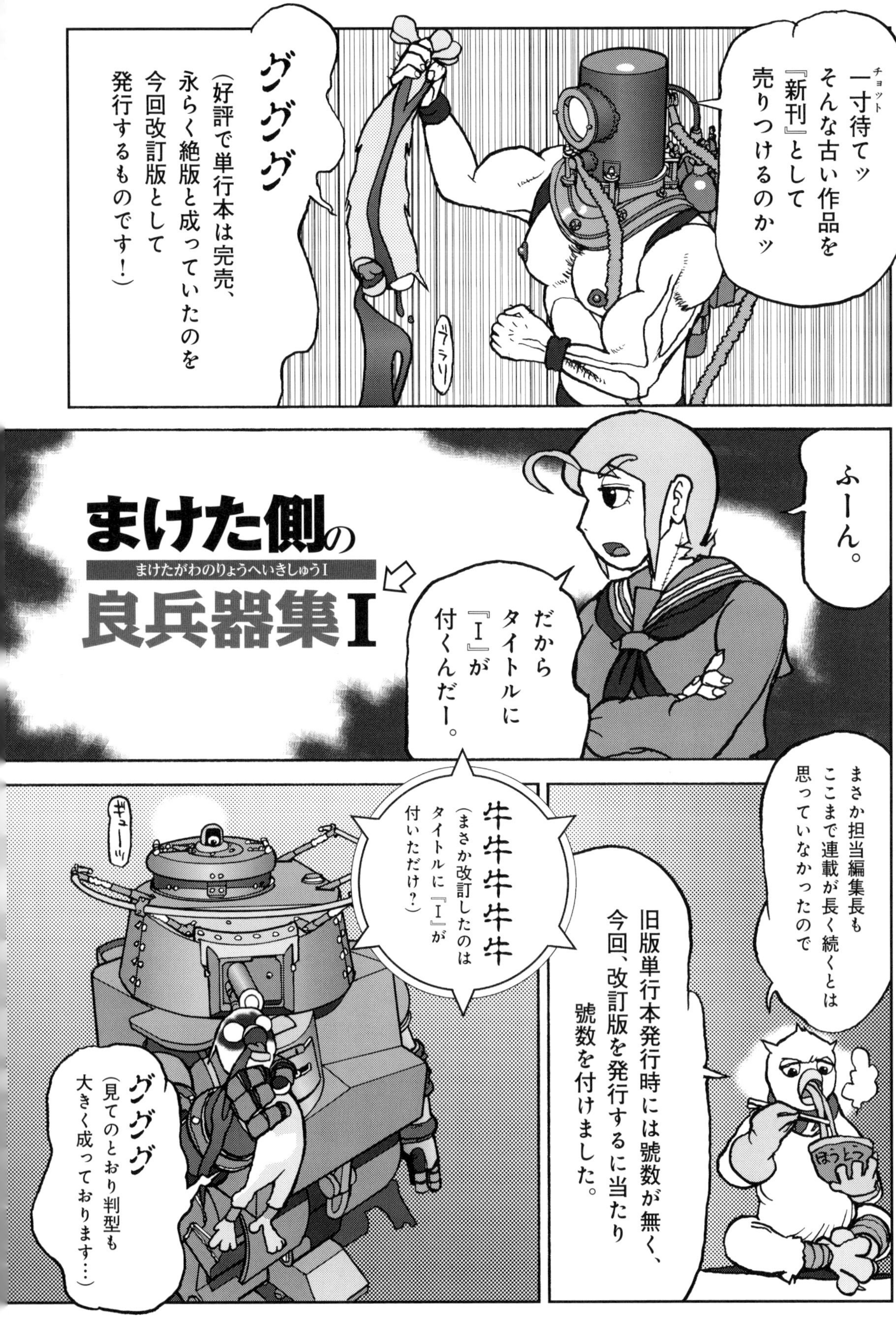

一寸《チョット》待てッ そんな古い作品を『新刊』として売りつけるのかッ
ググググ（好評で単行本は完売、永らく絶版と成っていたのを今回改訂版として発行するものです！）
ブラリ
ふーん。
だからタイトルに『I』が付くんだー。
まけた側の良兵器集I
まけたがわのりょうへいきしゅうI
まさか担当編集長もここまで連載が長く続くとは思っていなかったので
旧版単行本発行時には號数が無く、今回、改訂版を発行するに当たり號数を付けました。
牛牛牛牛牛（まさか改訂したのはタイトルに『I』が付いただけ？）
ギューーッ
ググググ（見てのとおり判型も大きく成っております…）

「一等輸送艦」前期型後檣図
（平成18年作・2006年）
「一等輸送艦」前期型後檣図
（令和2年作・2020年）
今回の改訂版では個人出版誌図説画は今の技量と考証で――
可能な限り！
徹底的に描き直しました！
なんと、その数五〇ページ近く！
…それらで持てる時間の全てを使ってしまったので…
どーしたの？ユガさん？
マリンくんッゴメンッ！君の顔直す時間が無くなってしまったんだ！
…もしや…
イ、イヤーッ！
迎えに来たよ

まけた側の良兵器集Ⅰ

まけたがわのりょうへいきしゅうⅠ

全面改訂版

＝目次＝

※本書は2009年4月発行の単行本「まけた側の良兵器集」を改訂したものです。3〜5ページ、21〜40ページ、55〜78ページの記事とイラスト、118〜122ページ、124ページのイラストは描き下ろしです。

特二式のカミひとえ

メイキング
【特二式のカミひとえ】
判らねえ…全くカタチが判らねえ。
特二式カミ
ギッギッ
オイッ
そういう時こそインターネットだッ
お一人様一つ!!
特二式カ
あッわ!?
本当だ！ありがとうサブ兄さんッ早速購入だ！
おッう!!
日本海
特二式カ
高価だったが来たぞ！
…コレ「カミ」ではなく「カニ」ですう
ハハハハハハ
特二式カニ
シャッシャッシャッ
あと倍額、入金したら今度こそ本物を送ると言っているぞ

特上陸

とくにじょうりく

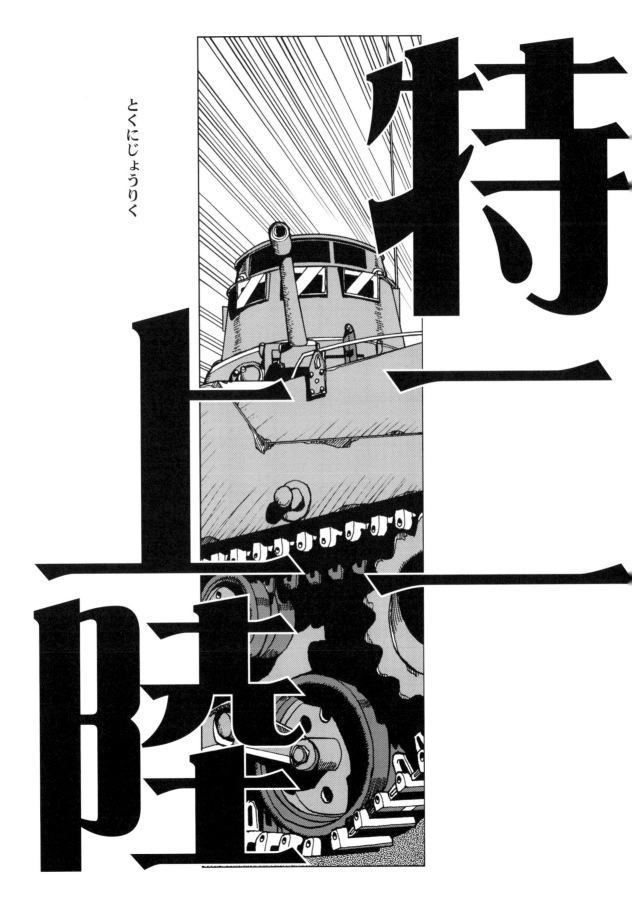

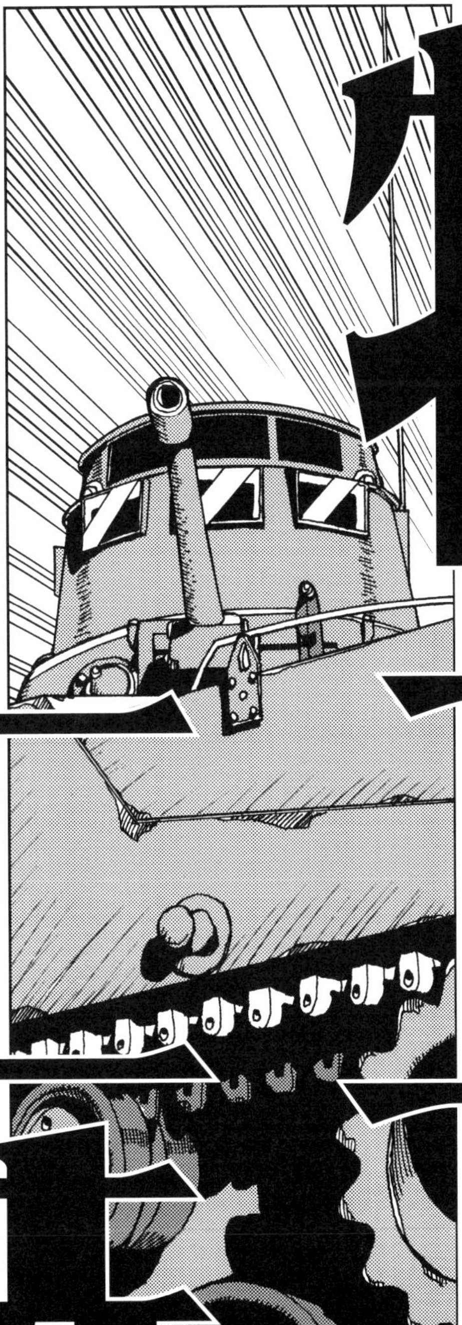

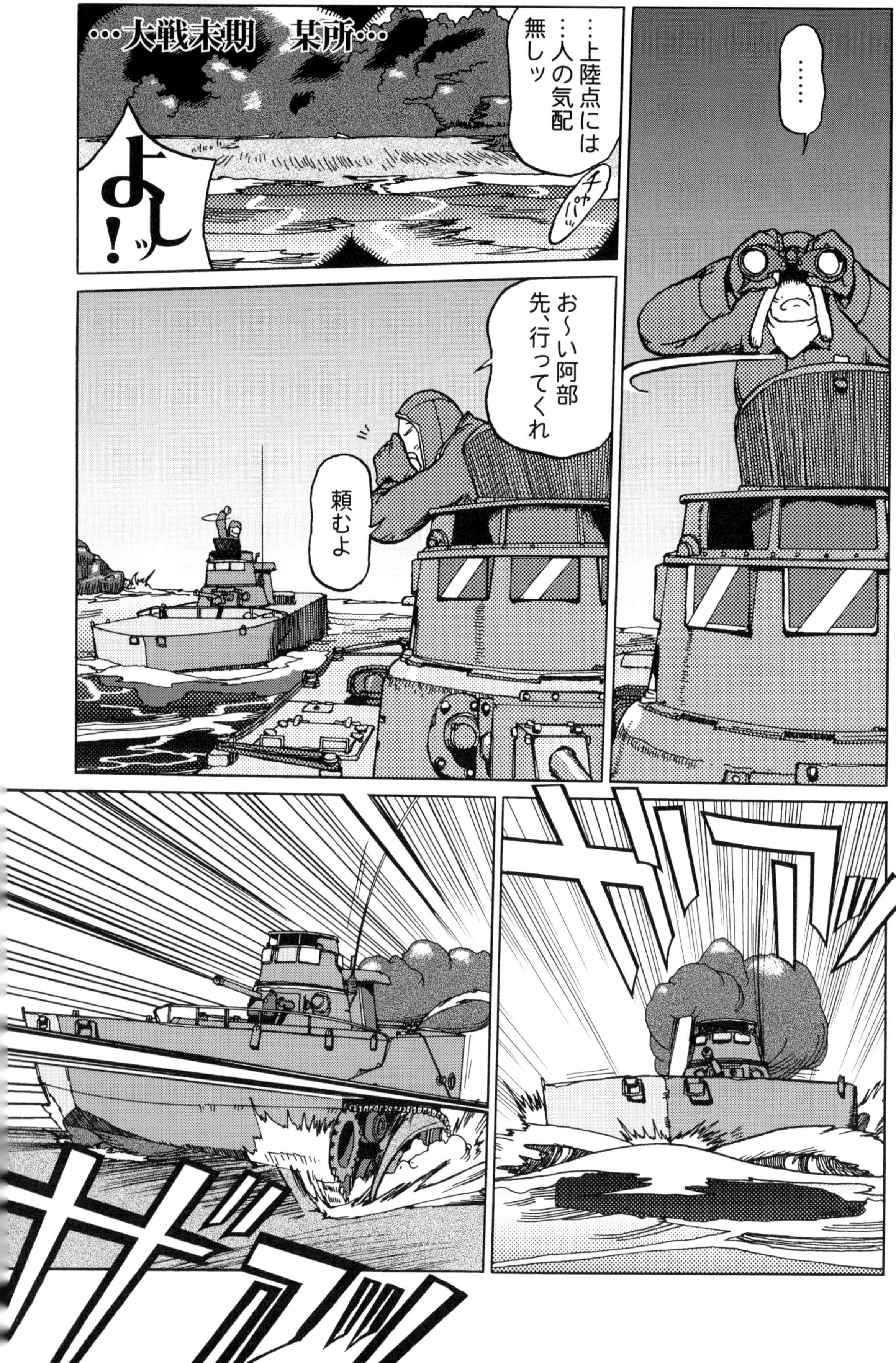
……
…大戦末期　某所…
…上陸点には
…人の気配
無しッ
よしッ!
お～い阿部
先、行ってくれ
頼むよ

…情報通り来たぞ、敵の第一波だ
物音をたてるな
教本の通りなら奴等は切り離したフロートの左側に出る…ハズだ
…障害物のフロートから脆弱な車体の側面を晒すハズだからそれを…
…撃てッ
うわ!?
まず、一両ッ

先頭の阿部がやられたッ
ヒシュゥーーッ
突っ込むぞ
ドゥッ
ザザザーーーッ
目標、阿部を撃った正面敵特火点！
ヨーイ
…
ガァッ
ドゥゥゥ

うあッ!?
おのれ…え
ハイハイ、田村。進歩のないヤツだな そんな悪あがきは しなーいッ
お前は今、無様に戦死だ
…
む、次が もう来たか
ホラ、これを 掲げてサッサと ココを去れ
ボクハ シニマシタ
…

西伊分隊士、同じQ基地要員のよしみで情けや手加減というものは無いのですか
ガラガラ
ましてや今日は…
今日はオエラ方が来ているから余計にだ
フンッ
フン、オレはオレの信念に沿って
手加減しないんだよ
念のため、砲の位置を変更するぞッ足跡を残すな、
必ず箒で消せ
ハイッ
「Q基地」演習監視所
…
同基地図上演習室
カミ、第一波田村少尉小隊二両、全滅ッ
上陸第二波、岡地中尉隊「上陸敢行」
…迎撃隊の西伊め、フフフ手加減無しだな

…双方とも砲は
小銃弾発射の
模擬砲を使った
演習だが…
演習でも
ナンでも失敗する
ヤツはこのワシが
成敗して
くれるッ
大体、西伊と
いうヤツは何だ
Q基地隊が主戦力
になる崇高な
逆上陸作戦を
成就させたく
ないのかッ
まあまあ。
椎松参謀。
第二波指揮官の
岡地は頭の
切れる男です
期待しま
しょう
ゴオオオ
来ましたッ
第二波、
四両ッ

…指揮官はあの岡地中尉ですよね…
だからどうした
相手が誰だろうと関係は無いッ冷静にかかれば大丈夫だ。
ハ、ハイ
…引き付けて、オレの照明弾が合図で十字砲火だ
一気に引導を渡す
悪いな、岡地中尉
…貴様には何の恨みもないが今日の演習は何が何でも無様にツブさせてもらう
ガガラ
敵、上陸敢行ッ
ドドス

ドス
ム!?
…撃てッ
今すぐ
ゑッ!?
引き付けてからではないのですかッ

ちゃ
合図だと!? 早いぞ
…来たぞ
キイン
…は、判定員ッ
…軽微 無効ッ

…地形と浮舟で
わざと遮蔽物を
作って敵弾を防ぎ…
その上小隊車両を
密集させ最悪でも
中央の車両だけでも
被弾させない
…つもりかッ
バカヤロウッ
そんな
自己犠牲まで
使って
カミの
脆弱装甲を
補うつもり
かッ
…二号車、
敵、右発砲点
確認
了解
三号車、
敵左発砲
点確認ッ
了解
各車、
照準…
撃てッ
うッ!

西伊分隊士、本砲を残して我が方は全滅です
…くッ
…オレが囮になるッその間に岡地を狙撃しろッ指揮官を仕留めれば勝機は…
そんな無様な悪あがきはヤメてくださいッ
あッ放せッ
ガイン
あ
ハハハッ いやあ、爽快 爽快
これで次期逆上陸作戦にカミを投入するコトは決定されたなッ
あとはワシの英知で作戦を練り上げるだけだ
…
…西伊…
…この演習でカミを使った逆上陸作戦を断念させるという…
…
貴様の目論み見事に絶たれてしまったな

【特二上陸】《終》

このコーナーでは、旧日本海軍が必要に迫られ、知恵を巡らせ考案し量産に至った、前代未聞の『カイグンが造った』戦車、「特二式内火艇　カミ」（以下、「カミ」と称する）について筆者が見たまま感じたままを述べたり、また筆者がもつ「カミ」の知識もブチまける。現物は我が国には存在せず、伝え聞いた風聞も多々入っている上に、それらを検証したモノでもないコトを初めに断っておく。

突然で恐縮だが、「カミ」とは何ともインパクトのある名称だが、これに到ったのには幾つかの説がある。文字通り「神」からきたとするものと、当時この車輌開発に関わった担当者の名前をモジッたもの…とこの二つの説があることは、有名・有力なハナシだ。名称から諸説あって定まらない「カミ」だが、大戦中の我が海軍は、「特二式内火艇　カミ」に始まり「特三式内火艇　カチ」、「特四式内火艇　カツ」、更には「特五式内火艇　トク」と毎年水陸両用戦闘車輌を計画、「特五式内火艇　トク」は部品を用意したトコロで敗戦となったが、それ以外は量産に至った兵器だ。

これらの中で最も有名・有力な兵器は「特四式内火艇　カツ」…と筆者自身は言いたいのだが、以下に述べる面で冷静に考えると「カミ」が最も名の知れた『特型内火艇』だろう。

それは冒頭でも述べた『海軍が陸軍の兵器である戦車を造った、その第一号作品』という物珍しさから来る奇異なことも、そして前述した各種中で最も多く作られた（資料によって異なるが一八〇輌程度）という数の面もあるが、何よりも「カミ」はこれら各種『特型内火艇』中、唯一、米軍相手の「実戦」を経験している『事実』は大きい。

…私事で大変に恐縮だが、平成十七年十月、懇意にしてくださる日本戦車研究家・北川誠司氏の御尽力で、この「カミ」が実戦投入されたレイテ島西岸オルモック湾での「逆上陸作戦」にて尊父様が散華なさった福田氏との邂逅が叶った。福田氏が濃厚かつ生々しい情報を数多く筆者に提供して下さったことは、「カミ」を述べる上では記しておきたい身近な『出来事』だ。

本コーナーでこの作戦を述べることはテーマ外なので詳しく述べないが、この作戦で纏まった数の「カミ」が投入された。だが…しかし、語るには断腸の思いであるが、背後に海が見えるような、揚陸直後の僅かな時間内で殆どの「カミ」達が撃破されてしまった。心を鬼にして次を語るが、この戦闘で撃破された「カミ」達を米軍は数多く記録写真として撮影し世に遺した。その恩恵で「カミ」の名を世に知らしめる一助になったし、本コーナーを描くことが出来た『事実』でもある。

…自国で造った戦中工業製品達を、外地で他国軍に破壊された骸《むくろ》で細部を知るという『恥』は世の先進国中では我が国だけではないだろうか…と、とても悲しい気持ちになる。

…文章が感情的になってしまったが、何故、短時間で殲滅という悲惨な結果になったのか、ソモソモ「カミ」とは一体何者なのだろうか。このコトから始めようと思う。

そもそも、「特二式内火艇　カミ」はなぜ誕生したのだろうか。…ここから述べる必要があると思う。…これは重要だ。ここは戦中我が国の『癌』でもあったし、ハナシの主語が大きくなり意味が薄れてしまう可能性も内包しているが『戦いに勝てなかった』理由のひとつでもある、と筆者は考える。

これらを述べる前で勿体付けて恐縮だが、『何故、日本には独軍のような重戦車が無いのか』という怒りを耳にすることがある。乱暴な言い方になってしまうが、貧弱な工業基盤の我が国でもそれらを作ろうと思えば、それが『使えた』かは別問題として『造れた』…と筆者は考える。

しかし、問題はここからだ。その造った重戦車達をどうやって海外の戦場まで運ぶかという『手段』で全てが止まってしまうのだ。この点、殆どの戦場と地続きだった独国は楽だった。前述のとおり陸続きだ。欧州は鉄道網が充実し、その上、第一次大戦で重量物運搬で問題を解決する時間的猶予も、また作業も慣れている。慣れているとは言え、あそこまで巨大で重い車輌では相応の苦労はあっただろうが、そんなのはフネを用いる輸送に比べれば『楽』の部類だ。

フネを用いる輸送は戦前戦中では文字通り『足枷』でしかない。具体的に述べると重い戦車をどうやってフネに積み込むか…から考える必要がある。自動車を輸出するときに使う車輌運搬船のように、直接戦車を自走させ自力で乗り込めるフネがあれば問題の大部分は解決出来る勢いが付くのだが、それが無い場合はそのフネを造るトコロから考えねばならない。正直これは大変な手間だ。

既存のフネに港湾施設のクレーンやフネに付いたデリックを用いて積むしかないが、これらは元々、戦車を積む道具ではない。とても重い戦車は吊れない。もしかしたら整備が進んだ限られた港湾施設なら、重い戦車でも吊れるクレーンがあってこれが叶うかもしれないが、目的地に到着したらフネから重戦車を卸す作業が待っている。目的地に先程述べたような整った港湾施設と優秀なクレーンが無いとフネから卸すことさえ出来ない。

この当たり前のことだが動かし難い、肝心要たる物流の基本のイロハの『イ』がボトルネックとなり、フネの積載性能とフネに備え付けのデリックで吊れる重量限度内に収めた車輌しか海外へ持ち出す事が出来ない。これが冒頭に述べた『理由』で『癌』の部分だ。

…余談だが大戦末期に本土決戦が視野に入ってくると、フネを介さずとも国内移動のみだろうということで重量面での規制は考慮されなくなり、強そうな戦車が計画されていくのだが…前述のとおり物流構造やインフラの性能が低い故の断念ということだ。

もっと言えば山間部が多い我が国だ。鉄道輸送するに長く細い隧道《すいどう》（トンネル）を通らねばフネが待つ港にも行けない。デカく重い戦車を造っても隧道を通れる大きさにせねばならない『制約』も忘れてはならない。重戦車に限らず重い物体を造るという行為は大変なことなのだ。

ここで陸軍と海軍がこれら物流のボトルネックを共通認識し共に解決しようと手を組んでいれば、台風一過の青空のように問題解決しただろうが、実際は周知のとおり陸軍は海軍に隠れて凝った構造の揚陸艇「SS艇」などを造り、これらのボトルネック部分を抜本的に解決する切り札である「二等輸送艦」が登場するのは戦争も後半。ここから重戦車の設計を…では遅すぎる。

海軍という組織が『今に見てろよ、これでオレ達が戦局を変えてやる』とニヤついて大空母、大潜水艦を目の色変えて造っているヒマがあったら港湾施設の充実、フネのデリック能力の改良と向上等、物流のボトルネック部分を解消するのが一番だろうに！…と後知恵に思う。繰り返すがデカイ戦車を造るには造った後にそれを運ぶことを考えないとダメなのだ。

前述した「二等輸送艦」のような、砂浜に直接乗り上げて車輌を港湾施設を介さずに送り届ける輸送手段が無い場合、輸送船が何の支障もなく接岸出来、その上、積み込んだ戦車を持上げるクレーン等を備えた、整った港湾施設が必要になる。

これらが無い場合、もっと言えば港すらない場所に戦闘車輌を揚陸するにはどうすれば！…と考えた結果が「カミ」だ。目的地沖合で輸送船や貨物船から直接、戦車自身が洋上を航走、揚陸成就が叶う兵器として「特二式内火艇　カミ」は生まれた。後述するが『ある特殊機能』によって敵が予測出来な

「特二式内火艇　カミ」全体図。

細部は後述するので、
ここでは簡単に述べるだけに留める。
全長は七・五メートル
全幅は二・八メートル
全高は二・三メートル
主機は空冷直列六気筒ヂーゼル
一一五馬力。
陸上では時速三十七キロを発揮する。
航続距離は三二〇キロメートル。

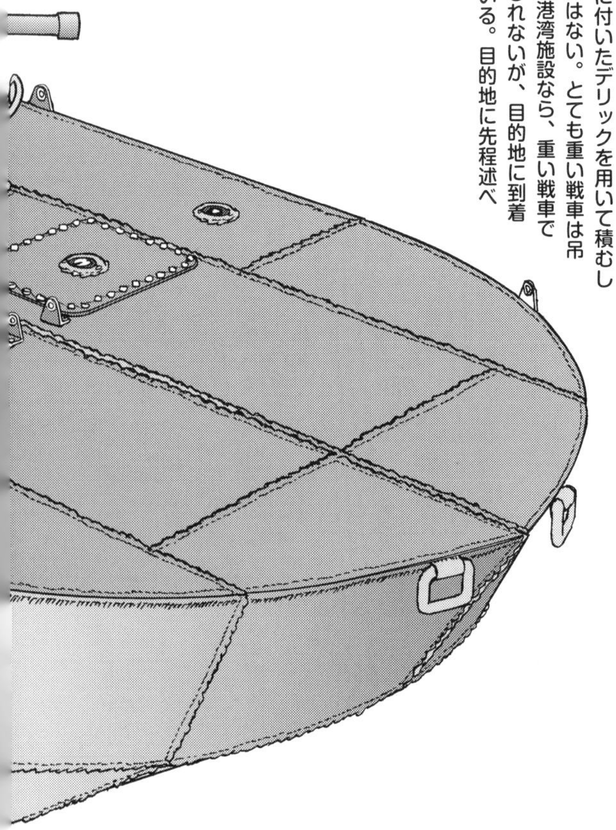

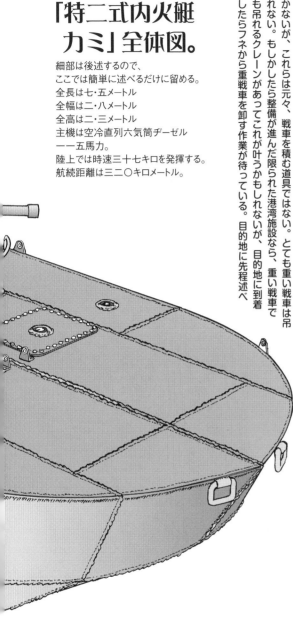

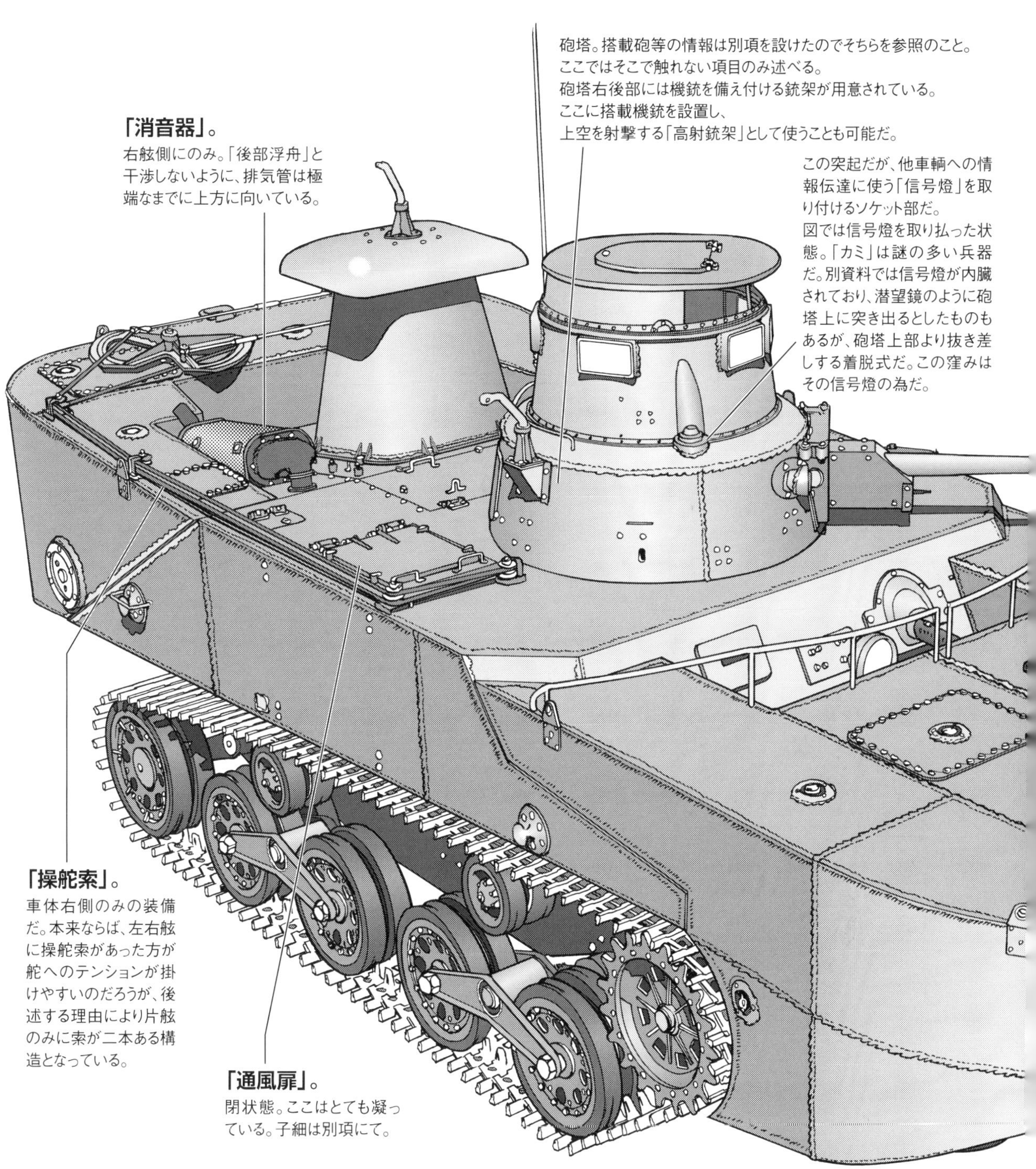
砲塔。搭載砲等の情報は別項を設けたのでそちらを参照のこと。
ここではそこで触れない項目のみ述べる。
砲塔右後部には機銃を備え付ける銃架が用意されている。
ここに搭載機銃を設置し、
上空を射撃する「高射銃架」として使うことも可能だ。
「消音器」。
右舷側にのみ。「後部浮舟」と干渉しないように、排気管は極端なまでに上方に向いている。
この突起だが、他車輌への情報伝達に使う「信号燈」を取り付けるソケット部だ。
図では信号燈を取り払った状態。「カミ」は謎の多い兵器だ。別資料では信号燈が内臓されており、潜望鏡のように砲塔上に突き出るとしたものもあるが、砲塔上部より抜き差しする着脱式だ。この窪みはその信号燈の為だ。
「操舵索」。
車体右側のみの装備だ。本来ならば、左右舷に操舵索があった方が舵へのテンションが掛けやすいのだろうが、後述する理由により片舷のみに索が二本ある構造となっている。
「通風扉」。
閉状態。ここはとても凝っている。子細は別項にて。

いような『奇襲』をすることも考えていた。前述のとおり、フネのデリックで吊れる重量にする条件で「カミ」は造られている。

「カミ」は全長七・五メートル、全幅は二・八メートルと「九七式中戦車」よりも大きい車輌だが、デリックで吊れる重量、それも海面に浮く必要から装甲厚は最も厚い部分でも十二ミリと軽戦車並みの装甲しかない。

オープニングでも述べたがオルモック湾逆上陸のような作戦は「カミ」にとっては最も不向きな作戦であった。本作戦は判っていない部分が多い。ただどの文献にも『敵を一時的に混乱させた』とあるので、奇襲の企図はある程度読み通り叶ったが、軽装甲の為に揚陸成功した車輌ほぼ全てと搭乗員全員が敵前に骸を曝すことになってしまった。投入車輌数も量産成就した数全てであれば状況は異なっていただろうが、二〇輌に満たない数だ。数も装甲も圧倒的に足らないが故の結果であった。

運命というか因果というべきか、本作戦で「カミ」を敵前まで輸送したのが「二等輸送艦」だった。早いうちに「二等輸送艦」がこの世に生まれていたのなら「カミ」は必要がなかった兵器だ。

…しかしモノは考えようだ。方々で「カミ」が大活躍していたら「二等輸送艦」のような車両揚陸艦艇はあの容姿であの数も量産されていなかったかもしれない。「特二式内火艇 カミ」と「二等輸送艦」は因縁で結ばれている製品なのだなあと思う。

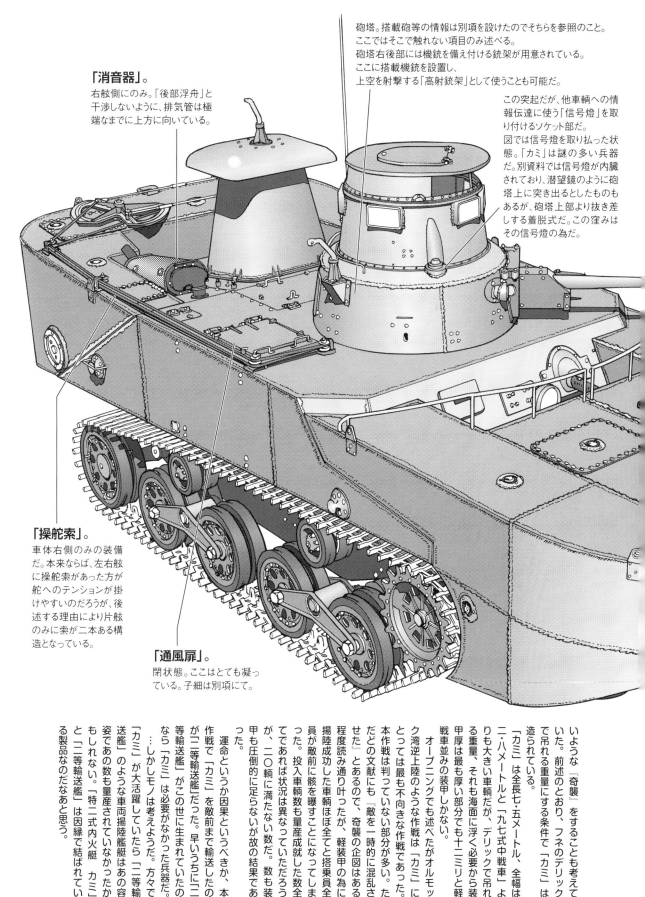

冒頭、『海軍が造った戦車』だと述べたが、これは世間では小馬鹿にする意味で多用されているが、コト「カミ」を見るとそれは的外れな意見でしかない。『サスガは海軍が造っただけのことはある』が正解に近い…と筆者は考える。

この見開きでは水上航走中の「カミ」を描いた。水上航走が出来る戦闘車輌は「カミ」だけではない。諸外国はそれこそ多種多様に造っているが、その大部分は大陸の沼地や河川を航走突破するものであって「カミ」のように洋上航走するものではない。

ここが『サスガは海軍が造っただけのことはある』だ。詳しき部分は後半に個別で述べるページを設けたのでそちらを参照してくださると幸甚だが、洋上も洋上、かなりの荒海でも航走が叶うような工夫が施されているのは、冒頭で述べた『サスガは海軍が造っただけのことはある』だ。

洋上航走する「カミ」は戦闘車輌というよりもフネだ。河川砲艦と言っても十分に通じる素晴らしいフネっぷりだ。安定性が優れているのは見てのとおりだが荒海を航走する艦艇等を統括する海軍らしい装備がある。後部のキノコ型の物体がそれだ。これは「通風筒」と称する。「カミ」が洋上航行する折り、不幸にも波を被ることがあってもそ

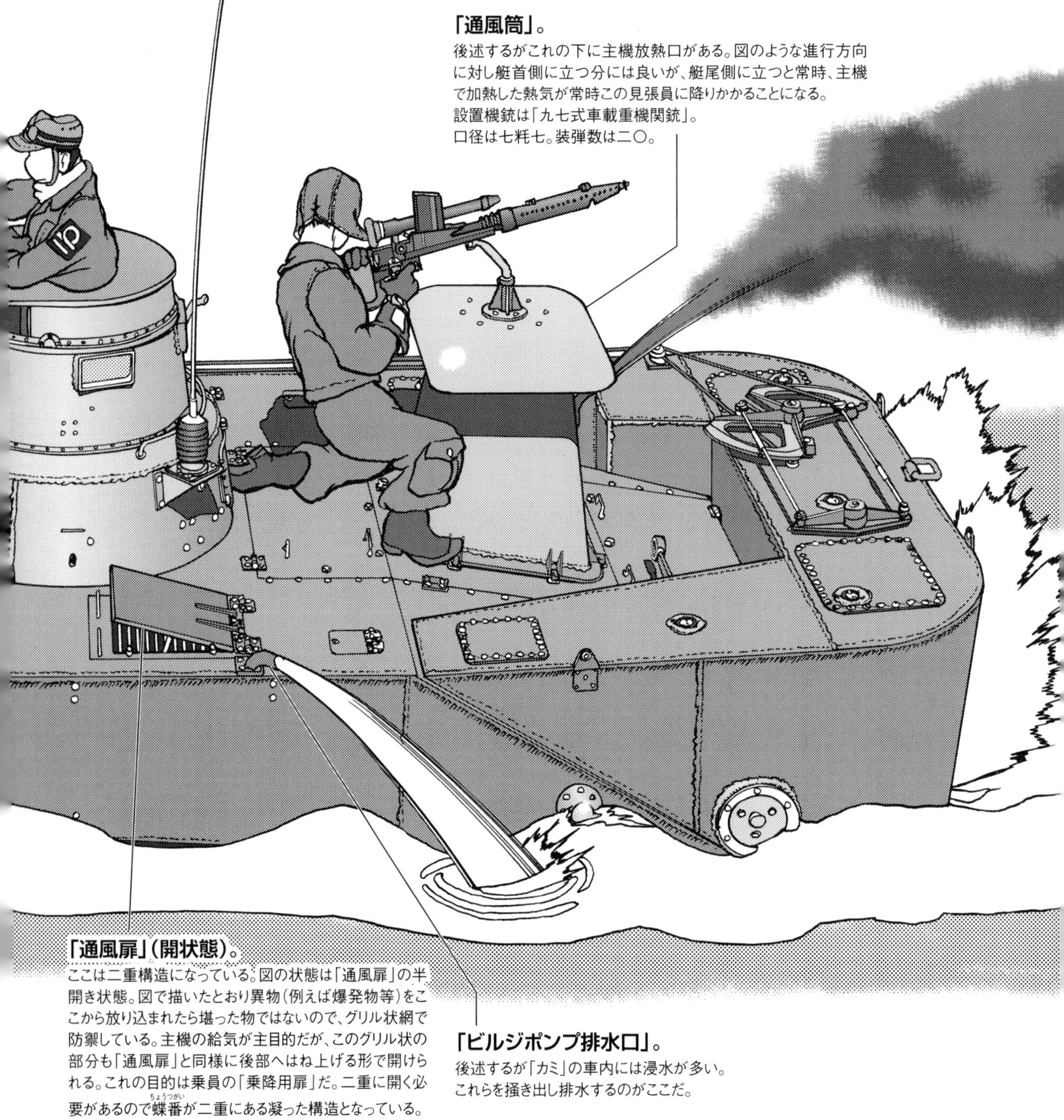

「通風筒」。
後述するがこれの下に主機放熱口がある。図のような進行方向に対し艇首側に立つ分には良いが、艇尾側に立つと常時、主機で加熱した熱気が常時この見張員に降りかかることになる。
設置機銃は「九七式車載重機関銃」。
口径は七粍七。装弾数は二〇。
「通風扉」(開状態)。
ここは二重構造になっている。図の状態は「通風扉」の半開き状態。図で描いたとおり異物(例えば爆発物等)をここから放り込まれたら堪った物ではないので、グリル状網で防禦している。主機の給気が主目的だが、このグリル状の部分も「通風扉」と同様に後部へはね上げる形で開けられる。これの目的は乗員の「乗降用扉」だ。二重に開く必要があるので蝶番《ちょうつがい》が二重にある凝った構造となっている。
「ビルジポンプ排水口」。
後述するが「カミ」の車内には浸水が多い。これらを掻き出し排水するのがここだ。

れで機関が停止しないよう、主機（フネ扱いだから）冷却気放出口には艦艇ではオナジミの「通風塔」が設置される。艦艇に設置された「通風筒」頭頂部には「転把」が付くモノもある。

限度を超えるような荒天時はこれを操作することにより水密を確保させる機能だが、「カミ」の「通風塔」にはこれが無い代わりに「機銃銃架」としての機能を備えている。ここに車体銃の「九七式車載重機関銃」を取り外し（このテッポウには海軍名はあったのだろうか）、この「通風筒」頂部銃架に改めて設置することにより全周囲発砲可能な旋回銃座となる。

高い位置に設置した為に対空機銃にも使えるし、洋上航走中を襲う魚雷艇等の敵小型艦艇にも応射も先制射撃もできる火器となる。母船を離れ揚陸地点へ向う途中に航空機や魚雷艇に襲われてはひとたまりもない。機銃一挺でどれだけ防御力が高まるか不明だが、丸腰で洋上航走するよりずっとマシだろう。

同じ感じで「カミ」が島嶼間の警戒に就くとき、砲塔上から上半身を出す艇長に加え、この「通風筒」の機銃手も上空見張を行うのであれば安全性は更に高まるし、何よりも反撃能力があるのだ。良く考えられた装備だし、配置でもあるし工夫だと関心する。

この他に別項でも述べたが、車内浸水時に稼働させる「ビルジポンプ」の存在、前述した洋上航行中の敵航空機による襲撃を想定し駆逐する目的の銃架等、海でフネを運用する軍隊が造っただけのことはある、というものだ。装備だけではない。フネとしての能力も高く洋上航続距離は一四〇キロメートルあり、恐らく諸外国が製造した車輌らと比較して上位に余裕で入り込める能力もある。極端なハナシ、搭載燃料が尽きるまで洋上航行が出来るだろう。…もしかすると「カミ」の持ち込み備品には「磁気羅針儀」は入っているかも、と筆者は考える次第だ。

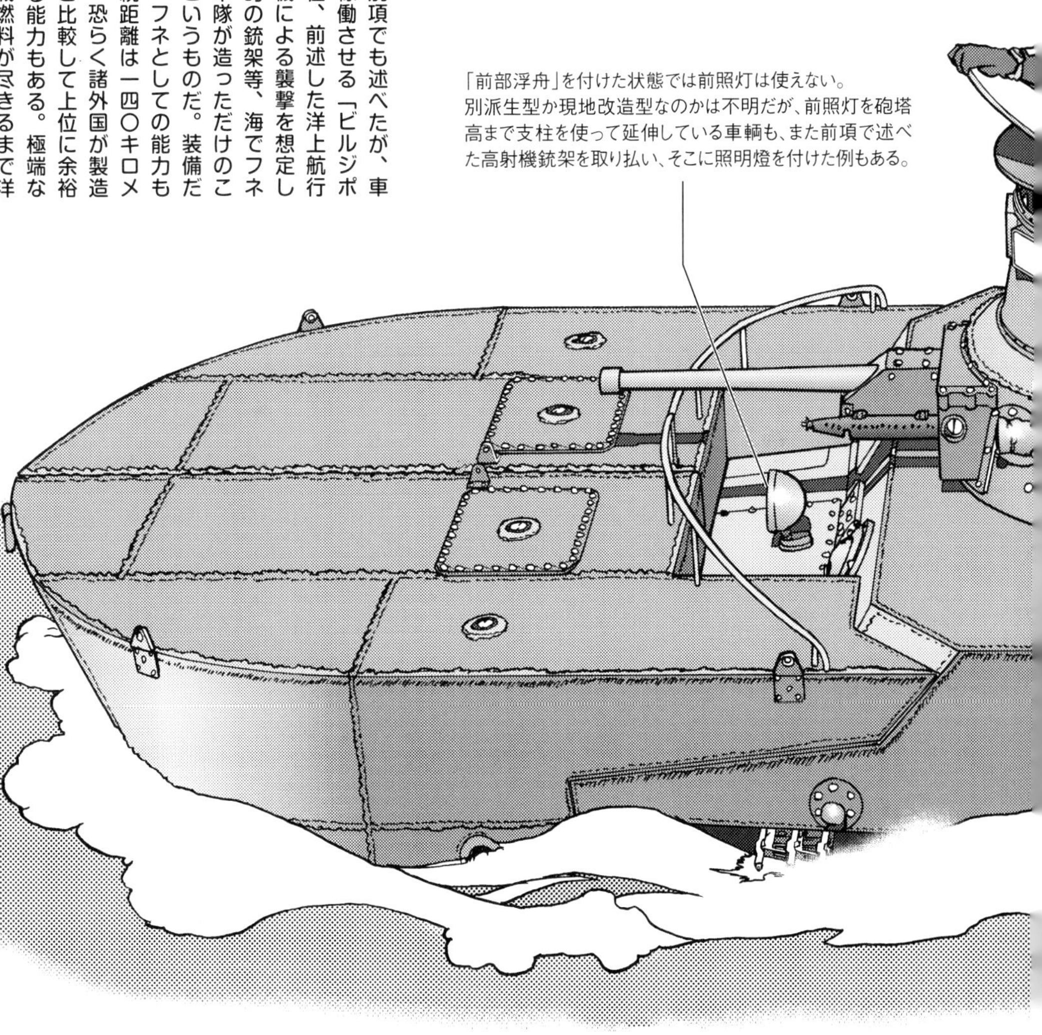
「前部浮舟」を付けた状態では前照灯は使えない。
別派生型か現地改造型なのかは不明だが、前照灯を砲塔高まで支柱を使って延伸している車輌も、また前項で述べた高射機銃架を取り払い、そこに照明燈を付けた例もある。

洋上航走する「特二式内火艇 カミ」。
洋上航走時の最大速度は時速九・五キロメートル。
洋上航走航続距離は一四〇キロメートル。

【砲塔と搭載火器竝《ならびに》附属装備】

ここでは「カミ」の砲塔とそれに附属する備品などについて述べる。

我が国戦車はまるで左右対称を忌避するかのように徹底した非対称構造が主流だが、「カミ」の砲塔は我が国戦車では全く珍しい真円（直径一三五〇ミリ）で避弾経始を考え、傾斜角九度が付いた円錐形となっている。

真偽は不明だが「九八式軽戦車　ケニ」、「二式軽戦車　ケト」に搭載された砲塔を流用もしくは参考にしているとしか思えない程、酷似した形をしている。「カミ」の製造元と同じ会社が造ったモノだ。流用まで行かなくとも確実に参考にはしているだろう。

ここの装甲厚は車体前面最大厚と等しい十二ミリ厚の圧延装甲、天蓋は六ミリ厚。乱暴な概算だが、火器は口径とほぼ同じ寸法厚の鋼鈑を撃ち抜ける。故に「カミ」で最も重装甲部分である砲塔も、米軍の五十口径（十二・七ミリ）機銃で撃たれたら貫通は避けられない。

恐怖を射撃によって紛らわすのは洋の東西関係なく共通する人間心理だが…オープニングで述べたオルモックへ上陸した「カミ」たちには、野砲や携行式の噴進砲が応射するまでの間、手近にあった重機関銃が例外なく撃ち込まれ、それがこの装甲を貫いただろうと思うと筆者は悲しい気持ちが込み上げてくる。この戦いに投入された「カミ」たちが短時間で征圧されてしまったのはこういうことなのかと改めて思い知らされてしまった。悲しいことだが敢えて記す。十二ミリ厚の装甲を避弾経始を考え円錐形状にしても倍数厚の装甲にはなり得ないということだ。

主砲は「一式三十七粍《ミリ》戦車砲」。砲身だけでも七十九キログラムある。我が国の三十七粍口径の砲で最も良く出来た砲だ…とのことだ。この砲塔と火器の特筆すべき点として、この主砲砲架に間借りする形で機銃が用意されている。諸外国ではこれを『同軸』と呼称するそうだが、そんな洒落たコトバは当時は使っておらず『聯装』と称した。本項でもこの表現を使う。

この聯装機銃も含めた重量は二二八キログラム。以前耳にした関係者の発言では、砲塔聯装機銃は主砲とは別に動かせるとの情報もあった。これを確かめるべく色々と訊き回ったが、確証することが叶わなかったことを記しておく。機銃は「九七式車載重機関銃」だ。前見開きでも述べたが口径は七粍七（七・七ミリ）、弾倉には二〇発装填出来るとのことだが、

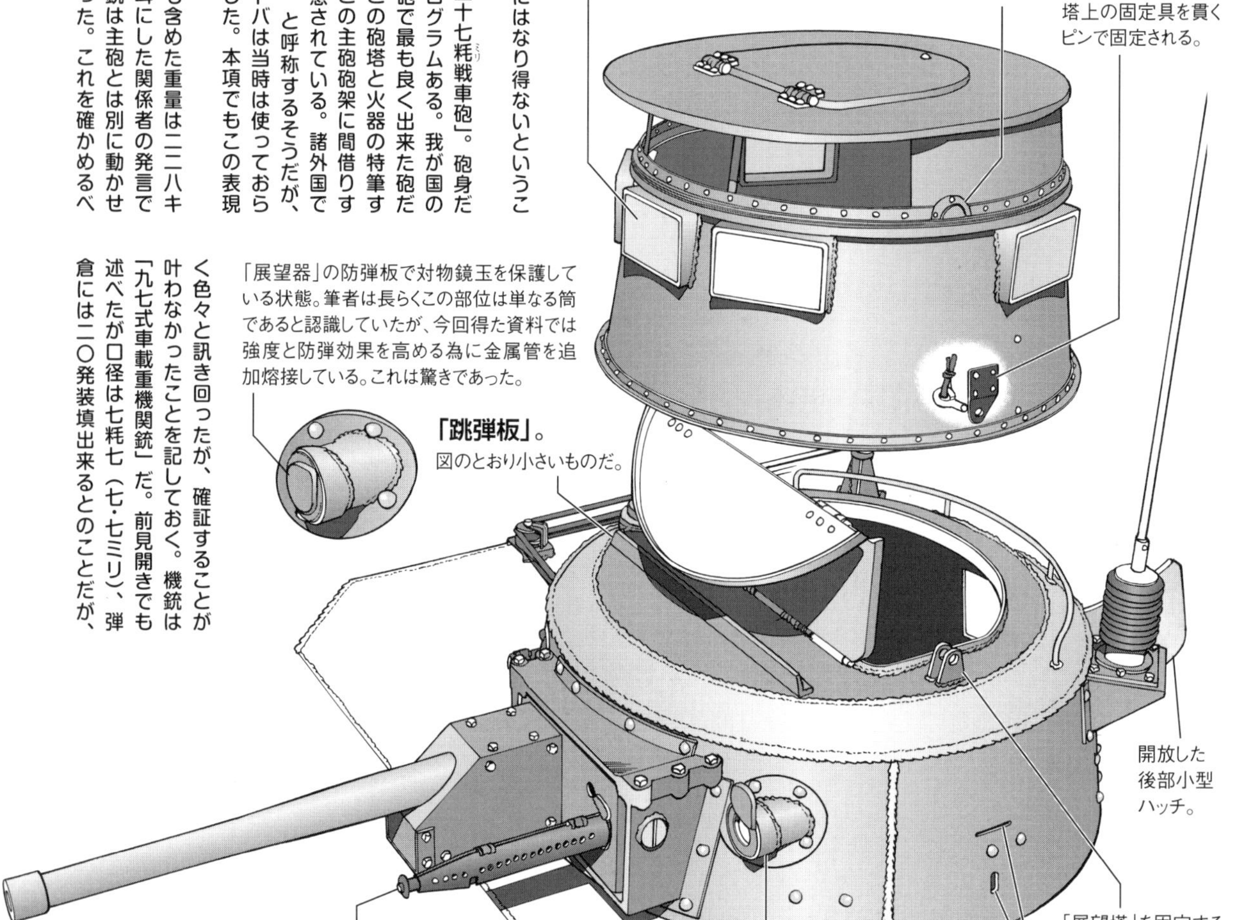
「展望塔」全周に都合六箇小窓が付く。これには防弾硝子が入っているということだが、ここが割れても破片が飛び散って怪我をしないようにする為の合わせ硝子という意味の防弾硝子ではないかと推測する。
「展望塔」の固定方法だが、展望塔左右内側に固定具が鋲接してあり、ここと砲塔上の固定具を貫くピンで固定される。
ここより上部は旋回する構造だ。
「展望器」の防弾板で対物鏡玉を保護している状態。筆者は長らくこの部位は単なる筒であると認識していたが、今回得た資料では強度と防弾効果を高める為に金属管を追加熔接している。これは驚きであった。
「跳弾板」。
図のとおり小さいものだ。
開放した後部小型ハッチ。
「展望塔」を固定する金具。両舷にある。
「覘視口」と「拳銃口」。両舷にある。
「展望器」。
左右舷に設置される。図は防弾板を回転させ視野を確保している状態。
聯装の「九七式車載重機関銃」。この機銃はただの「九七式車載重機関銃」ではない。聯装だが発砲の閃光炎で主砲の照準を幻惑されては意味がないということで閃光を防ぐ板が追加されている。
車体右舷に同機銃が設置されているが、こちらの機銃にはこれが無いとされている。本項では両方の機銃にこれを描いたことをここに断っておく。

こういう弾倉製品の精度がよろしくなかった我が国のテッポウだ。二〇発目一杯弾倉に詰め込むと給弾が巧く行かないので、一～二発抜きで発條（バネ）に余裕ある状態で使っていただろうと推測する。

砲塔の旋回は電動等の動力旋回ではなく、転把を回転する我が国戦車では御馴染の特段変わりの無いシステムだ。陸軍の戦車兵は転把を何回回転させると砲塔が何度動くかを習得しているという。「カミ」の砲手も当然、これを習得しているだろう。細かい狙いは転把を廻さずに砲架の可動範囲ならば銃のように肩当板と引金が付いた握把で狙いを付ける。

戦車砲の聯装化も珍しいが、「カミ」の砲塔はまだ珍しい装備が採用されている。右下の大図には、砲塔左右、砲架を挟むように目玉のように一対、光学兵器が設置されている。資料によってこれの名称は異なるが本項では「展望器」とする。

どのような光学兵器がここに収まっているかを記す資料が無いのだが、広角視野の眼鏡が入っていると推測する。砲架にはきちんと照準器が付いているので照準器ではない。凝っているのはこの「展望器」先端だ。弾丸が鏡玉《レンズ》部分に当たってこれを破壊しては困るということで回転式の小型防弾板まで付いた凝ったものになっている。左右一対あるので測距儀的なものかと一瞬思ったが左右の「展望器」は独立したものだ。残念ながらこの機能はない。更にこの砲塔に用意された特殊装備を述べていく。

着脱式となっている「展望塔」の存在も素晴らしいものだ。砲塔上にもう一段テーパーの付いた円筒を被せるもので、洋上航走中に視程を延ばす為、高い位置で偵察出来るように工夫されたものだが、この名称以上の役割がこの塔にはある。

一見単なる筒に窓を六箇設けたものに見えるが実は二段になっており、頂部部分は砲塔のように水平旋回する。それも軽く旋回出来るように戸車のような車輪が三箇付いている。この旋回部分にある窓は硝子《ガラス》もなにもない「孔」であり、砲塔上部のハッチを開けることにより、主機で燃焼される大変な量の空気をここより取り入れる「通風筒」としての機能がある。

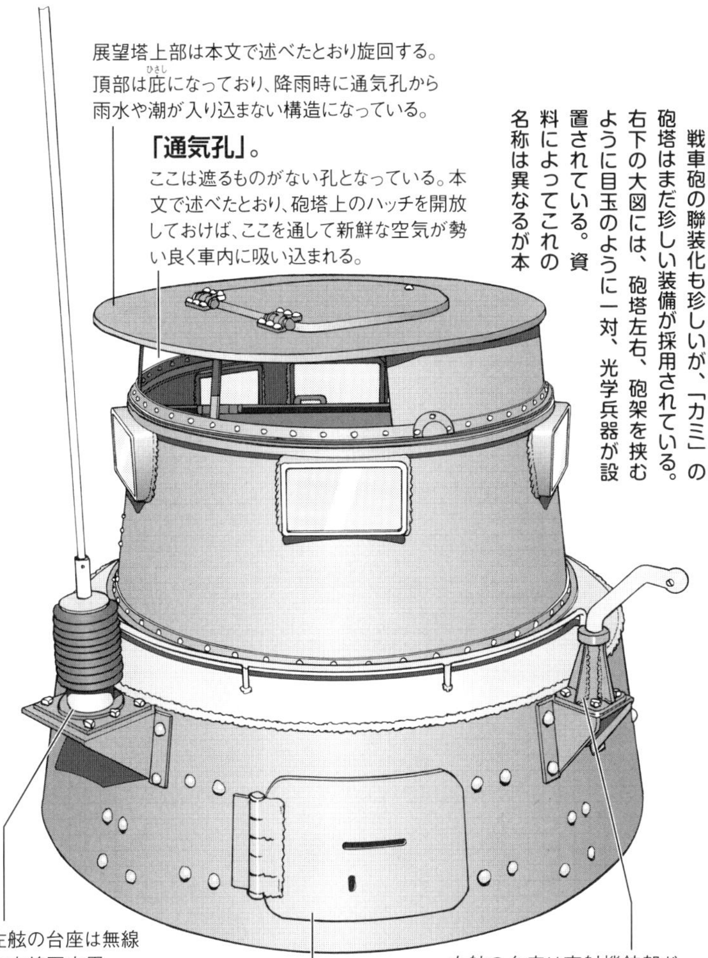
展望塔上部は本文で述べたとおり旋回する。頂部は庇《ひさし》になっており、降雨時に通気孔から雨水や潮が入り込まない構造になっている。
「通気孔」。
ここは遮るものがない孔となっている。本文で述べたとおり、砲塔上のハッチを開放しておけば、ここを通して新鮮な空気が勢い良く車内に吸い込まれる。
左舷の台座は無線空中線固定用。
小型ハッチ。図は閉状態。
右舷の台座は高射機銃架だが、これを排しここに事業燈を付けた「カミ」も存在する。

荒天時、展望塔頂部は波の無い方向へ旋回させ潮の浸水を防ぐ。

荒天時この「展望塔」が無い状態で砲塔上のハッチを開放して航走すると莫大な波を被って浸水し、主機は壊れ、「カミ」も沈没するという事故が起きてしまうが、この展望塔があれば波を被っても浸水する可能性は大きく減るし、それでも限度を超えるような高波が多発するときは、前述した旋回する上部を後ろ向きにすれば更に浸水する可能性は減る…という機能がこれにある。もしかしたらだが、視程を延ばす意味の展望塔としての機能は「通風筒」を設置した意味の中に含まれる副次的なものかもしれない…とさえ思えてくる。

砲塔左右には「覘視口《てんしこう》」と「拳銃口」が一対づつあり、覘視口内側には防弾硝子と額当てが付いた小箱がある。拳銃口は南部十四年式のような長い銃身の拳銃が向いている。拳銃の照星照門を使って狙いを付けるのではなく、防弾硝子越しに見当で撃つものだ。

砲塔後部には小型のハッチがあり、当然これにも「覘視口」と「拳銃口」が付く。この小型ハッチの用途だが、撃ち殻薬莢の放棄に使用されただろうし、前見開きで述べた「通風筒」頂部の銃架に設置した機銃への弾倉受け渡しもここから行っただろうと思える。

砲塔後部左右には台座が設置され、左後ろのものは無線空中線基部、右後ろのものは銃架基部となっている。…さて砲塔上面だ。ハッチ前にある山形鋼だがこれは「跳弾板」とのことだ。こんな小さいもので、どの程度の役割があるのだろうか。

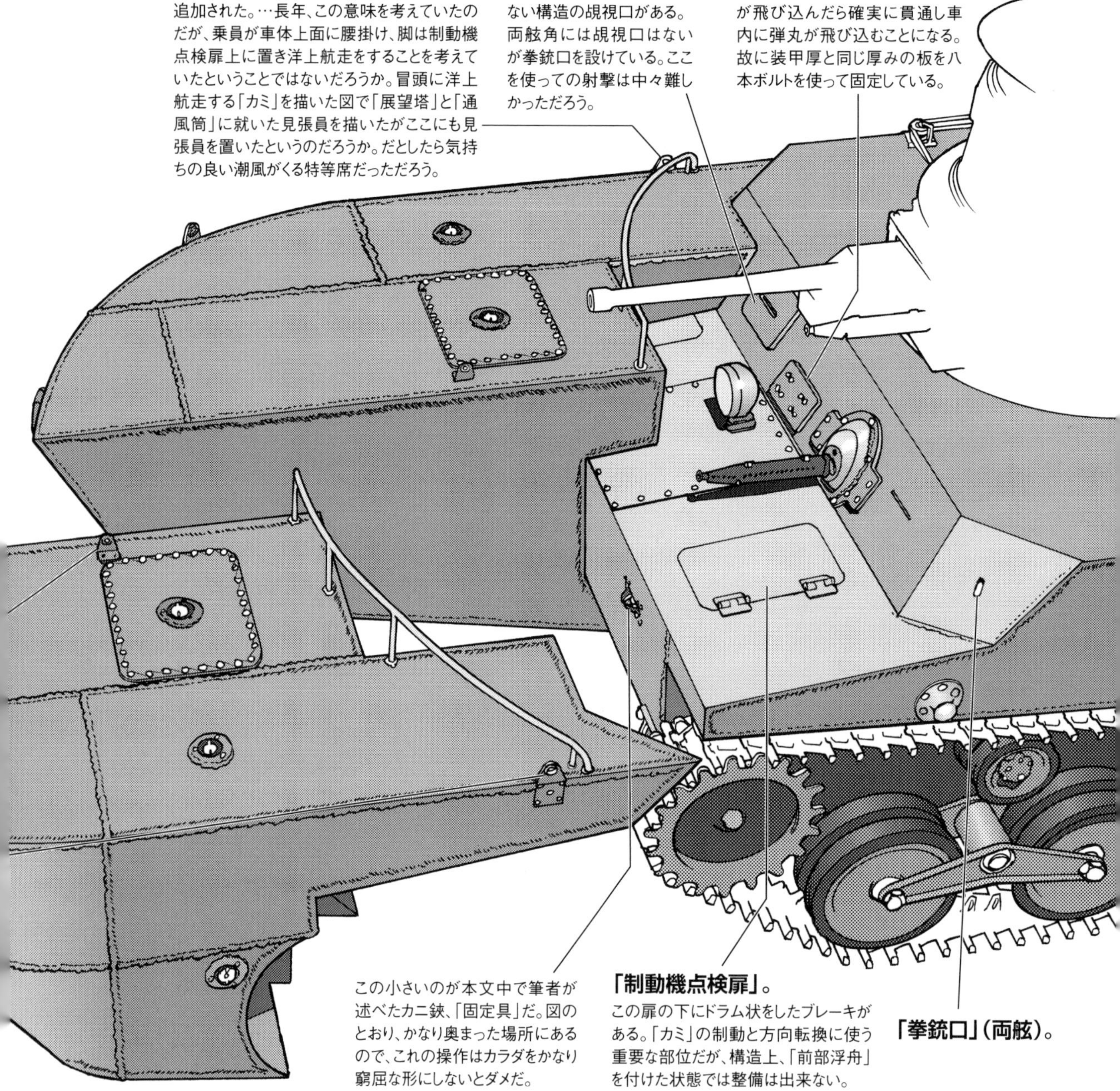

車体前面には戦車と同じ、開閉式で防弾硝子付きの覘視扉が右舷に、左舷側には車体機銃座と開閉出来ない構造の覘視口がある。両舷角には覘視口はないが拳銃口を設けている。ここを使っての射撃は中々難しかっただろう。
この盲板だが、初期型はここにも「前部浮舟」を固定するカニ鋏が設置してあった。ここは凹んだ構造になっているので、此処に弾丸が飛び込んだら確実に貫通し車内に弾丸が飛び込むことになる。故に装甲厚と同じ厚みの板を八本ボルトを使って固定している。
後期型「前部浮舟」には図のハンドレールが追加された。…長年、この意味を考えていたのだが、乗員が車体上面に腰掛け、脚は制動機点検扉上に置き洋上航走をすることを考えていたということではないだろうか。冒頭に洋上航走する「カミ」を描いた図で「展望塔」と「通風筒」に就いた見張員を描いたがここにも見張員を置いたというのだろうか。だとしたら気持ちの良い潮風がくる特等席だっただろう。
この小さいのが本文中で筆者が述べたカニ鋏、「固定具」だ。図のとおり、かなり奥まった場所にあるので、これの操作はカラダをかなり窮屈な形にしないとダメだ。
「制動機点検扉」。
この扉の下にドラム状をしたブレーキがある。「カミ」の制動と方向転換に使う重要な部位だが、構造上、「前部浮舟」を付けた状態では整備は出来ない。
「拳銃口」(両舷)。

【車体前部と前部浮舟】

…ここまで「カミ」の全体像と、戦車にしては高い洋上航走能力を持つことについて色々と工夫を述べてきた。

この見開きで初めて述べるが、カミは図のように車体前部を切り離すことが出来る構造になっている。

この切り離す部位は「浮舟」と称し、洋上航走する「カミ」の浮力を助ける意味を持つとともに、車体前面で起きる造波抵抗を低減させ、戦車としての「カミ」をフネとする重要な部分だ。

海外でも「浮舟」を追加して水上航走を狙った戦車は相応の数がある。「カミ」以外の場合では既存車輌に後付けの「浮舟」を付けるという対処だが、これらは『重い戦車が浮けば良い』という必要最低限の、言わば妥協した構造であり(水上航走を全く考えていない既存戦車を水面に浮くように工夫した優秀な設計者たちに申し訳がないのだが)、造波抵抗を抑える『フネ』に近づける設計の「浮舟」に仕立て上げた「カミ」はサスガ、『海軍が造った戦車』だと強く感じる。

とは申せ、この長く流線型である「浮舟」の恩恵は洋上航走中までで、揚陸成就後は車体を長くし、車体を重くするだけの長物となってしまう。狭い路地での方向転換も車体の急加速・急減速も燃費も全て悪い方向に行くだけの存在だ。

　これを付けての陸上戦闘は何か利点はないだろうかと筆者は思い巡らせた。弾頭に漏斗状の空間を設けた対戦車用「穿甲榴弾（成形炸薬弾）」への防御策として、車体外に薄い装甲を追加し車体の外に意図的に空間を追加すると「空間装甲」となって、「穿甲榴弾」が装甲を撃ち抜く能力が著しく減殺されるとのことだが、この「浮舟」を付けて「カミ」が戦い、相手側が「穿甲榴弾」を使っていたら前述の恩恵があったかも…と夢想するのが精々だ。

　夢想談はここまでとして「カミ」の現実に戻るが、発動機出力も一一〇馬力程、装甲も最大厚で十二ミリ、薄い上面では六ミリと軽戦車と同等かそれ以下の防弾能力しかないので、これら陸上戦では必要のなくなった「浮舟」は切り離し軽量小型化する意味が込められている。

　この見開きで描いた「浮舟」は「カミ」の後期型だ。初期型がどんなものだったかは別項を用意したのでそちらを御覧になっていただきたい。後述する理由により後期型「前部浮舟」は図のように左右に物理的に分離するものになっている。

　分離する左右「前部浮舟」同士を固定するものはなく左右別々に車体前部に固定するというものだが、その固定方法は車体全面に設置されたカニ鋏のような形状をした固定具を「前部浮舟」の掴み部分を挟んで固定するというものだ。図では描かなかったが、このカニ鋏調の固定具は万力のように転把を回転させることにより強くしっかりと固定させる。狭い車内で手の届き辛い場所にあるこのカニ鋏、航走中に緩むと「前部浮舟」が不意に外れることにもなるので、増し締めをした固い転把だ。敵前の緊迫した車内で艇長の号令で流れるような滞りない作業で外す必要がある。大変だっただろうなあと思う。

「前部浮舟」の断面部の形状は車体全面に組み合う形状だが、起動輪のある側は細かい凹凸が組み合わさった複雑怪奇な形状になっている。これの意味だが荒波がぶつかる、言わばフネでいう船首部だ。少しでも車体との接合面を増やし安定させたい意図も、また隙間無くすることにより「前部浮舟」の浮力を増そうという意図もあるのだろう。

　発泡スチロールや紙細工ならこういう微細な凹凸は容易だろうが、材質は金属だ。今のように熔接に近いような強度が出る接着剤もない戦中だ。微細で水漏れしない見事な熔接技術が無ければ為し得ない工芸品みたいな加工と仕上がりがこの「前部浮舟」には要求される。

　こんなのをよくもまあ一八〇輌も造ったよなあ…と少々呆れるような想いを抱くのは筆者だけではないと思う。

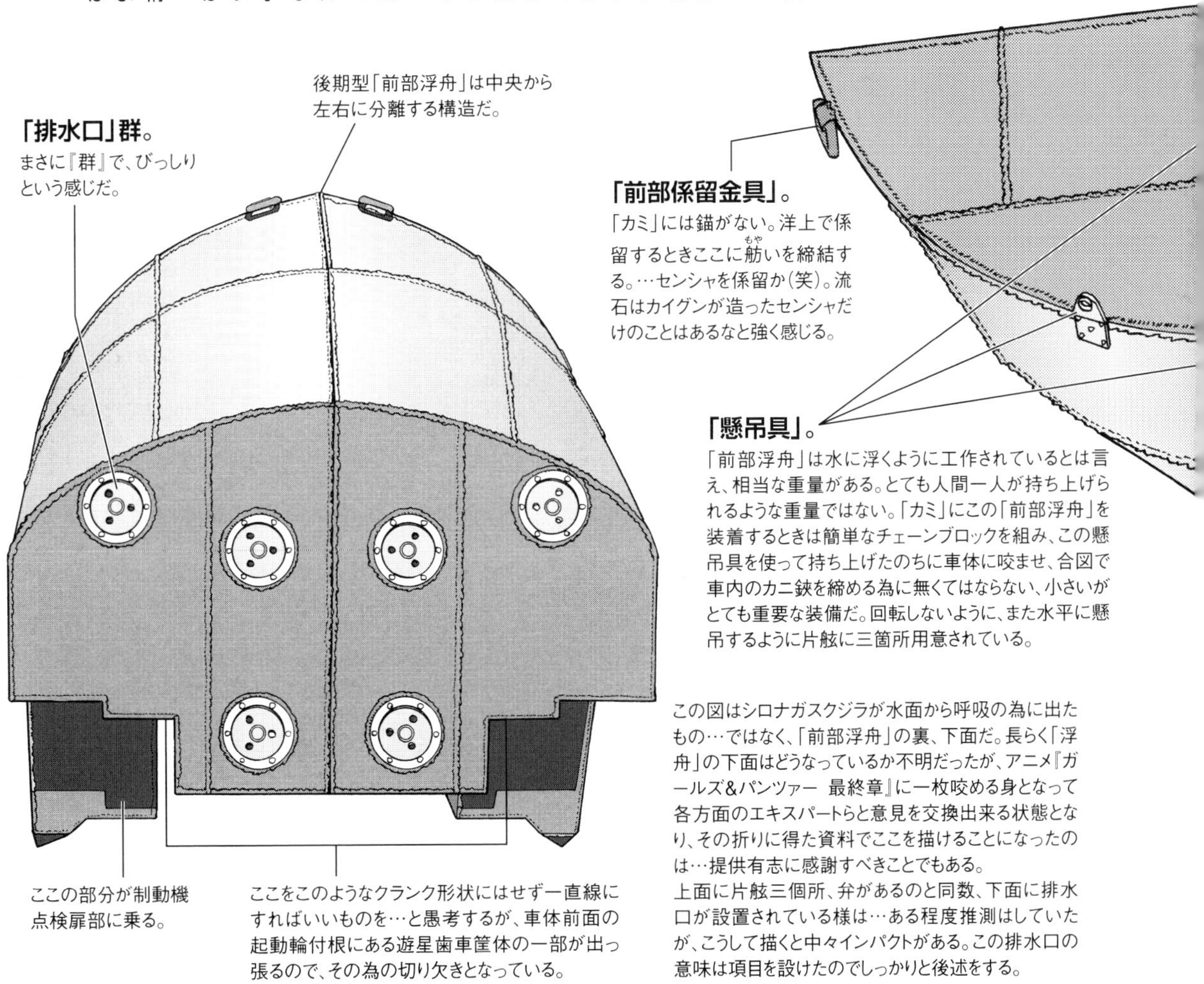

後期型「前部浮舟」は中央から左右に分離する構造だ。
「排水口」群。
まさに『群』で、びっしりという感じだ。
「前部係留金具」。
「カミ」には錨がない。洋上で係留するときここに舫《もや》いを締結する。…センシャを係留か（笑）。流石はカイグンが造ったセンシャだけのことはあるなと強く感じる。
「懸吊具」。
「前部浮舟」は水に浮くように工作されているとは言え、相当な重量がある。とても人間一人が持ち上げられるような重量ではない。「カミ」にこの「前部浮舟」を装着するときは簡単なチェーンブロックを組み、この懸吊具を使って持ち上げたのちに車体に咬ませ、合図で車内のカニ鋏を締める為に無くてはならない、小さいがとても重要な装備だ。回転しないように、また水平に懸吊するように片舷に三箇所用意されている。
ここの部分が制動機点検扉部に乗る。
ここをこのようなクランク形状にはせず一直線にすればいいものを…と愚考するが、車体前面の起動輪付根にある遊星歯車筐体の一部が出っ張るので、その為の切り欠きとなっている。

この図はシロナガスクジラが水面から呼吸の為に出たもの…ではなく、「前部浮舟」の裏、下面だ。長らく「浮舟」の下面はどうなっているか不明だったが、アニメ『ガールズ&パンツァー 最終章』に一枚咬める身となって各方面のエキスパートらと意見を交換出来る状態となり、その折りに得た資料でここを描けることになったのは…提供有志に感謝すべきことでもある。
上面に片舷三個所、弁があるのと同数、下面に排水口が設置されている様は…ある程度推測はしていたが、こうして描くと中々インパクトがある。この排水口の意味は項目を設けたのでしっかりと後述をする。

【車体後部と後部浮舟】

この見開きでは「カミ」車体の後部について図説していく。

図のとおり、後部にも「浮舟」が付く構造だ。勿体ぶってナンだが、「カミ」は前後に「浮舟」を連結させることにより、水上航走を目指し仰々しい改造を施した戦車たちとは比較にならないくらいに優秀な洋上航走能力を得た…という訳だ。

「前部浮舟」は左右に分離し、しかも車体との接合面は入り組んだ組木細工のような面構成で、量産が心配されるような形状となっていたが、「後部浮舟」も左右分割こそしないが、「前部浮舟」同様、非常に入り組んでおり、とても量産向きではない。

「後部浮舟」で最も重要なのは、「カミ」車体の浮力を助けることは勿論だが、洋上航走で方向転換する舵機能が備わっていることだろう。

元来、索を使っての操舵は左右舷に索を張るのが操舵性を高める一般的なものなのだが、本図のように「カミ」の「後部浮舟」は上陸後に切り離されるという制約がある。

この作業は迅速でなければならない。故に操舵索も迅速に切り離す必要がある。さもないと操舵索で繋がった後部浮舟をズルズルと引摺ることになるからだ。索を片舷に纏め一動作でスッパリと切り離せる構造とした。

索を引く方と繰り出される索が同じ右舷にあるというのはスペースの面でも相応に利点はあるのだが、「カミ」の後に立案計画量産された「特四艇」こと「特四式内火艇　カツ」は「浮舟」投棄という行為をしない船体一体型としたので、左右舷に操舵索を張る形式になっている。やはり片舷に操舵索を寄せるというのは好ましくないという証左だろう。

別図のように舵は平行二枚舵となっている。中央に一枚舵というのも構造を簡素化させるという意味で賛同すべき案ではあるのだが、前後の複雑怪奇な形状の「浮舟」を鋼鈑で製造するという段階で舵の枚数も減らして工数稼ぐという上辺だけの効率化より、推進器数と均《ひと》しい数の舵の方が舵の利きも良いという結果だろう。

航走中、舵中央でも真っすぐ走ってくれない、また左右どちらかの舵の利きが悪い、という場合、この二枚の舵を連動させる連結ロッドの長さを調整する構造になっている。

つくづく『フネ』なのだなあ、「カミ」は！と思う。

ここまでは「後部浮舟」を中心に述べてきたが、車体後部で述べるべき点は洋上航走時に活躍する「通風筒」、これも揚陸成就後は用済みでもあるし、車体を大きく高く見せてしまい敵から発見、撃たれてしまうので車体

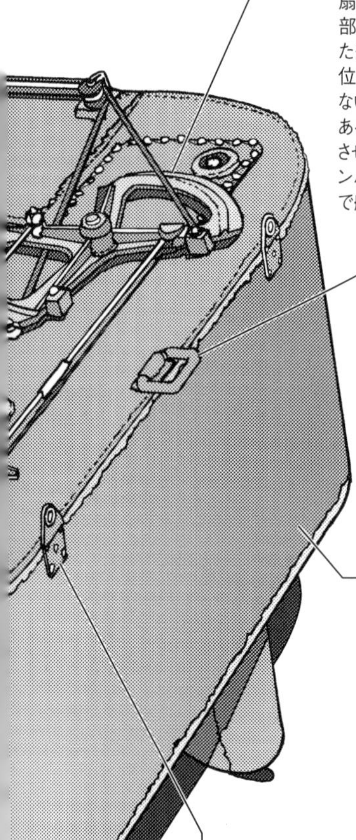
舵取り装置。
扇状なのは円にすると余分な部位が出てしまうので切欠いた結果だ。中心点より放した位置の方が梃子の原理で少ない力で舵を動かせるからでもある。左舷舵と右舷舵を連動させる操舵ロッド中程にはターンバックルがあり、ここの調整で舵角を微調整する。
「係留金具」。
後部にも用意されている。状況に応じてだが、ここを使って別の「カミ」を曳航する…ということもあったかもしれない。
「後浮舟」は重さ〇・六八トン。内部は五区画となっている(容積は三立方メートル)。区画分けしているのはフネと同じで、浸水してもその区画だけで食い止め、一気に浮力を失わないようにする為の工夫だ。
「前部浮舟」同様、「後部浮舟」を車体に装着する為に三脚チェーンブロックで吊り上げる懸吊具が固定されている。分離した片「前部浮舟」よりも「後部浮舟」が重いのだろう、懸吊具は一つ多い四つとなっている。

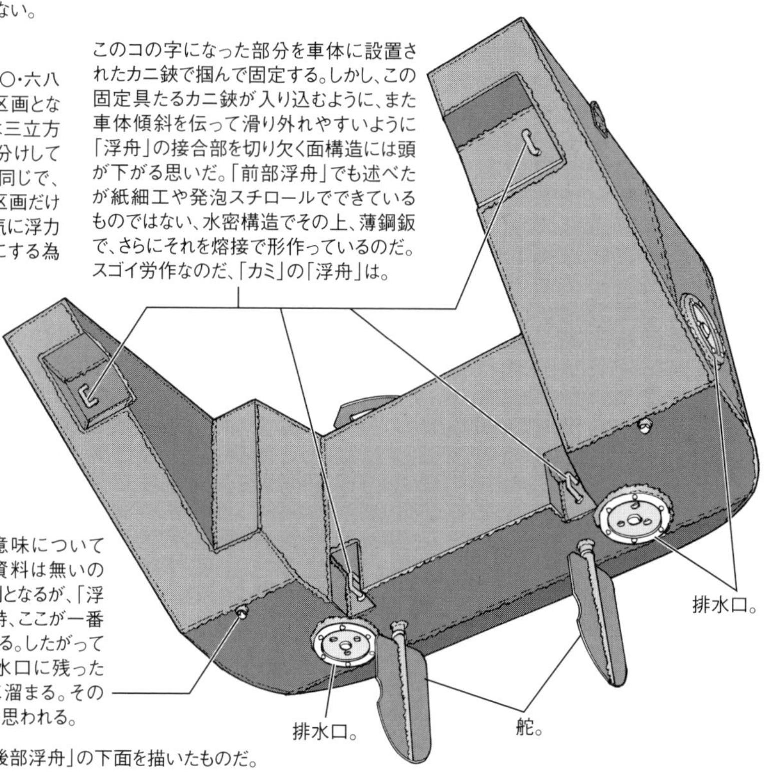
このコの字になった部分を車体に設置されたカニ鋏で掴んで固定する。しかし、この固定具たるカニ鋏が入り込むように、また車体傾斜を伝って滑り外れやすいように「浮舟」の接合部を切り欠く面構造には頭が下がる思いだ。「前部浮舟」でも述べたが紙細工や発泡スチロールでできているものではない、水密構造でその上、薄鋼鈑で、さらにそれを熔接で形作っているのだ。スゴイ労作なのだ、「カミ」の「浮舟」は。
この突起の意味について正確に示す資料は無いので筆者の推測となるが、「浮舟」を付けた時、ここが一番低い箇所となる。したがって後浮舟の排水口に残った海水はここに溜まる。その排水ドレインと思われる。
排水口。
排水口。
舵。

この図は「後部浮舟」の下面を描いたものだ。

二枚突き出たものは本文中で述べた舵だ。中程に半円形の切り欠きがあるのは推進器先端が舵と干渉しない為の配慮だ。底面に二箇、両舷側面に一つづつ排水口がある。

「前部浮舟」同様、形状が何とも奇っ怪で左右非対称なのはこの「後部浮舟」を固定する車体後部に消音器が付く為の配慮だ。

…ならば排気管を中央に寄せて左右対称にすればいいものを…と後知恵に思ったりするがそれをしないのが戦前の我が国だ。『こういうものだ』と諦めた大人の想いが絶対に必要だ。

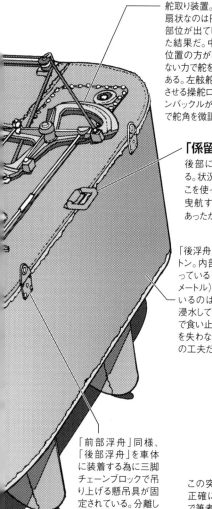

投棄される「通風筒」。
ここで説明したいのは車体後部上面、この「通風筒」が被さっていた放熱口だ。この「通風筒」が接する面はしっかりとしたゴムパッキンが貼付けられ、その周囲を本文でも述べた八箇所の回転式ラッチで固定する。
そのラッチがしっかりと「通風筒」を固定出来るように、また不意の衝撃でラッチが動いてしまっても固定を維持できるよう、また「通風筒」の台座板と筒を堅固に固定する為の三角形の小板が熔接されている。
…筆者は過去何度か「カミ」を描いてきたがこの小板を頻繁に描き忘れる。今回の作画でもつい、描き忘れ作品を提出後、慌てて描き足して再提出したくらいだ。

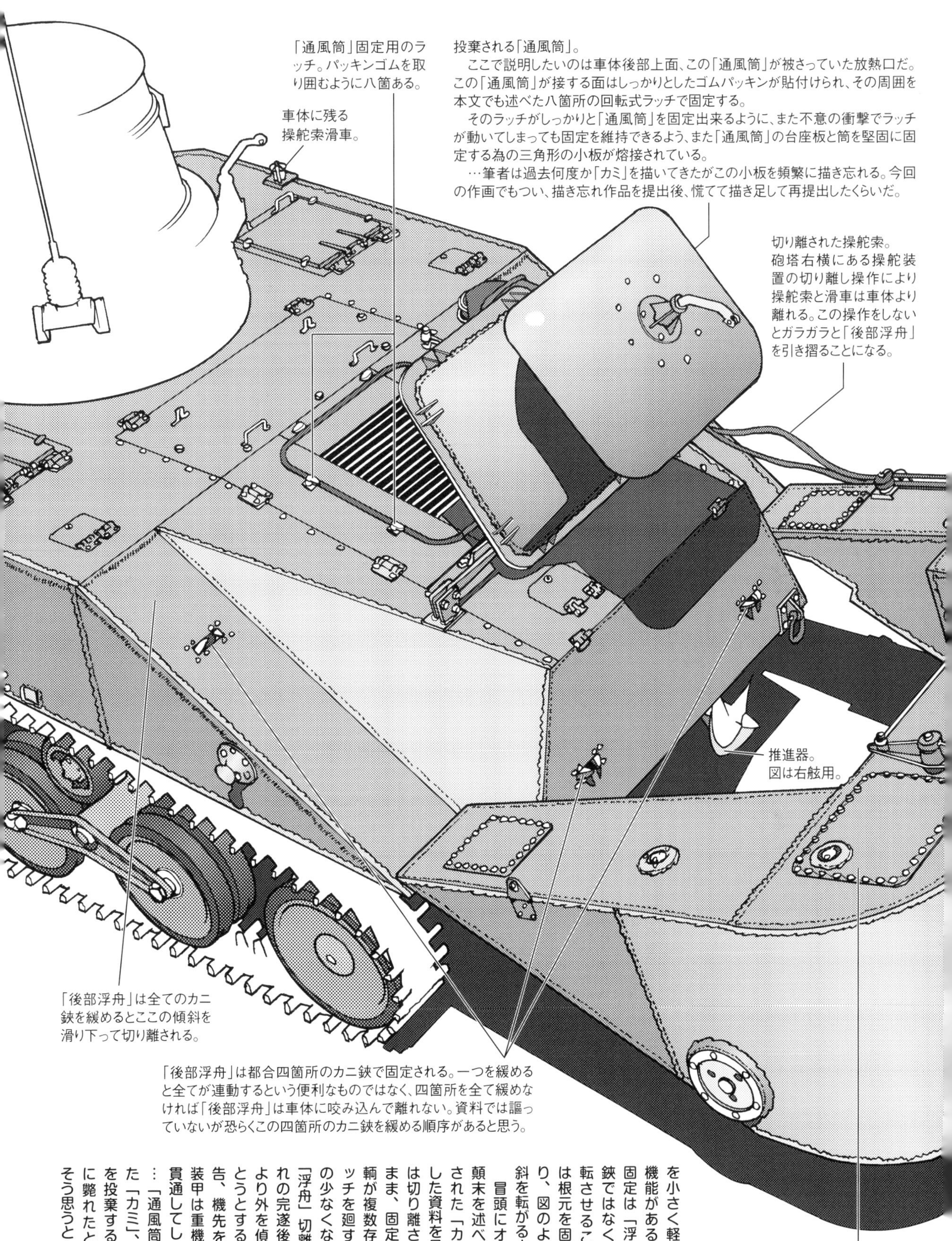
「通風筒」固定用のラッチ。パッキンゴムを取り囲むように八箇ある。
車体に残る操舵索滑車。
切り離された操舵索。砲塔右横にある操舵装置の切り離し操作により操舵索と滑車は車体より離れる。この操作をしないとガラガラと「後部浮舟」を引き摺ることになる。
推進器。図は右舷用。
「後部浮舟」は全てのカニ鋏を緩めるとここの傾斜を滑り下って切り離される。
「後部浮舟」は都合四箇所のカニ鋏で固定される。一つを緩めると全てが連動するという便利なものではなく、四箇所を全て緩めなければ「後部浮舟」は車体に咬み込んで離れない。資料では謳っていないが恐らくこの四箇所のカニ鋏を緩める順序があると思う。
このボルトがびっしりと付いた板は「浮舟」内部点検扉だ。滅多に開け閉めする箇所ではないので、ボルトを締めたあと錫メッキ線で隣のボルトに時計回りでテンションが掛かるように絡げていく『ワイヤリング』が施されている。

を小さく軽くする為に切り離し機能があることだろう。ここの固定は「浮舟」を固定するカニ鋏ではなく、小さいラッチを回転させることにより「通風筒」は根元を固定するものがなくなり、図のように倒れ、後部の傾斜を転がるように御別れする。
冒頭にオルモック逆上陸戦の顛末を述べた。この戦闘で破壊された「カミ」たちの骸を記録した資料を見ると、この「通風筒」は切り離されずに車体に乗ったまま、固定されたままである車輌が複数存在する。八箇所もラッチを廻す手間より、車体重量の少なくない割合を占める前後「浮舟」切離しを最優先とし、これの完遂後は各覘視口や拳銃口より外を偵察、我が身を狙い撃とうとする危険な障害を発見報告、機先を制する必要がある。装甲は重機関銃で撃たれたら即貫通してしまう厚みなのだから。…「通風筒」を載せたまま斃れた「カミ」、言い換えるならこれを投棄する時間もない内に敵弾に斃れたということでもある。そう思うと…本当に切ない。

【前部浮舟の派生型と基本構造】

ここでは「カミ」の「前部浮舟」の派生型について述べたい。

ここまでの図説で「カミ」のここは『前／後期型』の二種類があると述べてきたが更に『後期型』でも派生型があるということを図説したい。

上図が『前期型』と称する「前部浮舟」だ。この『前期型』というのも戦後資料が謳っているものであり、「カミ」が実際に量産されていた当時に、どのような口語がされていたのか物語る資料に巡り合えなかったが、他に言いようがないのでこの『前／後期型』として述べることにする。

『前期型』は『後期型』と異なり左右二つに分離しない一体型だ。これは後述する欠点の為にどの時点で切り替わったかは不明だが、左右二つに分離する『後期型』に切り替わる。外見上の差は左右に分離しない点の他に、ハンドレールが存在しない何とものっぺらぼうな上面に、車体との接合面部分は車体機銃銃身が「前部浮舟」と干渉しないように最低限の切り欠きで済ませていることだろうか。

この構造は車体前面、車体機銃や覘視口が設けられた傾斜部中央に設置されたカニ鋏で「前部浮舟」を固定する。『前期型』のここは都合三箇所でガッシリと「前部浮舟」を固定出来た。左右に分離する『後期型』は左右のを各一箇所だけのカニ鋏での固定だ。恐らく高波が「前部浮舟」に当たる度に車体と「前部浮舟」の接合部が嫌な音を立てて擦れていただろうと推測する。

固定こそガッシリとしていたが、この密接する構造の為に「前照燈」は『前期型』に装備されなかった。白昼時の使用しか考慮していなかったのか…と考えると全く面白い。

さて問題は下図の左右分離する『後期型』だ。左右接合面に一点鎖線が描いてあるが、接合面はこの一点鎖線部より右の「浮舟」側の領域に入り込む形で屈曲、この屈曲した分、左側は大きく、右側は小さくなっており、左右の「前部浮舟」の容積は異なっている。これは『前期型』の「浮舟」を真ん中で切り分けた時に屈曲してしまった…という可能性もあるのかもしれないが、筆者は無い知恵でこれの他に二つ程考えてみた。

一つは後述することにし、一つはここで述べようと思うが、『後期型』の固定は『前期型』よりも少ない上に左右が分離しているので、この屈曲接合により左右の「浮舟」の動揺を減らす目的があったのではないだろうか。

さて、ではこの屈曲した型はいつ登場したのだろう。真ん中でスッパリ割った「浮舟」が先なのだろうか、それともこと屈曲した方が先なのだろうか。これも不明だ。どちらが先になってももっともらしい理由は付けられるのがとても腹立たしく思える。

形状については色々述べてきた。では構成する鋼材等の情報も記したい。前後「浮舟」とも三ミリ厚鋼板熔接構造。「前浮舟」の重量は前期型か後期型かの記述がなく申し訳ないのだが、自重一トン容積六立方メートル、上部の空気抜き孔の数から推定すると左右六区画に区画化され、どれかに浸水しても一気に浮力が失われないように徹底的に考慮されている。サスガは海軍が造った戦車だ。

【前期型前部浮舟全体図】

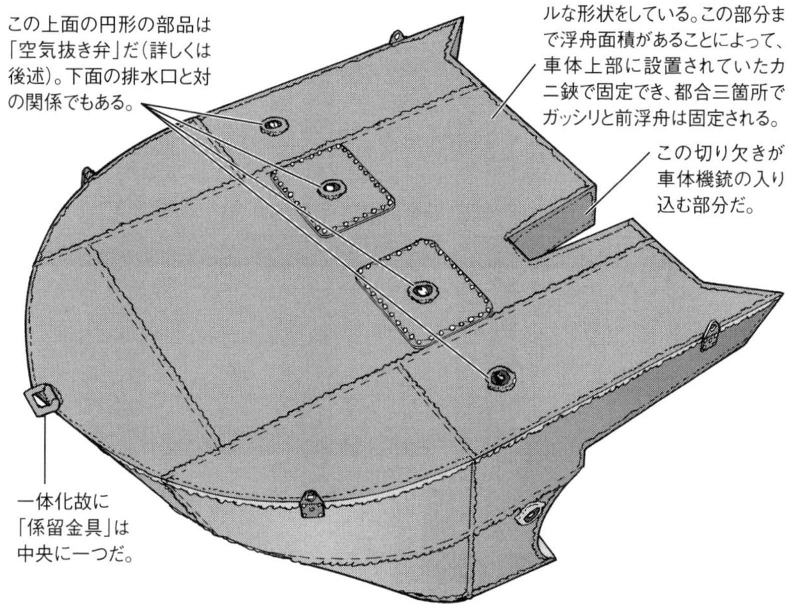
この上面の円形の部品は「空気抜き弁」だ（詳しくは後述）。下面の排水口と対の関係でもある。
ハンドレールも無く非常にシンプルな形状をしている。この部分まで浮舟面積があることによって、車体上部に設置されていたカニ鋏で固定でき、都合三箇所でガッシリと前浮舟は固定される。
この切り欠きが車体機銃の入り込む部分だ。
一体化故に「係留金具」は中央に一つだ。

【後期型前部浮舟全体図】

（接合面が屈曲した型）

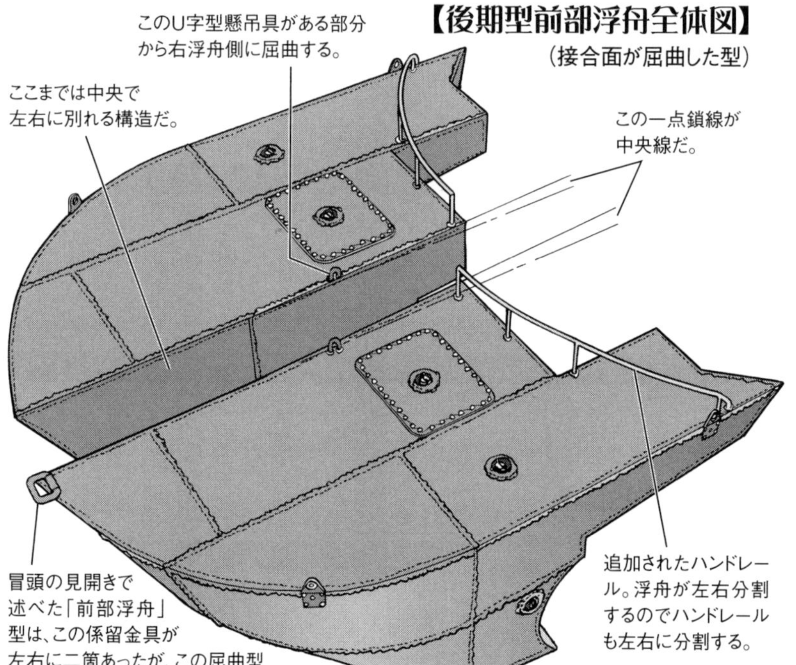
このU字型懸吊具がある部分から右浮舟側に屈曲する。
ここまでは中央で左右に別れる構造だ。
この一点鎖線が中央線だ。
冒頭の見開きで述べた「前部浮舟」型は、この係留金具が左右に二箇あったが、この屈曲型では左側のみ装備される。
追加されたハンドレール。浮舟が左右分割するのでハンドレールも左右に分割する。

【カミの特殊機能について】

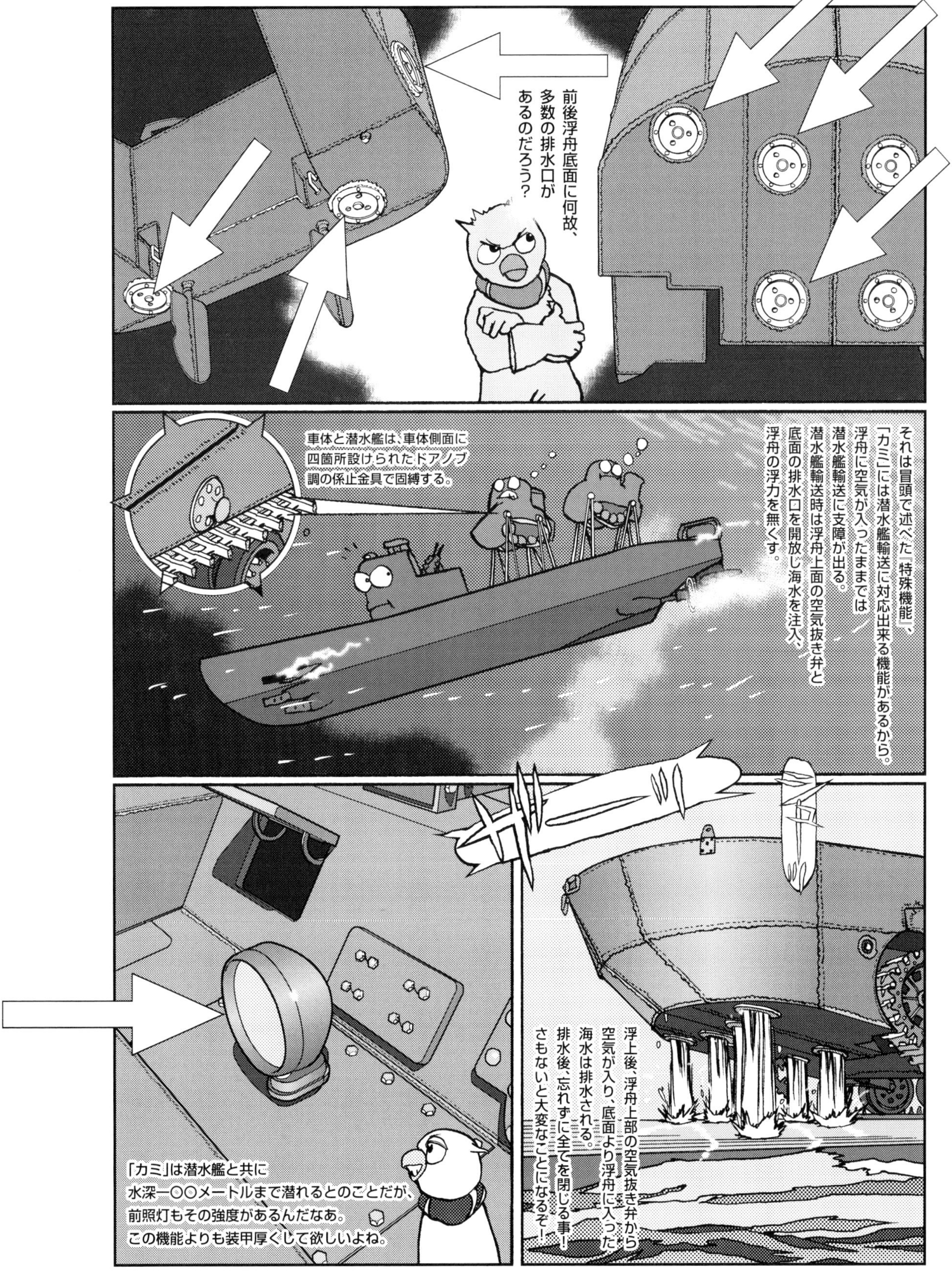
前後浮舟底面に何故、
多数の排水口が
あるのだろう？
それは冒頭で述べた「特殊機能」、
「カミ」には潜水艦輸送に対応出来る機能があるから。
浮舟に空気が入ったままでは
潜水艦輸送に支障が出る。
潜水艦輸送時は浮舟上面の空気抜き弁と
底面の排水口を開放し海水を注入、
浮舟の浮力を無くす。
車体と潜水艦は、車体側面に
四箇所設けられたドアノブ
調の係止金具で固縛する。
浮上後、浮舟上部の空気抜き弁から
空気が入り、底面より浮舟に入った
海水は排水される。
排水後、忘れずに全てを閉じる事！
さもないと大変なことになるぞ！
「カミ」は潜水艦と共に
水深一〇〇メートルまで潜れるとのことだが、
前照灯もその強度があるんだなあ。
この機能よりも装甲厚くして欲しいよね。

【特二式戦車について】

これまでは「カミ」の前後に「浮舟」が付いた、言わば完全状態について色々と図説してきた。では前後の「浮舟」が無くなった状態はどんな形状になるのか？これをここで述べよう。

まず名称から変わる。完全状態を「特二式内火艇　カミ」としていたが「浮舟」が無くなった状態を「特二式戦車」と呼称する。…では展望塔や「通風筒」が付いたら「特二式戦車」ではないのか、それとも前後どちらかの「浮舟」が付いたらそれは何と呼称するのか…等々、意地悪な気持ちも持ち上がるが「浮舟」が無い状態を「特二式戦車」とここでも呼ぶ。

フネに準じた高い洋上航走能力を確保すべく長大、前後合計で一・七トンもある重量の「浮舟」を捨てた「特二式戦車」はとてもカッコ良いものに見える。「特二式戦車」の主立った要目は以下のとおり。全長は四八〇〇ミリ、全幅は二八〇〇ミリ、自重は九・一五〇トン（満載時なのかは不明）となっている。漠然とこれらの寸法を羅列してもピンと来ないので、装甲厚が近い「九五式軽戦車」と比較してみよう。「九五式軽戦車」は全長は四三〇〇ミリ、全幅は二〇七〇ミリ、自重は、これは満載時ではない車両本体の純粋な重さだが六・七トンとなっている。つまり数字だけみれば「特二式戦車」の中に「九五式軽戦車」がすっぽりと入ってしまう。

装甲厚が近いと述べたのでこちらも記すが「特二式戦車」、「九五式軽戦車」共々、前面は十二ミリ厚の装甲、側面は一〇ミリ、上面と底面は六ミリとなっている。ただ七年も後に作られた「特二式戦車」は全熔接構造だ。対する「九五式軽戦車」は全鋲接構造。「特二式戦車」は側面などは避弾経始を無視した垂直装甲、対する「九五式軽戦車」は装甲に傾斜とバルジ構造があり同じ装甲厚でも敵弾に対する抗堪性に差が出るハズだ。

しかし…しかしだが双方とも最も装甲厚がある部分でも『十二ミリ』。…これは工事現場で起重機が沈まないように敷く鉄板と同じくらいの厚さだ。装甲の抗堪性は銃や砲の口径寸とほぼ同じ…と冒頭述べたとおり『十二ミリ』厚で凌げる火器は拳銃弾と小銃弾までで、熔接だ鋲接だと差が出ると語るに忍びない数字なのだが…。

次は搭載発動機の出力だが、筆者はこの文章を作成するまでは「特二式戦車」と「九五式軽戦車」の搭載機関は同じモノだとばかり思っていたが、出力に差異があった。「九五式軽戦車」も「特二式戦車」も同じ空冷ヂーゼル直列六気筒だが「九五式軽戦車」のは一二〇馬力、「特二式戦車」のは一一五馬力である。この差は一体なんだろう。それとも陸軍と海軍で発動機出力測定規定に差があるのだろうか。それともこの二つの車輌では使う回転数が異なるからだろうか。

「特二式戦車」搭載の発動機は潜水艦で輸送する構造上、車体から簡素に取り外しが可能な機能もあり、また車内に浸水した水を掻きだすビルジ・ポンプも接続している都合、これを駆動させるのにこの少ない分の馬力が必要、故に差し引いている？…等と推論を立てたが、如何だろうか。

次に最大速度だが、「特二式戦車」での計測と推定するが時速三七キロ、「九五式軽戦車」は時速四〇キロ。…馬力も低下、かつ表面積も重量も大きい「特二式戦車」が優っていたらエライことだ。しかし思っていたより差がないのには少々驚かされる。…誘導輪が接地するナウい配置の「特二式戦車」だからなのか。この速度計測時には乗員はどうしているのだろうか。登場人数全員が乗っての計測なのだろうか。「九五式軽戦車」の乗員数は三名だが「特二式戦車」は資料によって差異があるが何と五名から八名も必要だ。この人数が乗ってのその速度ならば相当なものだろう。

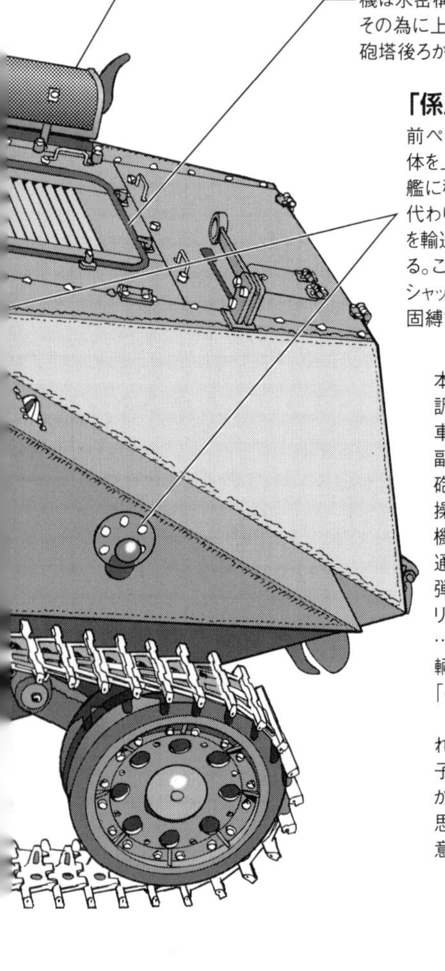

右舷に寄った消音器。この配置の為に「後部浮舟」は左右対称ではない形状となった。

潜水艦で輸送が可能と述べた。主機である発動機は水密構造ではないので取り外す必要がある。その為に上部は広く開口する構造になっている。砲塔後ろから最後尾まで開口する構造だ。

「係止金具」。

前ページで簡単に触れたがドアノブ調のここで車体を上甲板に固縛する。残念ながら「カミ」を潜水艦に積んだ状態の写真資料は発見されていない。代わりといっては何だが、「二等輸送艦」で「カミ」を輸送している写真資料は現在目にする事が出来る。このドアノブに直接係止索を掛けるのではなく、シャックルをここに掛け、それに索を通し上甲板とを固縛する。故にこの金具は非常に頑丈なものだ。

本文中で「カミ」の乗員数を述べたが、その内訳を記すと以下のとおりだ。
車長…士官／下士官が担当
副車長…兵曹長が担当
砲手…水兵が担当
操縦手…機関兵が担当
機関手…機関兵が担当
通信手…水兵が担当
弾薬手…水兵が担当（機銃手とする資料アリ。二名の場合アリ）
…合計八名。恐らくこの八名というのは指揮車輌の場合ではないだろうか。しかし、「機関手」に「弾薬手」…という役職はいかにも海軍らしい。

冒頭にオルモック逆上陸戦で尊父が散華された御子息と邂逅出来たと述べたが、この御子息、海外戦地に遺った「カミ」に乗ったそうだが、車内は大変に狭く『オレは一人でも狭いと思ったよ』（福田氏談）とのことだ。筆者個人の意見では六名とする説を支持したい。

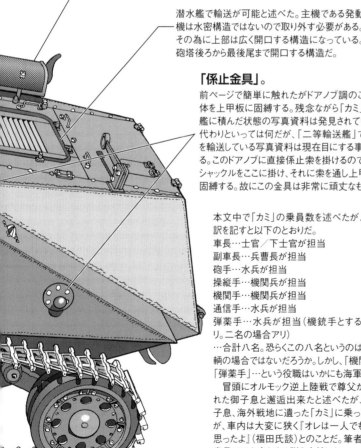

【カミの足廻り】

ここまではずっと「カミ」のフネとしての面で述べてきた。折角、転輪や履帯などを描いたのだ、この部分も述べようと思う。

足廻りを見て気付く点は多い。まず、我が国の戦車では見馴れた双ボギー緩衝の横置きスプリングが無い。これは車内に納めたからだが、この利点は洋上航走時にこのスプリングが外に出ない分、水流抵抗を減らす事ができることだ。トコロがこれを中に納めた結果、車体を貫く回転軸が増えた。ただでさえこういう回転軸部の水密が苦手な我が国の技術力である。水密構造を研ぎ澄ます手間よりも車内に溜まった水を掻き出すビルジポンプを設置したほうが良いということで、戦車なのにこの装備が標準装備されている。

次は前文でも述べたが、転輪最後尾の誘導輪は我が国戦車では珍しい接地転輪方式を採用している。…でもこれの採用は十分理解できる。何しろ「カミ」は前後の「浮舟」を付けると全長が七五〇〇ミリにもなり、この状況で「九五式軽戦車」のように接地しない誘導輪で高速走行すると激しいピッチングに見舞われるのは容易に想像出来るからだ。オマケに主機の出力も高いとは言えない。「前部浮舟」を付けた状態で陸上走行しているときに「前部浮舟」下に何か巻き込んだらスタックしてしまう。少しでも履帯の設置面積を増やし前進力を確保したいという気持ちもあるのだろう。

ここに来て思う。一部資料では「カミ」の足廻りは「九五式軽戦車」から流用されている…という。潜水艦で一〇〇メートルまで潜れ、かつ一四〇キロメートルも洋上航走出来るフネみたいな戦車が、優秀製品と言われている「九五式軽戦車」の足廻りを流用で凌げるほど世の中甘いものじゃない、と筆者は考える。参考程度がせいぜいだろう。…それよりも、だ。ボギー式の緩衝器を車内に納め、その上酷似した形状の砲塔、誘導輪の接地と共通点の多い「九八式軽戦車　ケニ」と「二式軽戦車　ケト」を参考にしている部分が遙かに多いように思える。

展望塔を載せない状態の砲塔だが、正面には目玉のように「展望器」がふたつ、両側面と背面に各防弾硝子付きの覘視口が用意されているが、砲塔上面はハッチのみだ。大概の戦車は砲塔上に車長の頭が入る高さの展望塔に、六方向に覘視口が用意され迅速な見張りが出来る構造になっているが、「カミ」の場合は「通風筒」機能を優先した着脱式の展望塔の為にハッチのみだ。

とても広い範囲を見張ることは出来ないのでハッチを開け、車長は頭を出して見張るだろが、そんなことをしたら数秒で腕の良い兵隊にバン!と一発で頭を撃ち抜かれてお仕舞だろう。着脱式の展望塔も薄い材質で出来ているようなので(おそらく浮舟と同じ三粍厚)拳銃弾でも貫くものだ。薄装甲を補う為には高い見張り能力が必要なのだが…この部分については『やり直せ』と後知恵ながらに思うだけだ。

長らくこの小さいハッチは何の意味なのだろうと思い巡らせていたのだが、映画『ガールズ&パンツァー』制作スタッフの方々との接触により得た資料でやっと意味が判った。「燃料給油口」だ。両舷にある。

この真下に円筒扁平型のウイスキーを入れ携行するスキットル調の燃料槽が設置されている。何度も記したが「カミ」は潜水艦輸送が叶う車輌だ。耐圧の意味でこの燃料槽に満タンで給油しておかないと深度の水圧で圧壊してしまう。

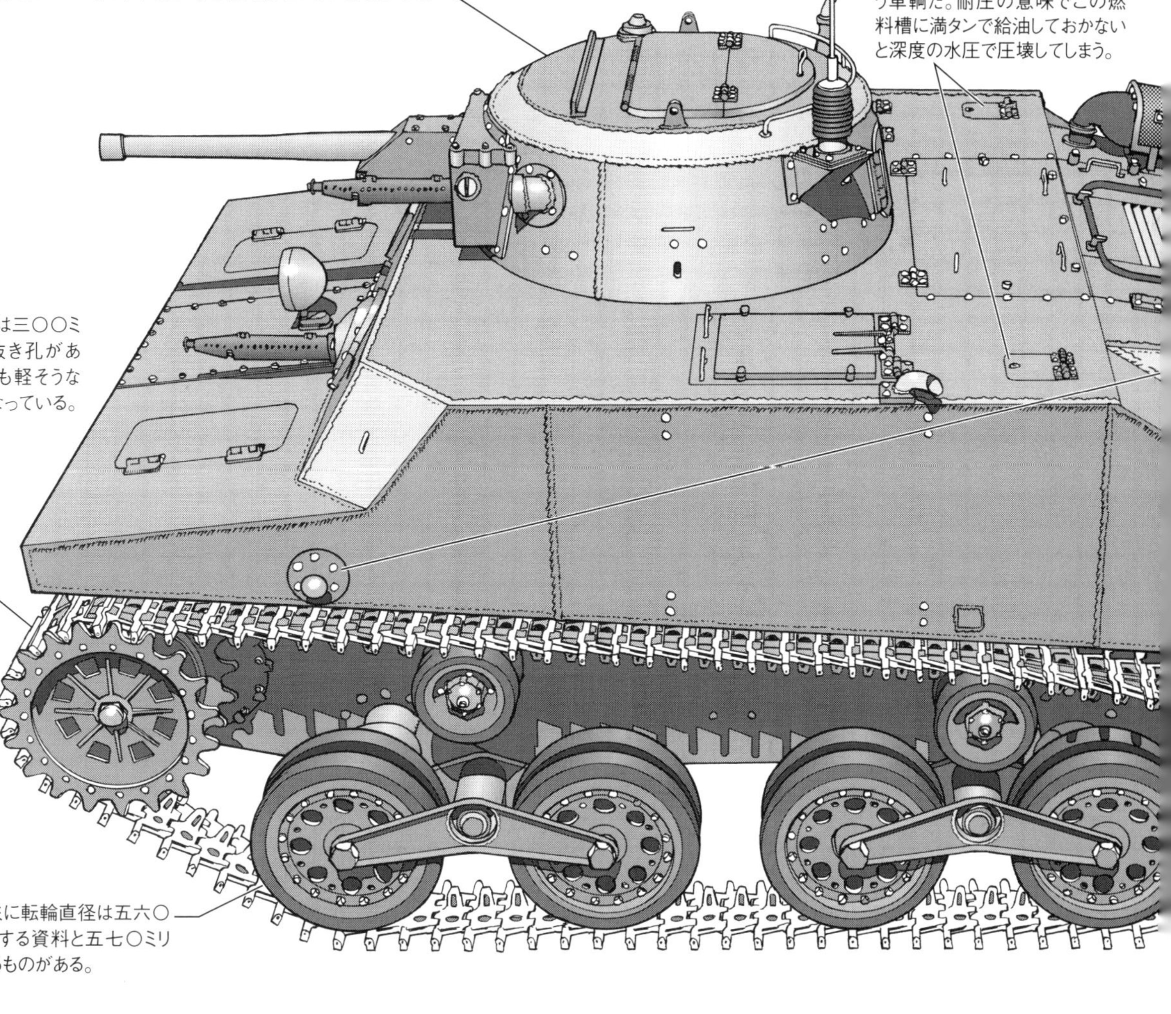

履帯幅は三〇〇ミリ。肉抜き孔があり、とても軽そうな作りになっている。

チナミに転輪直径は五六〇ミリとする資料と五七〇ミリとするものがある。

【車体後部】

筆者の私事で恐縮だが、「カミ」車体後部、それもフネの推進器たる部分、ここは極力描きたくはなかった。ここを示す明確な資料が存在せず、過去何度かの作画では決定的な資料を欠くままで作画していたからだ。トコロがだ、アニメ『ガールズ&パンツァー 最終章』の制作スタジオに筆者が出頭した折りに様々な情報を得ることができ、ついにここを決定的に描く事ができた。

特徴点としては両舷一対の推進器がある。この各推進器の真後ろに舵軸二本が田楽刺しで「後部浮舟」を貫くかたちで設置される。舵の利きが良いように各推進器直後に各舵がある二枚舵の理由はこれだ。次に推進器の固定方法だが…これもインパクトある方法だ。艦艇のように船底より推進軸が突き出て、根元をエディープレートで覆い水密する構造かとずっと考えていたのだが実際はそうではなく、ブラケットを兼ねた太いボスで推進軸を保持するというものだ。

残念ながら「カミ」のここは固定型で、陸上走行中に障害物があったら確実に破損する。故に艦艇のようなエディープレートを介するような華奢なものではないということなのだが、「カミ」の後に量産された「特四式内火艇カツ」は、陸上走行時は地上障害物で推進器が破損しないよう上部にはね上げ格納する方式となっている。「カミ」のような固定式はやはりダメだったのだ。造った側もそれを理解しているようで、推進軸が通る、この特徴的なブラケットはそっくり交換が出来る作りになっているように感じた。

さて、推進軸の回転方向だが、二軸艦艇ならば前進面（艦尾より艦首方向を見る側）では左軸は半時計回り、右軸はその逆というのが一般的なのだが「カミ」に関しては逆回転となっている。前述の左軸は半時計回りというのは今では珍しい回転方向だそうで、「カミ」は先取りした回転方向となっている。…これの意味は一体なんだろう。

フネは軸数分、罐《かま》と主機がある。しかし「カミ」は主機はひとつだ。これを二軸に分ける変速機を介する。これの都合なのだろうか。ともあれとても興奮する推進器設置だ。

次に「特二式戦車」の後部だが、独軍の虎戦車（ティーガーI）のような単純な面構成だった前部と比較すると、頭から煙が出そうなほど非常に面倒な面構成となっている。これは構成する装甲を傾斜させ、薄い脆弱な装甲を少しでも抗堪性の高いものにしようとする意味も含まれるのかもしれない。だが「後部浮舟」と接する面積を増やし安定させて固定させ、その上で「後部浮舟」の切り離し操作後、滞りなく見事に「後部浮舟」がするりと外れる為の工夫だと筆者は考える。

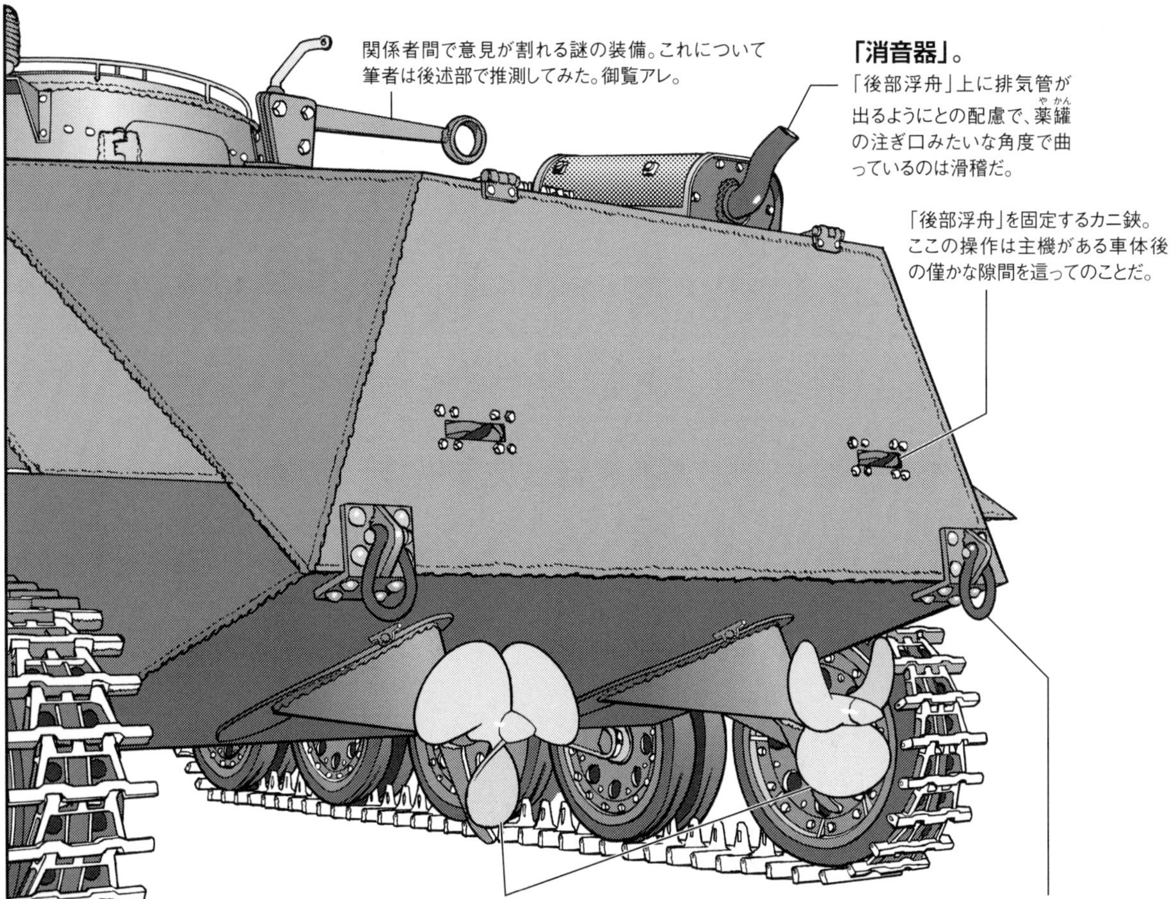
関係者間で意見が割れる謎の装備。これについて筆者は後述部で推測してみた。御覧アレ。
「消音器」。
「後部浮舟」上に排気管が出るようにとの配慮で、薬罐《やかん》の注ぎ口みたいな角度で曲っているのは滑稽だ。
「後部浮舟」を固定するカニ鋏。ここの操作は主機がある車体後部の僅かな隙間を這ってのことだ。
推進器。翅数は三。地面と触れると精密機材である推進器は曲ったり欠けたりと破損するので気休め程度のスクリューガードが下部に付く。
「後部浮舟」に係留金具が用意されていたのは図説したが、これを切り離した「特二式戦車」にも似たような装備がある。「牽引具」だ。これは前側にも設置されている。泥濘地にはまりこんで身動きが取れない状態や主機が壊れた場合など、他車輌に引っ張ってもらったり、またそれら車輌を助ける為の装備で、重い重量の戦車には必ず設置された装備だ。

【いつ浮舟を切離すか・二】

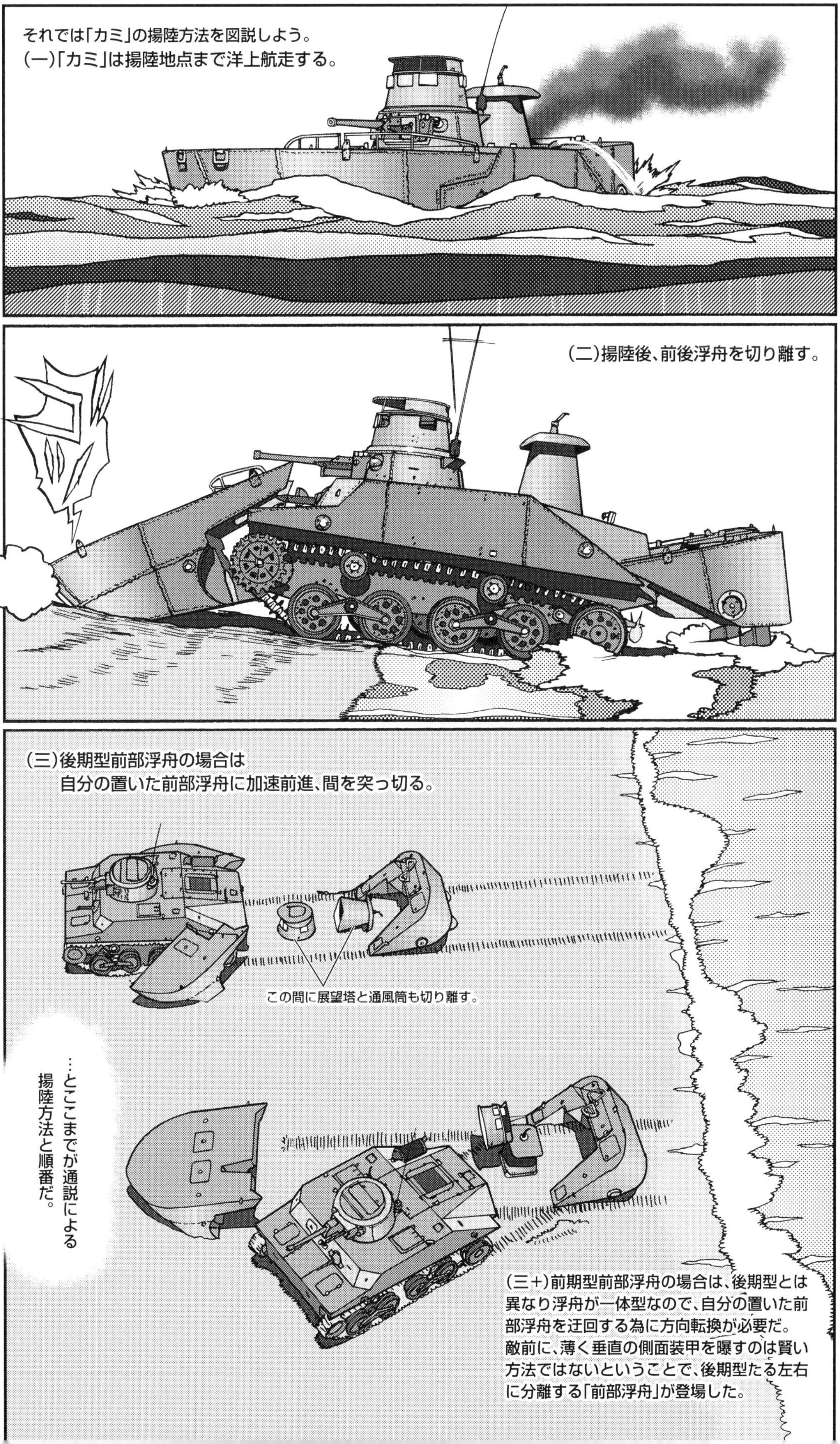

それでは「カミ」の揚陸方法を図説しよう。
(一)「カミ」は揚陸地点まで洋上航走する。
(二)揚陸後、前後浮舟を切り離す。
(三)後期型前部浮舟の場合は
自分の置いた前部浮舟に加速前進、間を突っ切る。
この間に展望塔と通風筒も切り離す。
…とここまでが通説による揚陸方法と順番だ。
(三+)前期型前部浮舟の場合は、後期型とは異なり浮舟が一体型なので、自分の置いた前部浮舟を迂回する為に方向転換が必要だ。敵前に、薄く垂直の側面装甲を曝すのは賢い方法ではないということで、後期型たる左右に分離する「前部浮舟」が登場した。

【いつ浮舟を切離すか・二】

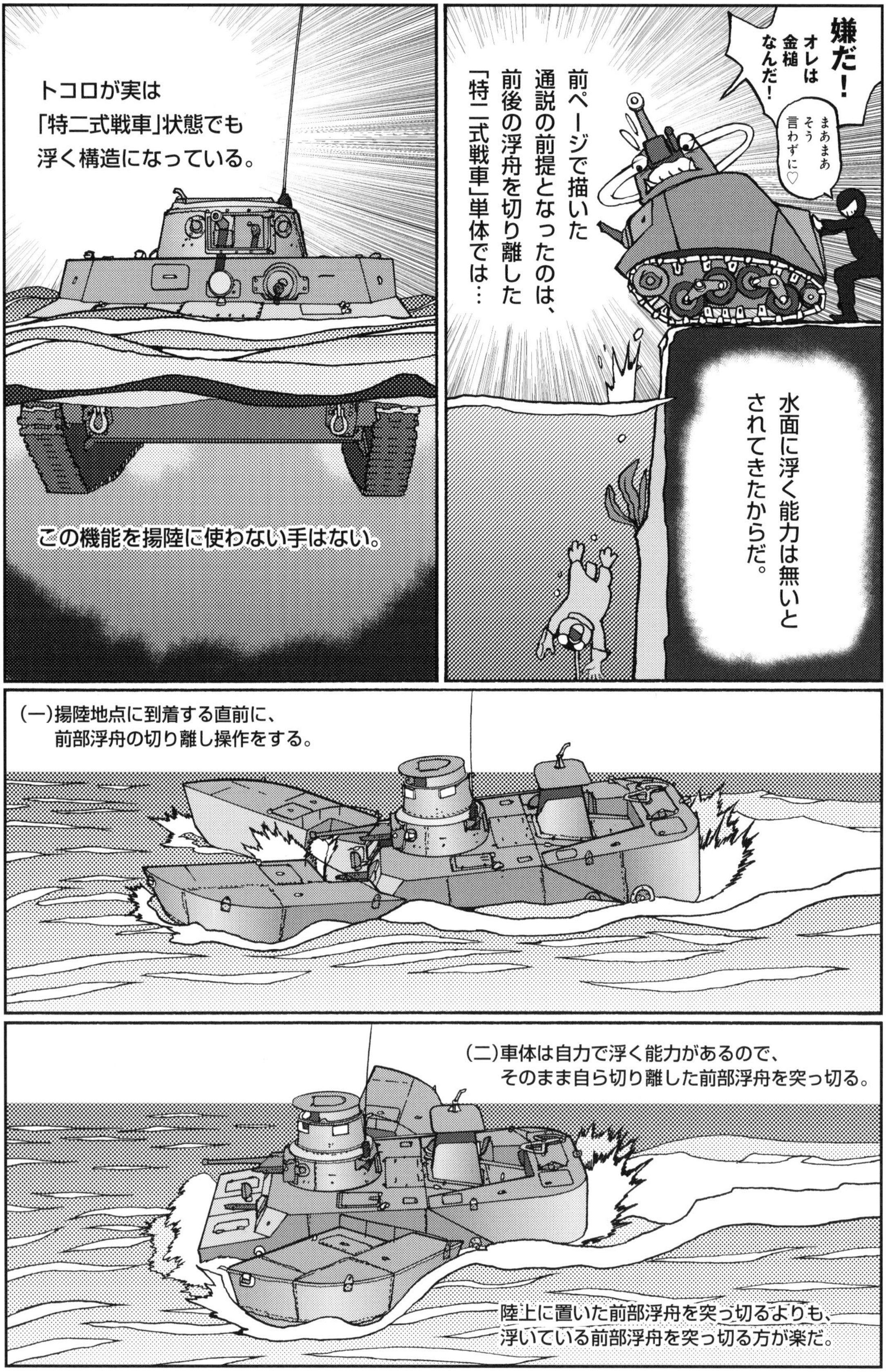
嫌だ! オレは金槌なんだ!
まあまあそう言わずに♡
前ページで描いた通説の前提となったのは、前後の浮舟を切り離した「特二式戦車」単体では…
水面に浮く能力は無いとされてきたからだ。
トコロが実は「特二式戦車」状態でも浮く構造になっている。
この機能を揚陸に使わない手はない。
(一)揚陸地点に到着する直前に、前部浮舟の切り離し操作をする。
(二)車体は自力で浮く能力があるので、そのまま自ら切り離した前部浮舟を突っ切る。
陸上に置いた前部浮舟を突っ切るよりも、浮いている前部浮舟を突っ切る方が楽だ。

※前部浮舟の左右接合面が屈曲している型の屈曲の理由だが、この航走で前部浮舟を突っ切るときに、素早く左右に分離し、且つ航走進路上から脇に外れる為の工夫ではないだろうか。

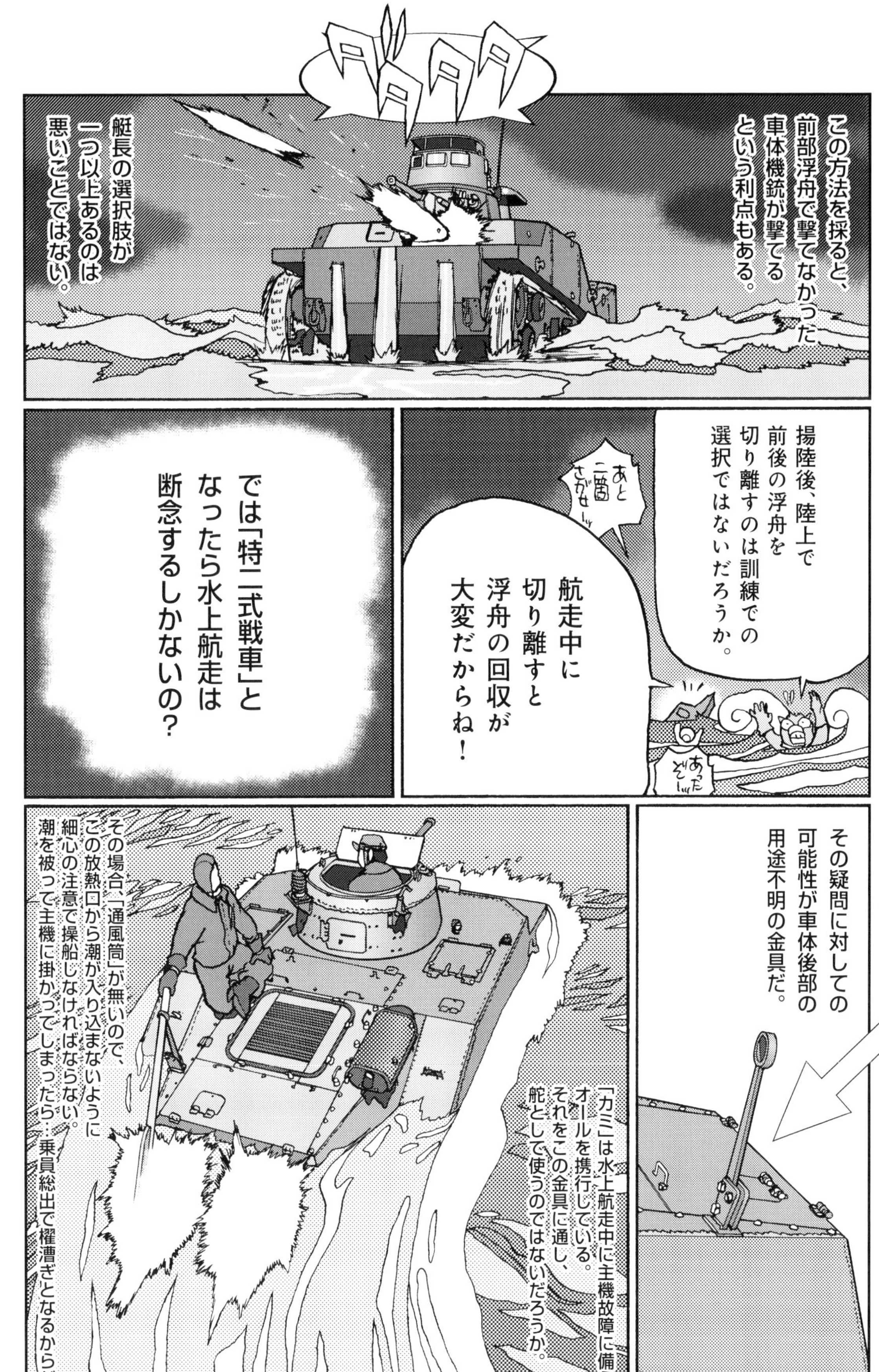
ダダダダ
この方法を採ると、前部浮舟で撃てなかった車体機銃が撃てるという利点もある。
艇長の選択肢が一つ以上あるのは悪いことではない。
揚陸後、陸上で前後の浮舟を切り離すのは訓練での選択ではないだろうか。
あと二個さがせー!!
航走中に切り離すと浮舟の回収が大変だからね！
あったぞー!!
では「特二式戦車」となったら水上航走は断念するしかないの？
その疑問に対しての可能性が車体後部の用途不明の金具だ。
「カミ」は水上航走中に主機故障に備えオールを携行している。
それをこの金具に通し、舵として使うのではないだろうか。
その場合、「通風筒」が無いので、この放熱口から潮が入り込まないように細心の注意で操船しなければならない。
潮を被って主機に掛かってしまったら…乗員総出で櫂漕ぎとなるからだ。

残念ながら我が国には「カミ」本体は存在しない（どこかに埋まっている可能性もあるかもしれないが）。そこでせめてものことということで遺された現物をここで公開し「カミ」を偲び、また延々述べてきた【特二式の外図】のメとするのが本項の主旨だ。

掲載の写真は「カミ」に搭載されていた「一式三十七粍戦車砲」の照準器として採用・搭載されていた「一〇〇式照準眼鏡」若しくは「一〇〇式照準望遠鏡」と呼称された物の写真だ。

この写真の提供者は光学兵器蒐集家の『願望』氏で、筆者の作品を長年購入してくださる奇特な御人でもある。その縁で今回、資料提供を受けることが叶った。名称ですら確定しないこの光学兵器だが、資料提供主で本品所有者の『願望』氏の弁である「一〇〇式照準望遠鏡」という名称をここで使いたいと思う。

詳しいことは写真下に説明を付けたので、そちらを御覧になっていただきたい。寸法は全長五五五粍、太い部分は直径五五粍、細い箇所の直径は四〇粍とのこと。四倍率で視野十三度だ。

残念ながら接眼部に付く『眼当て』は失われている。この件を弁護すると、戦中の我が国の大部分のゴム製品は天然ゴムを使っており、経年で老人の踵みたいにガサガサに割れるか、煮込み過ぎたカレーのようにドロドロになるかのどちらかに至る。失われているのはある意味当然と言えよう。

黒い円に入った目盛だが、これはこの「一〇〇式照準望遠鏡」の「光像目盛」だ。左右方向の目盛は移動中の相手を狙う見越し角や横風の修正角を示すもの、上下方向は距離の目盛だ。

本資料で驚いた点としては筐体対物鏡玉側にある附属部品台座箇所がある。『願望』氏曰く、ここに照明装置が付き、図の「光像目盛」を赤く表示させる…とのことだ。なるほど、黒で描いた「光像目盛」で夜間狙いを付けるとき背景と重なり「光像目盛」が判らなくなるのだ。これに対応しているのか！　速射砲等の野砲には付けたくとも付けられない装備だろう。

そこは主機があって発電している「カミ」だからこそ叶う装備なのだなと思うし、潜水艦輸送をするときはこれらの精密機材らは根こそぎ「カミ」より持ち出し耐圧構造の容器か潜水艦艦内に持ち込むのだろう。

本製品は…一体何に付いていた「一〇〇式照準望遠鏡」なのだろうか。「一式三十七粍戦車砲」は「カミ」の他に「二式軽戦車　ケト」にも採用されていた砲だ。「カミ」も「ケト」も生産車輌数は二〇〇輌に満たない数だし、造ったが工場に死蔵していた照準器かもしれない。

…本照準器の名称はどう海軍で呼称していたのだろう。戦車砲は陸軍採用のものだ。「一〇〇式照準望遠鏡」という名称は陸軍のものだ。海軍でいうなら「零式照準望遠鏡」となるハズだ。この辺はおおらかに『オイ、眼鏡持ってこい！』だったようにも思える。

ともあれ、こんな貴重品を持っている人が筆者の近くにいてよかった。「カミ」の「光像目盛」を記し世に出すことが叶い、まさしく幸甚だ。

【特二式の外図】《了》

「一〇〇式照準望遠鏡」全景。右側が対物鏡玉側だ。

接眼鏡玉部。鏡玉径は二五粍とのこと。本文でも記したが「眼当て」は失われている。

対物鏡玉部。鏡玉口径は二二粍。この写真を見て筆者は少なからず驚いている。砲塔両側に目玉のように付いた「展望器」の防弾装置を回転させて露出した対物鏡玉と酷似しているからだ。この部分にどんな光学兵器が入っていたかは不明だが…「一〇〇式照準望遠鏡」のような形状の物が入っていたとおおまかな想像が出来たのはこれからのヒントになる。

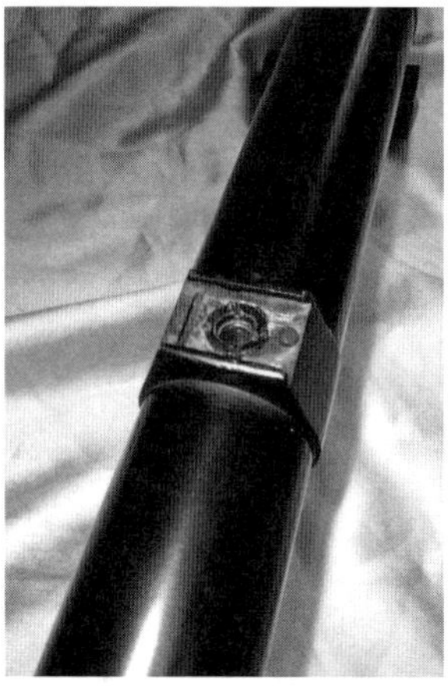

筐体対物鏡玉側上面には写真のような台座と孔があり、ここに「光像目盛」を赤く照す照明が付くとのこと。

【一〇〇式照準望遠鏡光像目盛図】

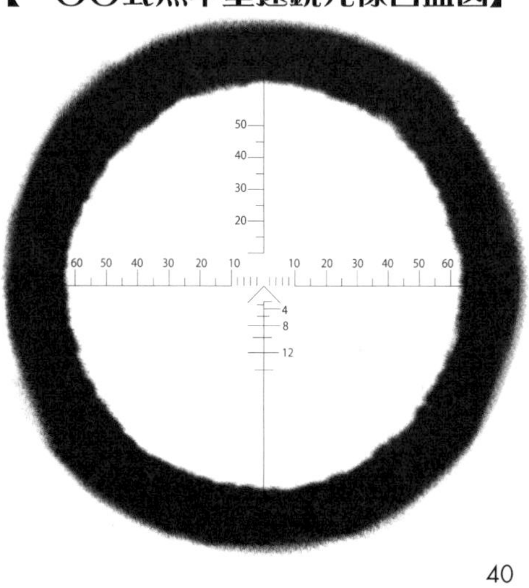

一等は二番
▲いっとうはにばん▲

オープニング【一等は二番】

よしッ、二人に
質問をするッ
この形は何だッ!?
うーむ
…あ
マリンくん
こかしゅうと
サブ兄さん
はい、
サブ兄さん
判りましたッ
一等輸送艦
「一等輸送艦」の
船体シルエット
ですう
…わ、私は
この作品集
【まけた側の
良兵器集Ⅰ】が…
無事何事もなく、
予定通りに発行される
可能性だと思います
可能
無理
ご覧、
マリンくん。
これが正解だよ
わーい、
スゴいや。

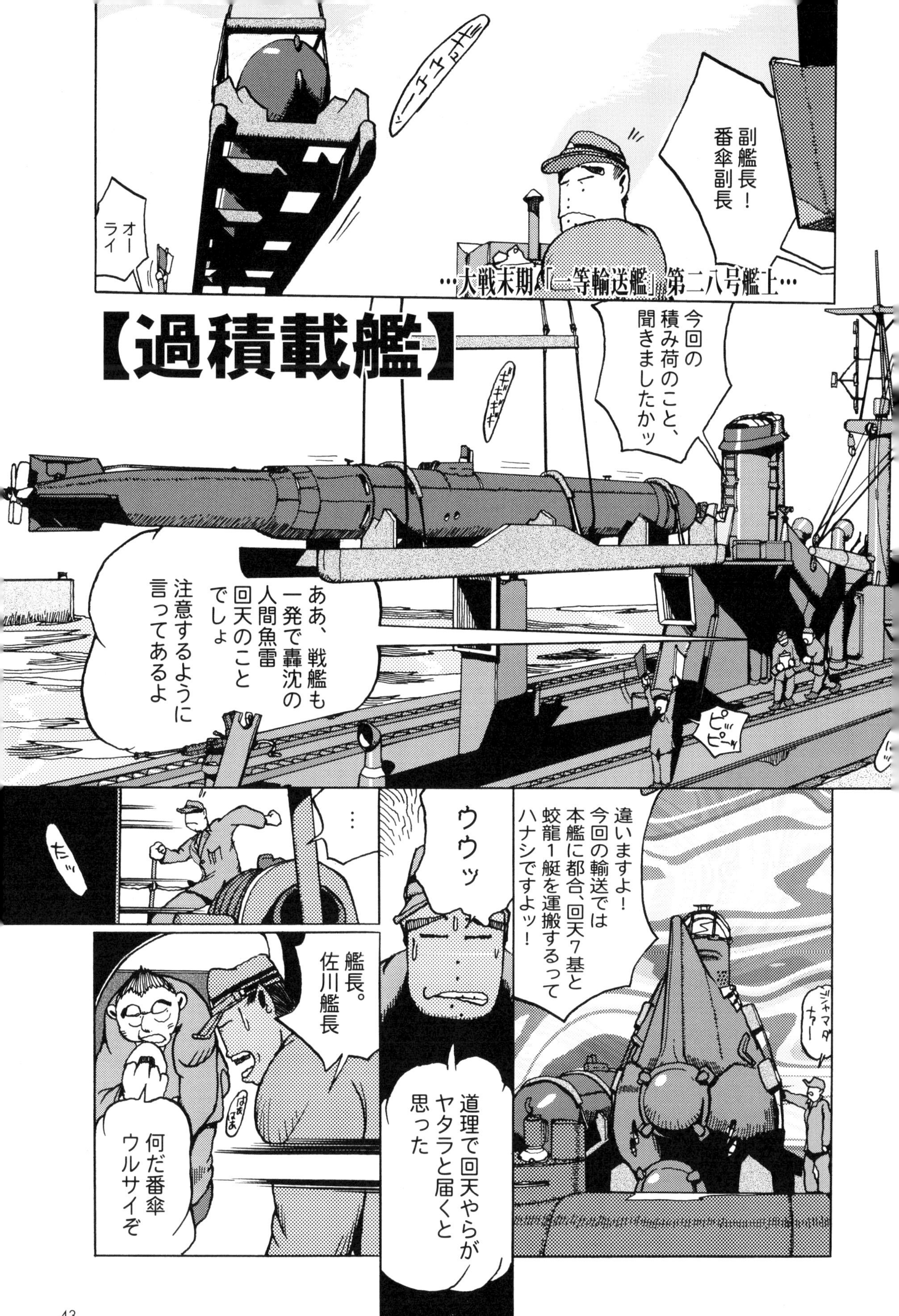
ジーウウウギー
副艦長！
番傘副長
オーライ
…大戦末期「一等輸送艦」第二八号艦上…
【過積載艦】
今回の積み荷のこと、聞きましたかッ
ギギギギギ
ああ、戦艦も一発で轟沈の人間魚雷回天のことでしょ
注意するように言ってあるよ
ピピー
違いますよ！今回の輸送では本艦に都合、回天7基と蛟龍1艇を運搬するってハナシですよッ！
ウウッ
…
たッ
艦長。佐川艦長
道理で回天やらがヤタラと届くと思った
何だ番傘ウルサイぞ

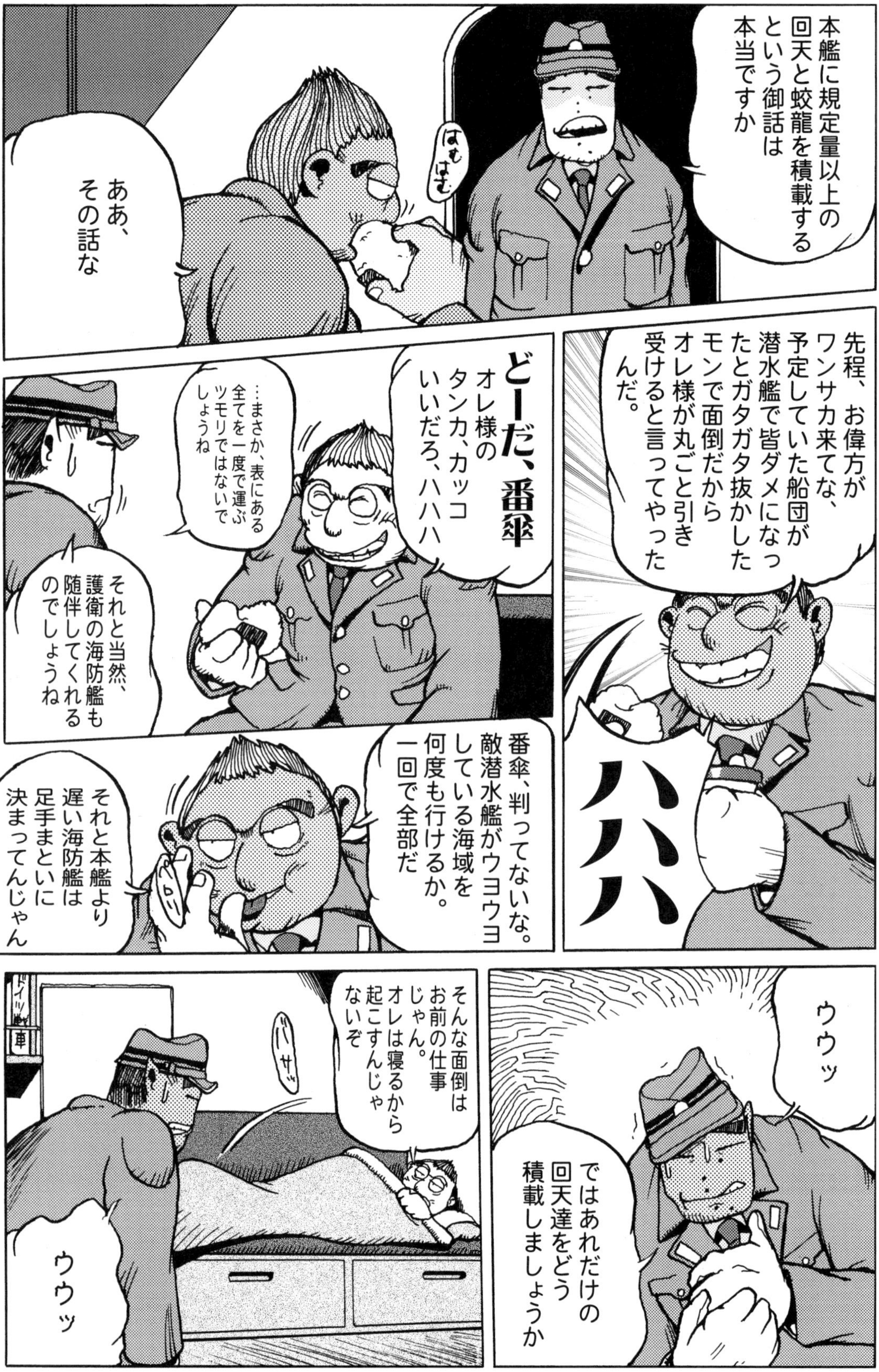

本艦に規定量以上の回天と蛟龍を積載するという御話は本当ですか
はむはむ
ああ、その話な
先程、お偉方がワンサカ来てな、予定していた船団が潜水艦で皆ダメになったとガタガタ抜かしたモンで面倒だからオレ様が丸ごと引き受けると言ってやったんだ。
ハハハ
どーだ、番傘 オレ様のタンカ、カッコいいだろ、ハハハ
…まさか、表にある全てを一度で運ぶツモリではないでしょうね
それと当然、護衛の海防艦も随伴してくれるのでしょうね
番傘、判ってないな。敵潜水艦がウヨウヨしている海域を何度も行けるか。一回で全部だ
それと本艦より遅い海防艦は足手まといに決まってんじゃん
ウウッ
ではあれだけの回天達をどう積載しましょうか
そんな面倒はお前の仕事じゃん。オレは寝るから起こすんじゃないぞ
バサッ
ウウッ

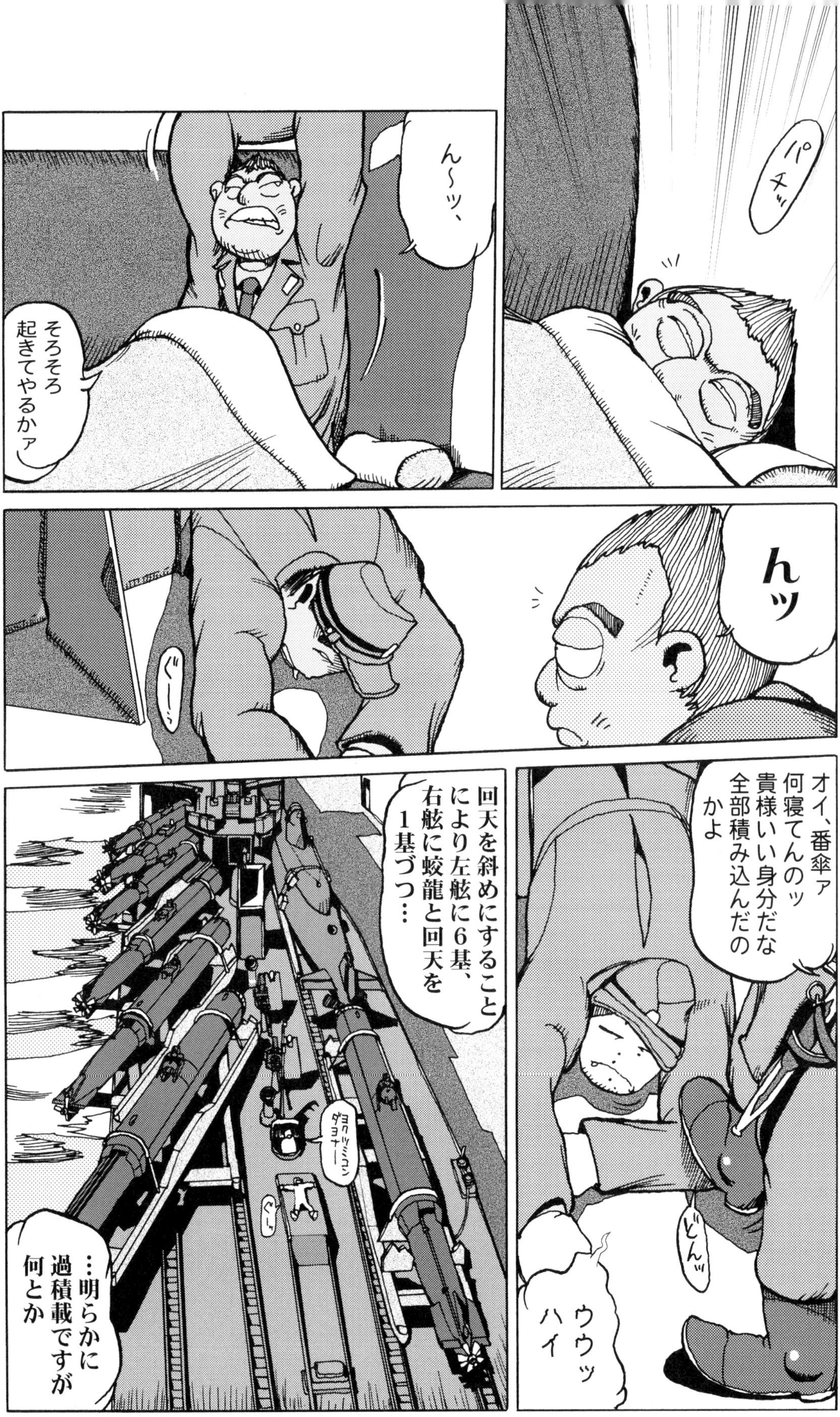
パチッ
ん～ッ、
そろそろ起きてやるかァ
んッ
ぐー…
オイ、番傘ァ
何寝てんのッ
貴様いい身分だな
全部積み込んだのかよ
どんッ
ウウッ
ハイ
回天を斜めにすることにより左舷に6基、右舷に蛟龍と回天を1基づつ…
ヨクツミコンダヨナー
ぐー
…明らかに過積載ですが何とか

…更に重心を考え回天の弾頭は外し、補給倉庫に格納致しました
ピーピーッ
へえ、気が付くじゃんか
ギギギギ
ですが、これにより回天は再び弾頭を付けない限り航行出来なくなりました
ゴォー
…もっとも本艦には回天と蛟龍の搭乗員は乗艦しないので航行は無視した結果ですが…今考えるともっと…
カッカッ
…番傘ァ
オレ様は今、集中力を究極にまで高めているんだだから…
ダ・マ・レ
さ〜、敵潜水艦犇《ひし》めく海域へお楽しみの…
ザウウッンン
航海に出港だァハハハ。
よーく見張れッマバタキなんか絶対にするなッ!
ビョウビョウ
相手は潜水艦だッ小波ひとつ見過ごすなッ
そこで番傘副長ッ貴様には重要な任務がある
は、ハイ何でしょう

オレ様は
飽きたから
寝るッ
だから
起こすな
サッ
ウウッ
ゴロゴロゴロ
ザウウゥッ
……
二二號対艦用見張電探
本艦には
対艦用見張
電探はある
けど対空用が
ないとはね
よいしょ
ハハハ、副長。
相手の多くが潜水艦
ですから仕方ないと
いえば仕方ないですね
対空用電探を
早急に設置して
欲しいよね
ザザーン
マ、本艦が
生き長らえば
追々《おいおい》でしょう

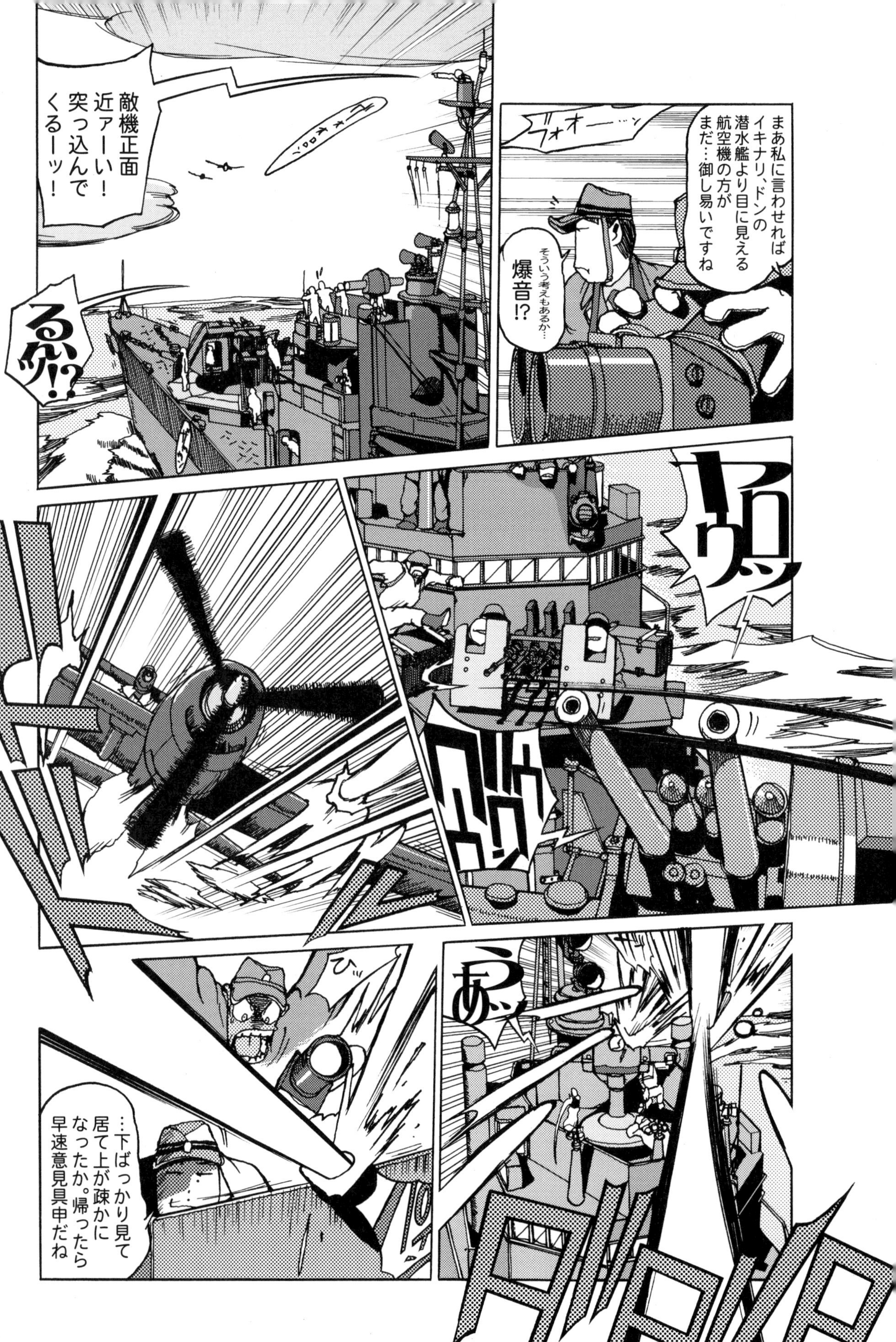
まあ私に言わせればイキナリ、ドンの潜水艦より目に見える航空機の方がまだ…御し易いですね
そういう考えもあるか…
爆音!?
敵機正面近アーい!突っ込んでくるーッ!
ひっ
あうっ
…下ばっかり見て居て上が疎かになったか。帰ったら早速意見具申だね
タタタタ

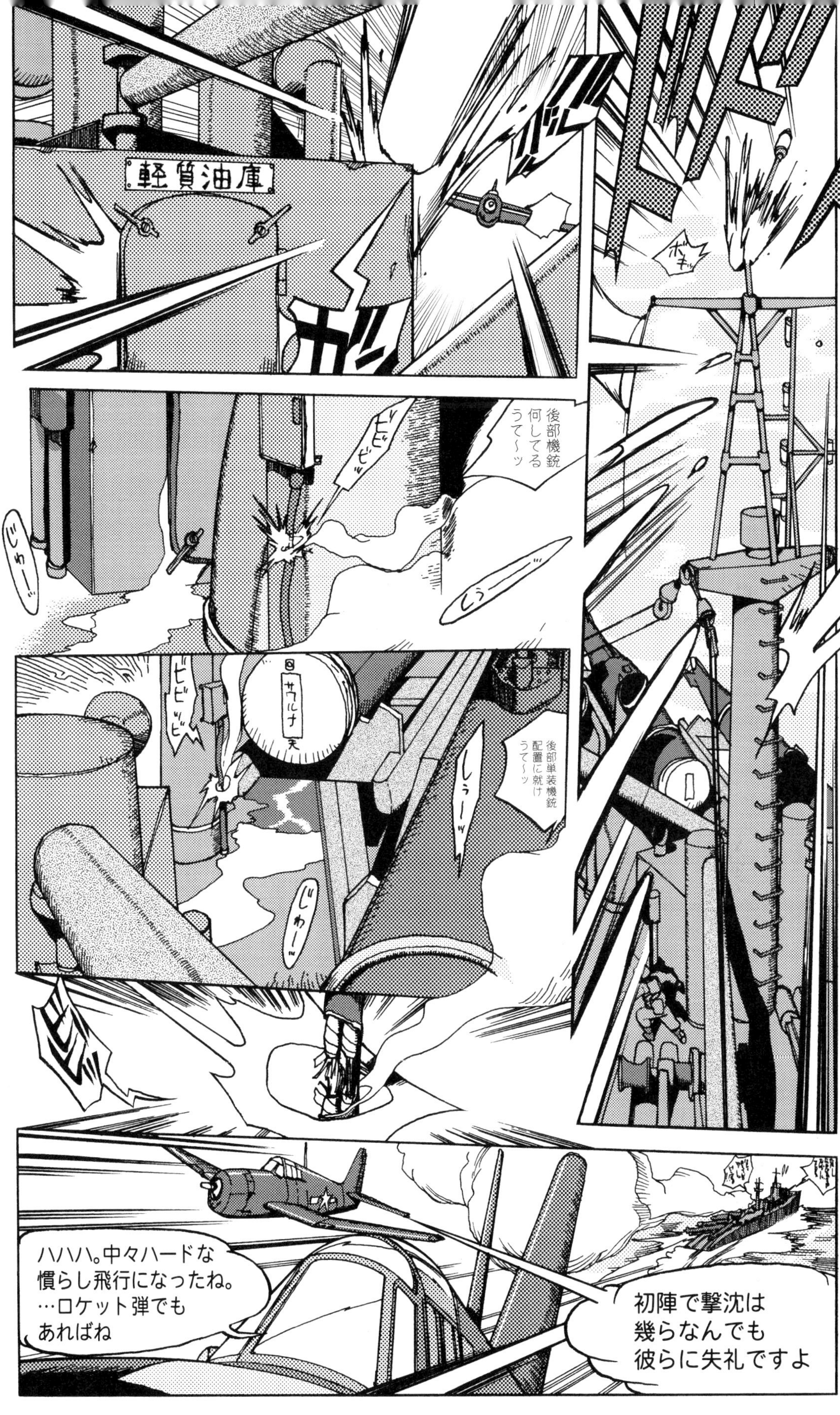
軽質油庫
後部機銃何してるうて〜ッ
後部単装機銃配置に就けうて〜ッ
ハハハ。中々ハードな慣らし飛行になったね。…ロケット弾でもあればね
初陣で撃沈は幾らなんでも彼らに失礼ですよ

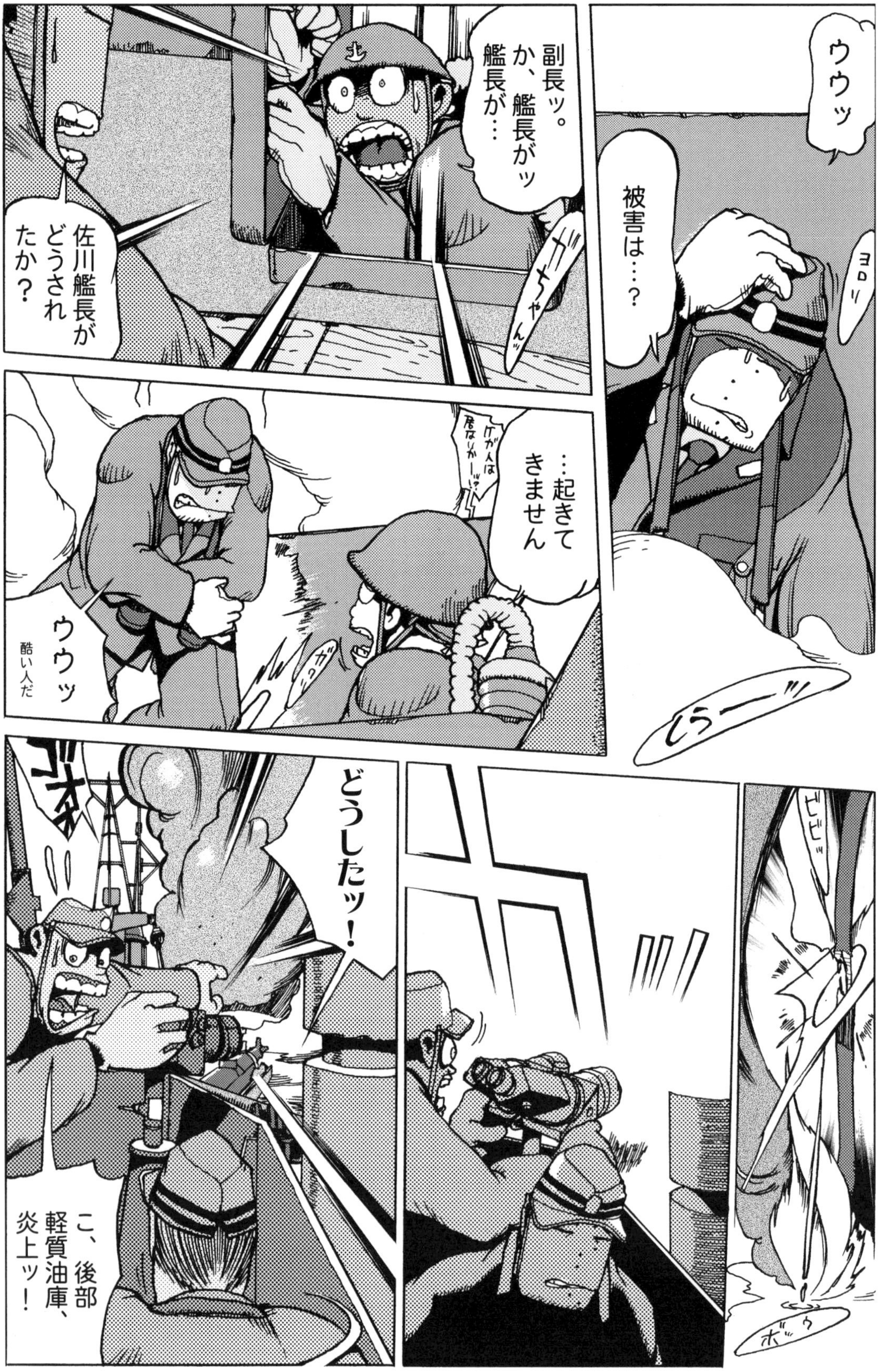
ウウッ
被害は…？
ヨロリ
副長ッ。
か、艦長がッ
艦長が…
ガちゃんッ
佐川艦長がどうされたか？
くらーーッ
…起きてきません
ケガ人は居ないかーッ!?
ガッ
ウウッ
酷い人だ
ビビッ
ボッ
どうしたッ！
ゴオッ
こ、後部軽質油庫、炎上ッ！

ウウッ
マズイぞ、
それは
消火班は
僕に続け！
何か楽し
そうだな、番傘。
オレ様も交ぜて
くれよ
ウウッ、
艦長
酷い人だ
うわあッ
スリップ
ウエイを
伝って
回天に
まんべん
なく炎が！

番傘ッ、だからあれほど大発用の軽質油庫はカラにしておけと何度も何度も言っておいただろう！
ウウッ
今、初めて聞きました、そんなコトッ
本当に酷い人だ
キンキンキンッ
パーンッ
ウウッ。
過熱で回天の第二空気がッ！
…
番傘ァ回天を放棄しろ
るぬッ!?
右舷の無事な蛟龍と回天だけでも先方に無事に届けようじゃないか
それに
キラリ
何ですかッ

ハハハ。それにまた運びに来ればいいじゃんか
ウウッ。アンタが一回で運ぶと述べたからこうなったんだろう…
待ってろ!! 今行くぞ
そうと決まればサッサと放棄しろ
それが投棄する回天の滑卸具鋼索がどれかが…
何分慌てて積載したもので
?
ウインチ
ドレニツナイデヨイノダロウカ
オレ様に任せろ、オレ様は艦長だ。何でも知っている
ウウッ
因みに今日は何日だ？
…じ、十二日ですが
じゃ、左から二番目だな
ガチャガチャ
か、艦長
オレ様の集中力は今、究極にまで高まっているッ！
断じて行えば鬼神もこれを避くッ、だ

カタタッタ
ギッギィ
引け!
ザブーン
あーッ!!
無事な蛟龍がっ回天がッ
ハハハ。じゃ、これかな!
それはカッターですッ!
じゃ、コレだッ
ザブン
面倒だ皆ステロ
ジャブジャブ
オホホ…
ホホホ
…随分と大変な航海だったようね
でもいくらなんでも弾頭だけ貰ってもねえ
私が欲しいのは回天本体なのよ
ハハハ。まま、そう言わずに
ウウッ。

【過積載艦】《終》

一等輸送艦の子細図

【オープニング】

　連合軍を勝利に導いた兵器として、小型四輪駆動車のジープ、C四十七（C-47）輸送機、そして携行用対戦車噴進砲のバズーカ、この三点を挙げた指揮官が居たが、これを羨み、卑屈になって我が国の『これの出現が遅れたから戦争にまけた』品目を考えた時、「一等輸送艦」というフネは確実にこの品目の中に入る、と筆者は強く思う。

　文字通り本書タイトルの『まけた側の良兵器』なフネ、それが「一等輸送艦」であると筆者個人では言い切りたい。その素晴らしいフネをこれから図説していきたい。冷静に考えてみると「一等輸送艦」の存在が『ある／無い』は『勝つ／負ける』というサッパリしたものではない。もっと深刻な『生きるか死ぬか』に行き着くものであり『これの出現が遅れたから死んでしまった』か『これの出現があったから死なずに済んだ』というものだと思える。

　…誰のコトバか忘れたが、兵器というものは必要な時に必要な数を投入してこそ、初めてその効力が発揮される。辛うじて「一等輸送艦」は実戦投入には間に合った。数も我が国の同型艦建造数、二十一ハイとかなり多めの部類に属する。

　登場した時期も重要だ。混乱に拍車がかかる大戦末期、こんな時期にこの数を造ったというのは…本艦艇が有用で時代に沿ったフネであった証拠でもあると思う。故に声を大にして言いたい、『もっと早く、もっと多く欲しかった』と。

　敗戦より七十五年を過ぎた今にこれを大声で発するのは詮無いが、世間では未だに大戦艦、大空母、大潜水艦にロマンを感じる人が多い。こんな調子では我が国に何か遭った時に、また補給を考えずに『大戦艦、大空母、大潜水艦』らをニヤついて作っては困るという気持ちを込め口にしたいと思う。

　さて、前述のとおり「一等輸送艦」の登場は遅過ぎ、その上、数も少な過ぎた。当時の海軍という組織の、それもフネの性能を決める優秀な頭脳が揃った部門で考えた「一等輸送艦」の能力は、相応に先を見越したスゴイものであったが、完成した「一等輸送艦」を戦場に送り込んでみると、当初見越した性能では対処出来ない戦況となっており、投入された「一等輸送艦」らは二度見をするような短期間で次々と水面から消えて行ってしまった。

　それは…記すのも悲しいが、割箸やカッターの刃のような消耗品のようでもあった。しかし、このフネのお陰で助かった命も少なくはないと思うし、そうあって欲しいと願いたい。湿っぽいオープニングとなったが、本項で述べる「一等輸送艦」では名称が長い。そこで本項では「一輸」と称する。これは当時に使われた名称だ。…折角だから他の名称も記すが「輸一型」も、「特々」とするものもある。

　ではここから本題に入ろう。そもそも「一輸」って何だろう。何がスゴイのだろう。どんなに高価な刃物でも目的に添わない使われ方だと非効率極まりない。有名な刀工が世に遺した銘刀でも包丁代わりに使ってはマズいのだ。

　紙幣を燃やしそれを灯とする程に裕福な御家庭ならば、この非効率を「粋」と言い切る余裕もあるが、多くの場合、こういう行為に至るのは包丁が買えない貧困な家庭だ。包丁が無いので仕方なくその銘刀を折って使う…というのは『貧すれば鈍する』でしかない。こんなようなことを戦中の我が国はしていた。

　少々長くなってしまうが「一輸」の誕生経緯を述べたい。大戦中期に差し掛かると、大戦劈頭《へきとう》で確保した広大な占領地に補給を施すべく輸送船・貨物船らを差し向けると、連合国側は補給遮断を行うためそれらに攻撃を集中した。戦いの常道たる補給断ちを連合国側は徹底的に行うようになった。

　結果、戦前から国民に愛された名だたる大型輸送船・貨物船・貨客船らは満足な護衛もなく、また自衛火器も貧弱だった故に、満載した物資や人員丸ごと手当たり次第に燃やされ、沈められることになり、補給の滞った戦地では将兵が餓えと病に苦しみ次々と斃れて行った。そこで艦隊決戦を夢想し『鬼の○○隊』と言わしめるまでに技量練度を高めた切れ味鋭い、カミサマみたいな駆逐艦艦隊を島嶼への輸送に充てることになった。

いくら駆逐艦とは言え、積み卸し作業中に襲われたらひとたまりもない。因って輸送先への到着時間は夜、そして敵攻撃機が活動を開始する明け方には敵勢力下から撤収する夜討ち夜駆けみたいなものであった。確かに駆逐艦は高速でもあるし、武装も輸送船らと比較すれば強力だ。オマケに艦隊決戦前に敵艦隊を漸減し、撹乱することを目的にしていた駆逐艦たちは夜襲を想定していたので窮余の策にしては適役に思えた。

事実、駆逐艦を使った輸送そのものは成功することは多かったが、問題は『運搬量』だ。当たり前のことだが駆逐艦は輸送船ではない。ギリギリにまで絞った船体に必殺の魚雷を搭載し敵に肉薄、雷撃するのが役目であって、食料や医薬品、弾薬等の消耗品、そして何よりも火砲等の大きく嵩張る物品を運ぶフネではない。苦労の割には送り届ける物資量は微々たるものであった。

命令に忠実な日本人、それも血の気の多い駆逐艦乗りだ。通達された命令を忠実以上に守り、『コイツを当てるまで死ねるか』と命中と自らの命を引き換えに訓練していた魚雷もフネから降ろし、その分を補給物資に当てたりした。現場でそんな涙ぐましい努力をしていた頃に、駆逐艦並みに高速で防禦火器も充実した輸送艦を作ろう…というのが「一輪」の基本概念である。

求めに対応する決断は流石だ。問題は、ではどうやってこれを具現化するかだ。ここでも一歩踏み込んだ知恵が出た。打たれ強い、高い抗堪性のフネとして仕上がった「丁型駆逐艦」より主機一軸減じた単軸とし、これにより確保した空間を補給物資積載区画に充て、更にフネ後半分に搭載した二番高角砲や爆雷投射機等の武装を撤去、ここに「大発」を二艇載せるという基本案だ。言わば駆逐艦を改造し輸送艦とする案は素晴らしいものに感じるが、細部を検討してみると問題は出てくる。

既存艦艇である「丁型駆逐艦」より主機を一組、抜き残った軸を中央に移動する工事は…正直楽ではない。実に大変だ。しかしこれをやらないと小さいフネ故に搭載物資は絶望的に少なくなる。更に上甲板に「大発」を装載する案は汎用性があるものに感じるが、海面に卸す泛水《はんすい》作業は日中でも手間だ。

前述のとおり、敵の航空機攻撃を避けるために泛水作業は日没から夜間の作業となる。夜間に「大発」を卸すのは楽ではない。もっと言えば空《から》の「大発」をデリックで吊って海面に泛水させ、それに改めて輸送物資を作積み直す作業は二度手間ではないか?これはどうするんだ?…等と色々とそして次々と練り直す箇所が出る。

しかしこの「丁型」改造案は明確で強烈なものであり、これを研ぎ澄ました結果、「丁型駆逐艦」を改造工事をする案は却下となり、新規設計・建造されることになった。変更点は前述の装載の「大発」をどうやって迅速に泛水するかだが、武装を撤去した船体後部を一・二度ほどの傾斜を付けた「スリップウエイ」とし、そこに更に簡単かつ迅速に泛水作業が行えるように、軌間一五〇〇ミリほどのコロが入った軌条を片舷二条、計四条設け、そこに「滑卸台」に輸送物資を大量に載せた「大発」を載せることにより、フネの行き脚を止めることなく航走中でも手間を掛けずに「大発」を泛水出来るレイアウトとした。

外観も「丁型駆逐艦」より更に量産向きに改めた「改丁型駆逐艦」の面影がある容姿となり、船体全長の半分長もある軌条上に「大発」とやや小型の「中発」を都合五艇も装載出来るフネに仕上がった。大概、こういうのは当初予定していた数よりも搭載案件は減るものなのだが…コト「一等輸送艦」の場合は倍以上と逆となったのは珍しい例だとも思える。

「一輪」が形を成し始めた頃でも駆逐艦を使った輸送は続けられていたが、方法は進化し、夜間、ドラム缶を数珠繋ぎにして海に投げ入む輸送に切り替わった。駆逐艦たちは行き脚を止める事がないので安全性は高まったが、これらの投下されたドラム缶の回収成功率は非常に悪く、常に五割を大きく下回るものだった。「一輪」方式では毎回「大発」が使い捨てに近い形になってしまうが、何よりも纏まった分量の補給物資を短時間で確実に受け渡す手段としては、実に良く出来た案であると筆者は思う。

以下は余談になってしまうが、先日筆者は「睦月」型駆逐艦を他誌で描いた。このフネは周知のとおり大正時代の古いものだ。六十一糎(61㎝)という大型魚雷を多数携行、敵艦隊をかき回す先兵として期待されたが、時代が進むにつれ極端に切り詰めた設計故に威力増大で発達した大型魚雷に対応出来ない上に、対航空機火砲たる高角砲すら搭載出来ないという極めて汎用性が極端に低いフネになってしまった。

揚げ句の果て…と言ったら悲しいが「睦月」型駆逐艦の存在意義である魚雷発射管を撤去、その空間に補給物品を詰込んだドラム缶を載せる工事を施し、更に艦尾にスロープを設け「大発」を運用する、という前述した「一輪」が目論もうとしたフネとなった。

…以下に述べるのは推測でしかないが、「睦月」型のこれら高速輸送艦改造化は「一輪」のテストケース、試作になったのではないか、と筆者は考えている。「睦月」型駆逐艦はとても悲しいフネだ。前述のとおり、大きく期待されたが進歩する雷装に付いて行けない汎用性が極端に低い本型だが「一輪」のたたき台になったのであれば…「睦月」型の価値は大きなもの…と思える。登場した時期等の検証をしていない、筆者の思いつきの記載は人生の大部分を戦中艦艇研究につぎ込んだ大家らからお叱りのお言葉を賜りそうだが。

怒られついでに述べるが更に、筆者個人の更なる後知恵として「大発」の代わりに「特四艇」や水陸両用貨物車輌の「スキ」を使えばそのまま荷物を移し替えることなく揚陸が出来ると思うが。

…以上が「一輪」の発祥理由と顛末、そして基本的作動だ。以下は独白で恐縮だが筆者は「一輪」を愛している。しかし世間ではまだまだ『大戦艦』『大空母』『大潜水艦』が人気だ。正直「一輪」が有名になる下地すらない。「一輪」を結構なページ数を使って図説するなんて機会は…もうないだろう。

しかし「一輪」は(我が国の中では)沢山作られたフネだ。故に派生型が多数ある。これらを全部紹介では誌面が不足するし、かといって一種類だけ図説するのは何とも淋しい。故に本図説では特定の「一輪」を述べるのではなく、気付いた範囲の派生型も述べて行く。

本題に入る前に一言。本来ならば見開きに主文が入る構成にしたかったのだが、テキストの量があまりにも膨大になり、故に主文だけを集めたページ、図説だけのページとなる構成になってしまった。【 】下に主文が入るページを記したので、そちらと並行して読み進めてほしい。

もう一つの問題はその派生型の区分だ。大まかで恐縮だが『前期』/『後期』型で述べたい。…この世間で言われている区分も、どの時点から『前/後期』に別れるのかも不明だ。もっというと『前/後期』型という区分も、もしかしたら建造する工廠の差なのかもしれない。ともあれ、現時点で判っている部分をここで吐き出したいと思う。本見開き部分では引出線は『この位置にコレがある』という名称だけとし、子細と細部はページを読み進めてもらうと幸甚である。

では深層で親愛なる「一輪」の世界へようこそ!

【艦首部】（60〜61ページ）

オープニングで「一輸」と「丁／改丁型駆逐艦」の関係を述べた。一時期は流用を考えていた程だ。形が似るのは当然と言えるほどに似た形状をしている。「丁／改丁型駆逐艦」らは艦首砲に「四〇口径八九式十二糎七（12・7㎝）単装高角砲」を搭載している。「一輸」は同じ「八九式系高角砲」だが、より強力な「四〇口径八九式十二糎七聯装高角砲」としている。艦尾にはスリップウエイを有するので砲を設置するのを諦めた故の聯装砲配置とも言える。単装聯装と異なっても砲架高の差は微々たるものだ。必然的に「一輸」と「丁／改丁型駆逐艦」に設置された波除形状とレイアウトが似寄るのは当然と言える。

ただ、錨鎖装備を省略した「一輸」を見ると、これら「丁／改丁型駆逐艦」よりも大戦末期に量産された「鵜来《うくる》」型海防艦や「二號型海防艦」に、より近いように筆者は感じた。そうか、「二號型海防艦」は「一輸」より後だ。「一輸」の艦首構成を「二號型海防艦」が参考にした、とすべきだろうか。この艦首部にも「一輸」の『前／後期型』の差違が出る場所なのだが、それは艦首砲の波除からだ。それより前部分たる双繋柱やキャプスタンなどは『前／後期型』共通と考えていいだろう。とは言え作画するにはどちらかに決めねばならない。60〜61ページの見開き図は『後期型』を描いた。

艦首部となるとどうしても上甲板、それも艦首砲に目が行きがちだが、ここは敢えて「一輸」艦首部の喫水線下を注目したい。艦首砲については別項を設けたので御安心を。

喫水線下を見て改めて驚く。輸送艦のクセして水中聴音器が搭載されている。『輸送艦のクセに』と文字にする段階で補助艦艇軽視主義だ。オープニングで述べた『大戦艦・大空母・大潜水艦』崇拝主義に加担されたと思われてしまうのは筆者は心外でありメイワクだ。ともあれ、敵潜水艦がノリに乗っている時期だ。これらから逃げる手段として輸送艦にもこの装備は有って然るべき装備の一つだ。これがあることでフネの寿命が伸びるのであれば安い出資だ。

艦首砲の「四〇口径八九式十二糎七聯装高角砲」と、艦底にずらりと並ぶ聴音器群は、「一輸」が航空機からも潜水艦からも逃げ果せる能力を持たせようとした、製造元・日本海軍の気遣いだ。

だが残念ながら「一輸」に搭載された水中聴音器の型式、及び数値等は一貫した資料が無く、以下に述べるのは全くの推測でしかないが、水中聴音器としては第二線級な扱いとなる古くさい「九三式水中聴音器」あたりだろう。以下は筆者の欲望だが「改丁型駆逐艦」に近い形状の艦首ならば、「改丁型駆逐艦」に搭載された高性能「四式水中聴音器」搭載として欲しかった。筆者の欲望はここまでとするが、搭載された聴音器は敵潜水艦を海底まで追い回す為に使うのではなく、敵魚雷駆走音をいち早く知ることによりこれを回避するという使われ方が主立ったものだろう。

水中聴音器のハイドロホン数は諸説また各型式があり、「一輸」への搭載型は前述した通り資料が無いので、図では一般的な十六個型とした。この艦首部分を見て気付いたのだが「一輸」も我が国艦艇の特徴である舷外電路が無い。コレは装備していないということなのか、ハタマタ艦内に作り込んでいるのか全くの不明だ。更に戦前艦艇なら艦首部には二重三重にびっしりと舷窓が連なるが、「一輸」艦首部には気持ちの悪い程に無い。

描き忘れて居るかのように思われるのは心外だが「双繋柱」下に僅かに一つだけだ。至近弾で舷窓がぶち抜かれて、そこから浸水したり灯が漏れ夜間発見されるなどの戦訓から極力舷窓は排する方向になったが「一輸」もこれを取り入れている。

【艦首砲部分】（62〜63ページ）

「一輸」に搭載された最大の『武器』は後半で述べる輸送能力だが、ここでは文字通りの『武器』、即ち『火器』に付いて述べていこう。「一輸」に搭載された最大火器は艦首に搭載された「四〇口径八九式十二糎七聯装高角砲」だ。輸送艦に搭載した砲を「主砲」と呼称して良いかわからないので、『主砲』という表記はしないこと、ここに断っておく。さて、「一輸」が『前／後期』で差違があると再三予備知識として述べたが、いよいよこの艦首高角砲部分からじわじわと差違が出て来る箇所でもある。この見開き右図が前期型、左図が後期型だ。

艦首に被った潮が精密機材である高角砲に直撃しないよう波除が付くのだが、『前／後期』でその高さが異なる。その高さに準じ「高角砲操作フラット」の高さ位置も異なる点を注目して戴きたい。

前期型の高さでは被る潮を防げなかった、ということなのだろうか。丈が高くなり波除面積が倍程に広くなった後期型は、これをよいことに波除前面に色々と装備が付加されているのも正直、面白く感じる。

62〜63ページの図に描いた「四〇口径八九式十二糎七聯装高角砲」は左右図で一見同じ高角砲のように思ってしまうが、改めて鎧戸が付いた「砲側照準所楯」を御覧になっていただきたい。明らかに形状が異なる「楯」となっている。

『後期』のは「改丁型駆逐艦」艦尾に搭載された二番砲と同じものだと推定される。「砲側照準所楯」の鎧戸は旋回・仰俯角照準窓が一体構造となっている点も留意する点だ。「改丁型駆逐艦」の一部では鎧戸を舷側の横方向に摺動させる開閉方法に改めた例もあるので当然、「一輸」にも同等の改造が施された例も存在したはずだ。

この改造の意味だが、鎧戸を下からノロノロと上げて行くのは緊急時では命にかかわるということで、外側に《ガラッ！》と押しのけた方が照準の視界が得やすいということだろう…と、ここまで記してなんだが、『前期型』でもこの「砲側照準所楯」を付けた砲があっただろうし、『後期型』でも右図で描いた「砲側照準所楯」を漬けた砲装備もあっただろう。高角砲は確保出来たものを付けているのではとさえ思えてくる。「砲側照準所楯」の形状はかなりバラつきがあるものだと、承知してくださると幸甚だ。

しかしどうしても同「八九式系高角砲」を搭載したせいで「丁／改丁型駆逐艦」と「一輸」を比較してしまうが、「丁／改丁型駆逐艦」の高角砲操作フラット両舷側は、艦首甲板への通行が容易なように居り畳み機能があるのだが、「一輸」はそれが無視されて完全な固定型となっている。

その視点で前期型のを見ると、操作フラット位置は低いしハンドレールもあるので安全に錨鎖装置のある箇所へ連絡出来るのだが、後期型となると両手を突いて反動をつけないと登れないほどの高さとなっている。艦橋側にはステップがあるので操作フラット上に上るのは容易《たやす》いが、問題は艦首側だ。もしかすると波除中央に設けられた引戸が艦首甲板への連絡通路なのかもしれない。

「丁／改丁型駆逐艦」の高角砲操作フラットも結構な高さがあり、この床下はどうやら物置として使われているようだが、当初筆者はこの引戸はこの床下部分の物置への扉かとも思っていた…。…どちらも相応に説得力のある形状と位置なので判断を迷っているのが正直なトコロだ。

この波除、戦前の設計ならばここは武者返しのようにフレアーが付いたものになっている筈なのだがそんな凝った作りをしている場合ではない。ドン、ドン、ドン！と平板三枚構造となっているのは何とも潔いようにも思える。

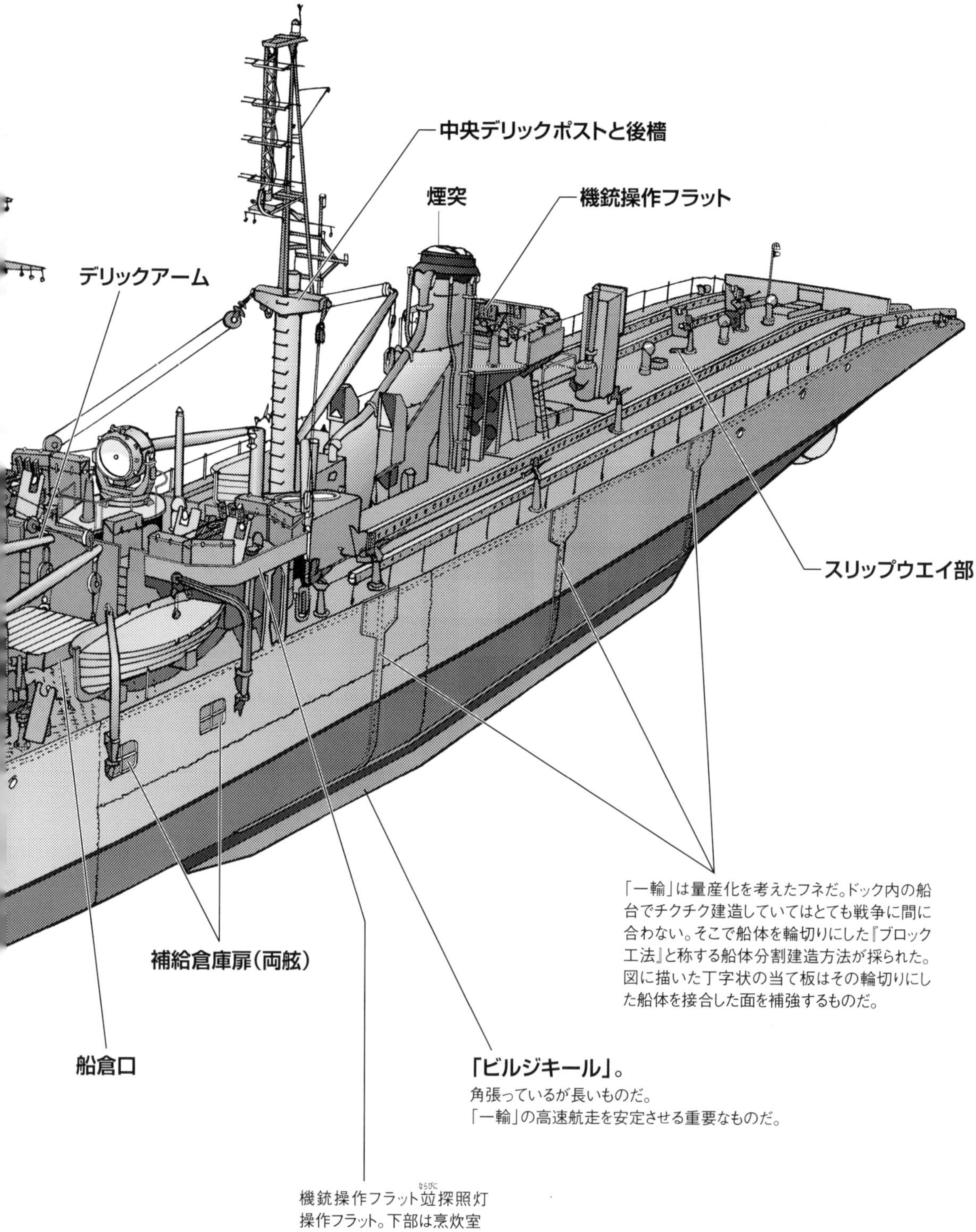
中央デリックポストと後檣
煙突
機銃操作フラット
デリックアーム
スリップウエイ部
「一輪」は量産化を考えたフネだ。ドック内の船台でチクチク建造していてはとても戦争に間に合わない。そこで船体を輪切りにした『ブロック工法』と称する船体分割建造方法が採られた。図に描いた丁字状の当て板はその輪切りにした船体を接合した面を補強するものだ。
補給倉庫扉（両舷）
船倉口
「ビルジキール」。
角張っているが長いものだ。
「一輪」の高速航走を安定させる重要なものだ。
機銃操作フラット竝《ならびに》探照灯
操作フラット。下部は烹炊室

後期「一等輸送艦」全体図。

全長は96メートル、公試排水量は1800トン。
「改丁型駆逐艦」と比べると「改丁型駆逐艦」より短く、そして重いということだ。
引出線部は名称のみとする。

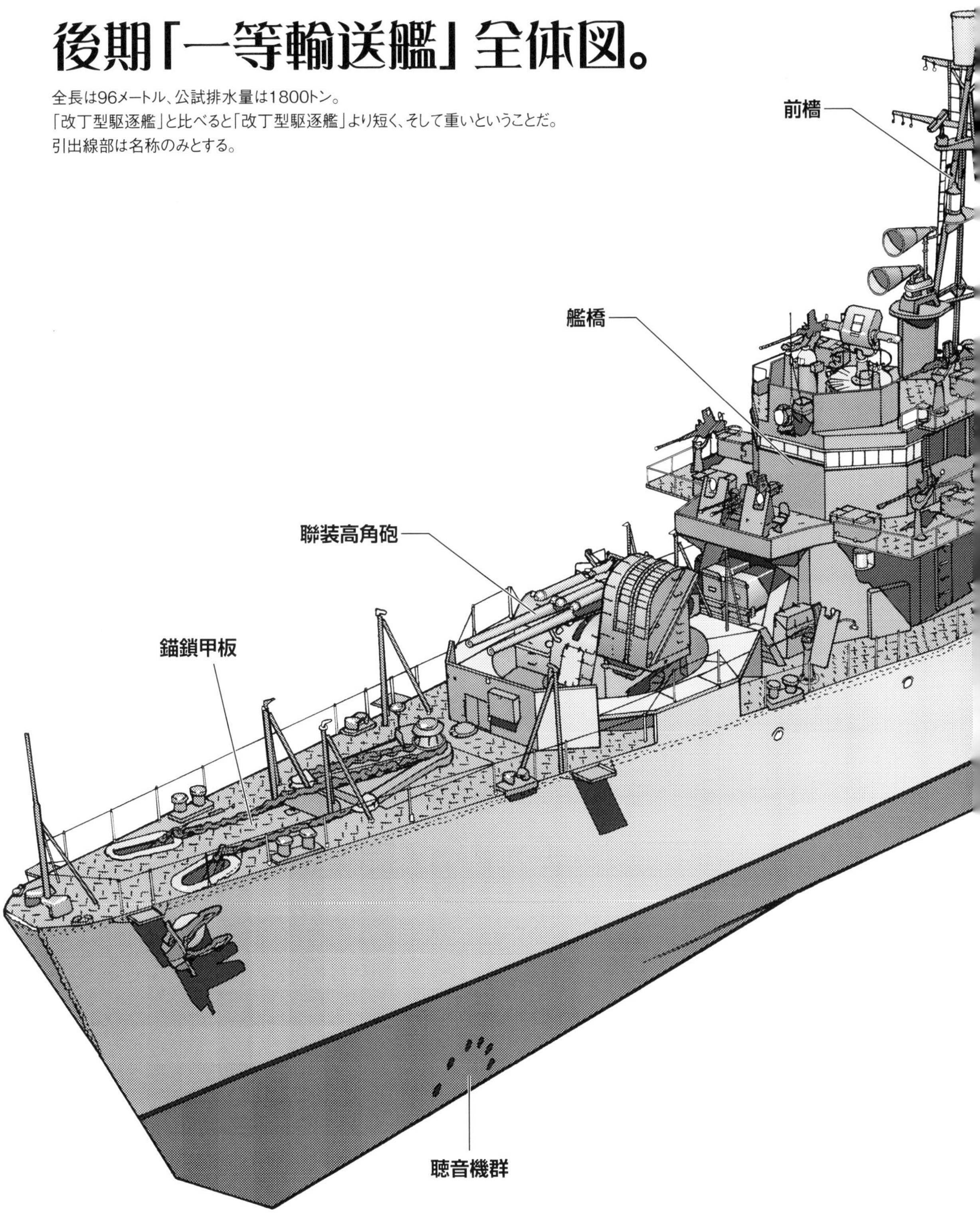

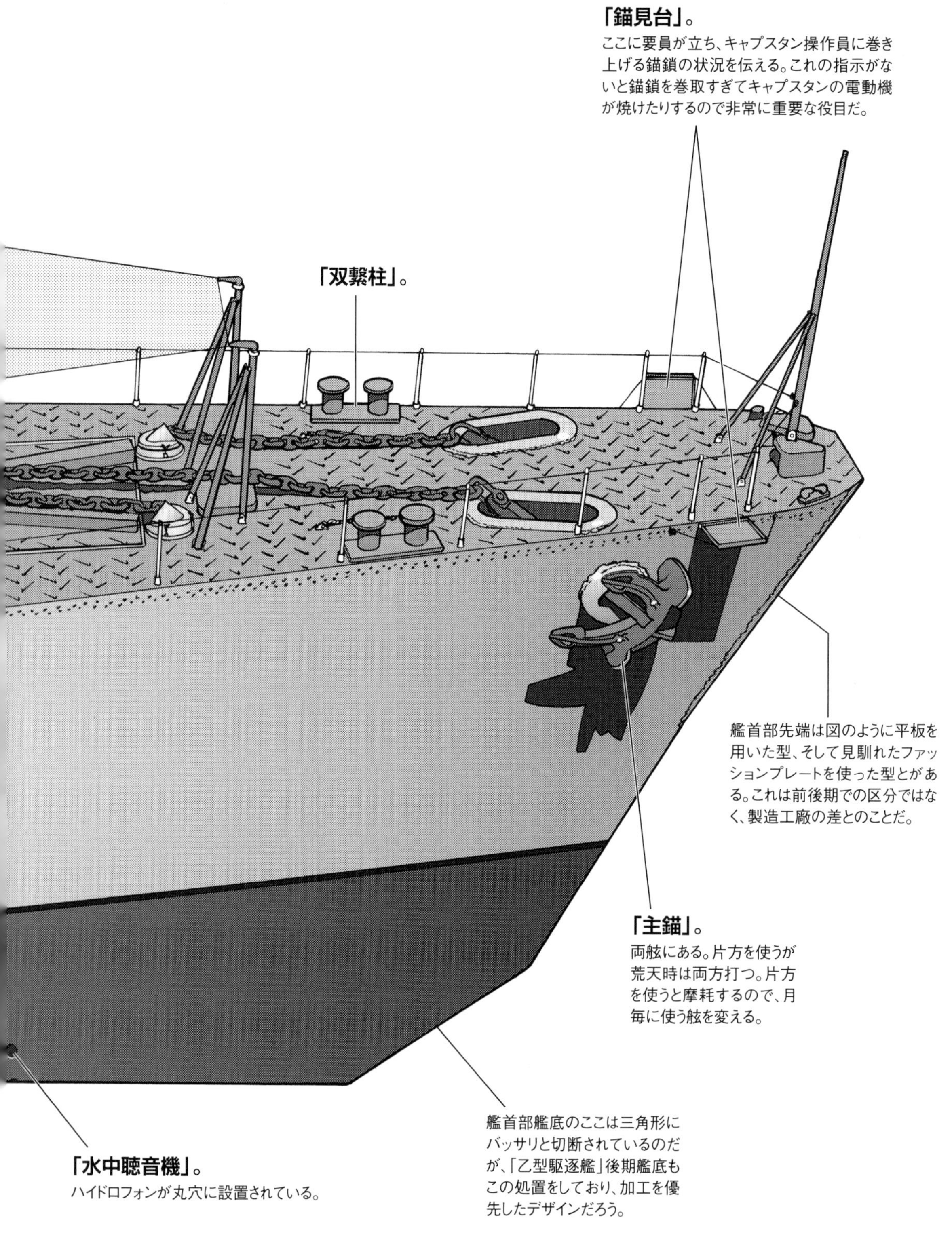
「錨見台」。
ここに要員が立ち、キャプスタン操作員に巻き上げる錨鎖の状況を伝える。これの指示がないと錨鎖を巻取すぎてキャプスタンの電動機が焼けたりするので非常に重要な役目だ。
「双繋柱」。
艦首部先端は図のように平板を用いた型、そして見馴れたファッションプレートを使った型とがある。これは前後期での区分ではなく、製造工廠の差とのことだ。
「主錨」。
両舷にある。片方を使うが荒天時は両方打つ。片方を使うと摩耗するので、月毎に使う舷を変える。
艦首部艦底のここは三角形にバッサリと切断されているのだが、「乙型駆逐艦」後期艦底もこの処置をしており、加工を優先したデザインだろう。
「水中聴音機」。
ハイドロフォンが丸穴に設置されている。

#【艦首部】

「四〇口径八九式十二糎七聯装高角砲A一型」。

この砲の説明は次項を参照のこと。

「キャプスタン」。

錨鎖を巻き上げたり錨を打つときの制動にも使う。横に小さい転把があるがこれが制動機だ。

「天幕柱」と「射界制限器」を兼ねた支柱。

ここの支柱は取り払わないので、厳密には「射界制限器」に「天幕柱」機能を設けた支柱というべきだろう。「射界制限器」とは上部構造物を間違って撃ってしまわぬように砲身をこれ以上旋回させないための文字通り『制限器』だ。何しろ真後ろには艦橋がある。絶対に撃たせてはならない。

「波除《なみよけ》」。

錨鎖甲板に上がった潮をここで受け止め舷外に排水する。精密機械の塊である高角砲に極力、海水をブッ掛けたくないからだ。ここの形状も前後期で大きく形状が異なる。差違は次項で述べる。

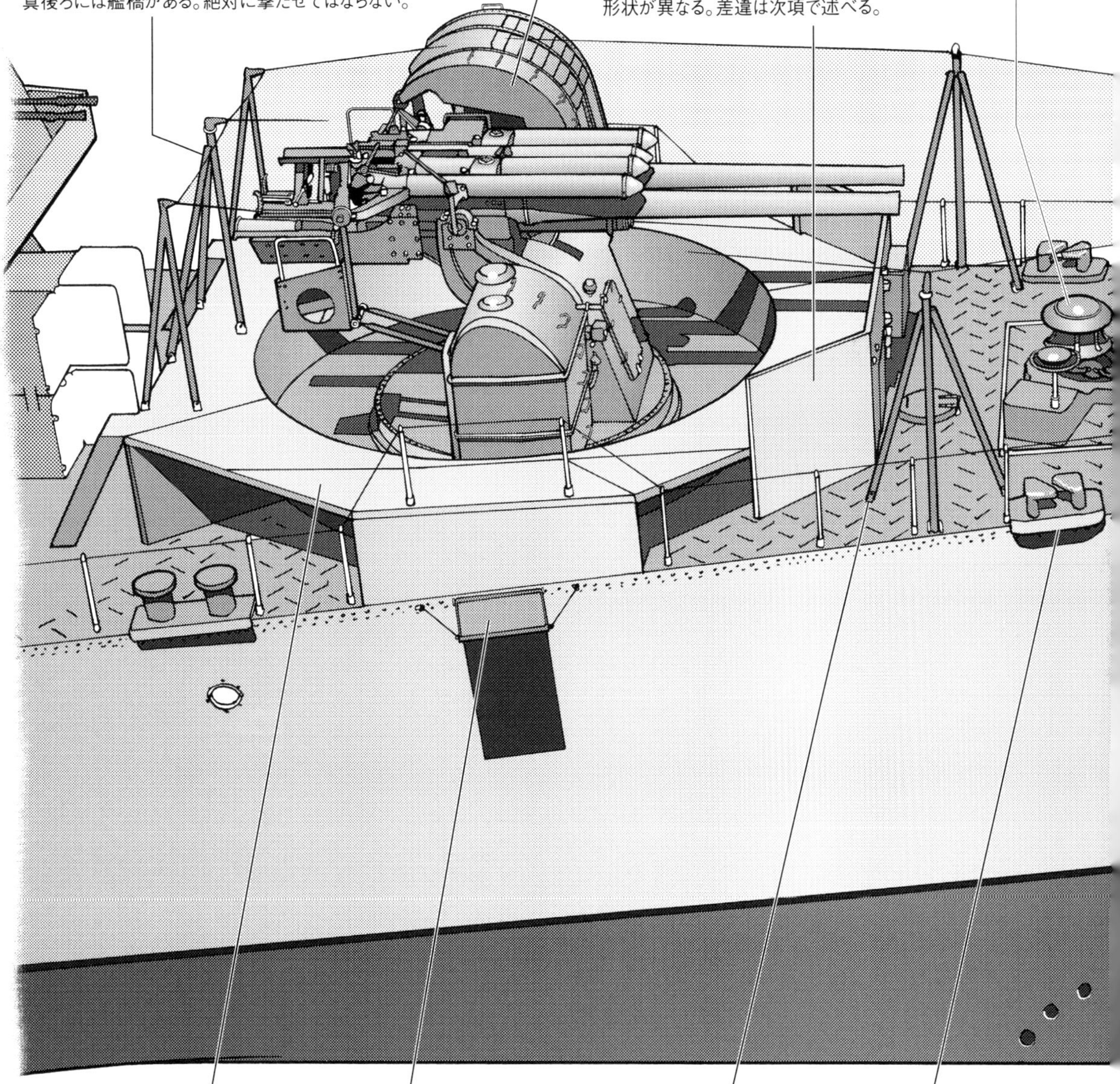

「高角砲操作フラット」。

「フェアリーダー」。

「鉛投台」。

ここの役目は鉛の錘を結び目が付いた紐で投げ入れ、水深をざっと測る箇所だ。後期型は図の位置に「鉛投台」がある「一輪」もあるが、艦首砲の波除前にあるフェアリーダー近くに設置された後期型「一輪」もある。図を描いて思ったのだが、この位置にあったほうが絶対に使いやすいと思うのだが…何故、高角砲操作フラット真横という使い辛い位置にしたのかよく判らない。『鉛投』はフネが惰性で動いている時に行うので素早くやる必要がある。また、水深を極端に浅く間違ったり、極端に深く間違ったりすると後々面倒な事故に繋がるので正確に行う必要がある。責任重大な役目だ。

「天幕柱」。

これを展張するのは母港での停泊中時だけだ。これを使って索を渡し、天幕を張って日陰を作り憩いの場とする。洗濯物を干したりもする。外洋航走中は高角砲の邪魔になるので取外し格納する。…どこに格納するかは不明だ。出撃すれば必ず戦没艦が出てしまう「一輪」だ。この装備を使うことは…あったのだろうか。考えるととても切ない装備だ。

【艦首砲部分】

[前期型]

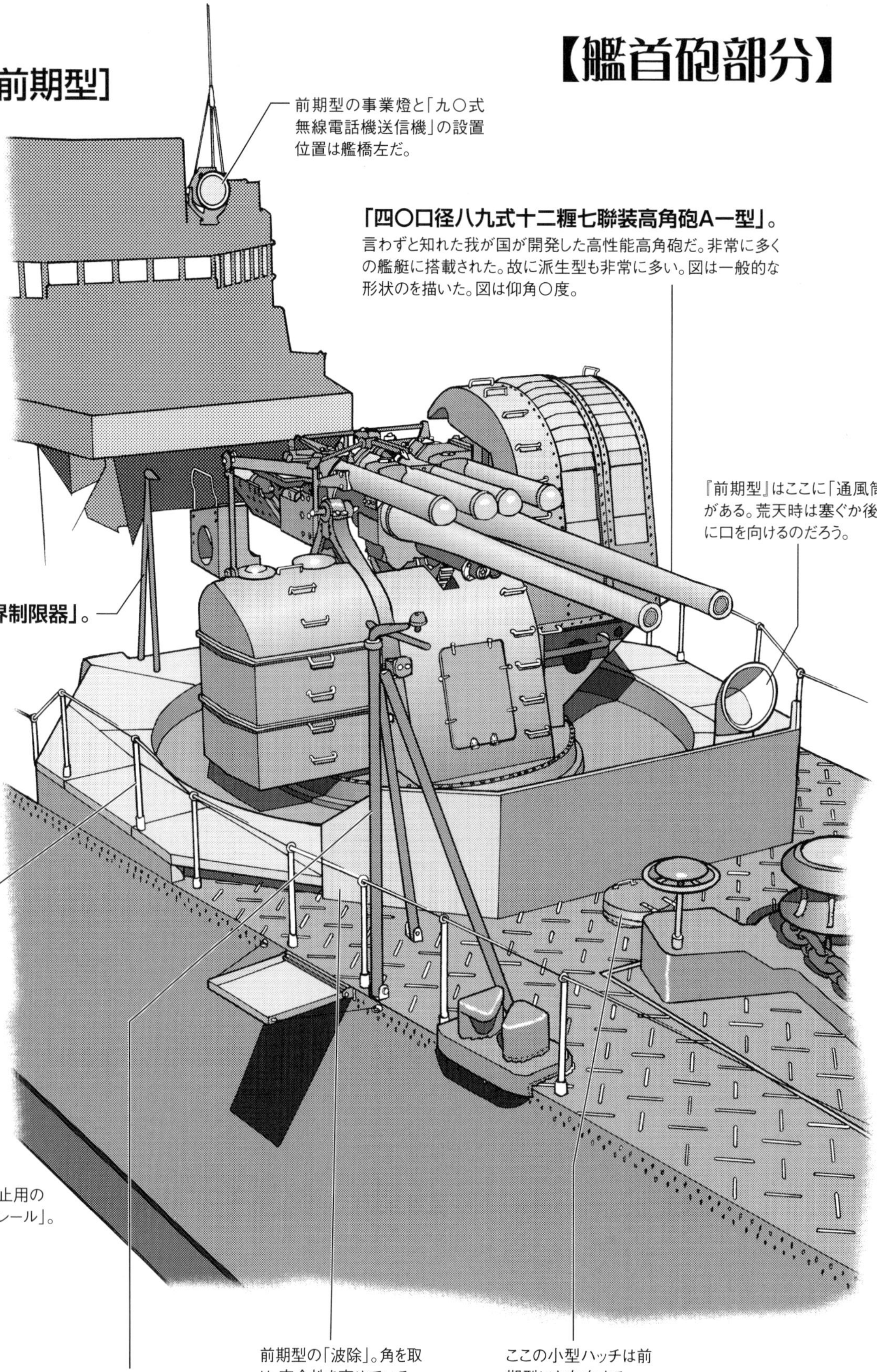

前期型の事業燈と「九〇式無線電話機送信機」の設置位置は艦橋左だ。
「四〇口径八九式十二糎七聯装高角砲A一型」。
言わずと知れた我が国が開発した高性能高角砲だ。非常に多くの艦艇に搭載された。故に派生型も非常に多い。図は一般的な形状のを描いた。図は仰角〇度。
『前期型』はここに「通風筒」がある。荒天時は塞ぐか後方に口を向けるのだろう。
「射界制限器」。
転落防止用の「ハンドレール」。
「天幕柱」。
使用時を示す。
前期型の「波除」。角を取り、安全性を高めている。
ここの小型ハッチは前期型にも存在する。

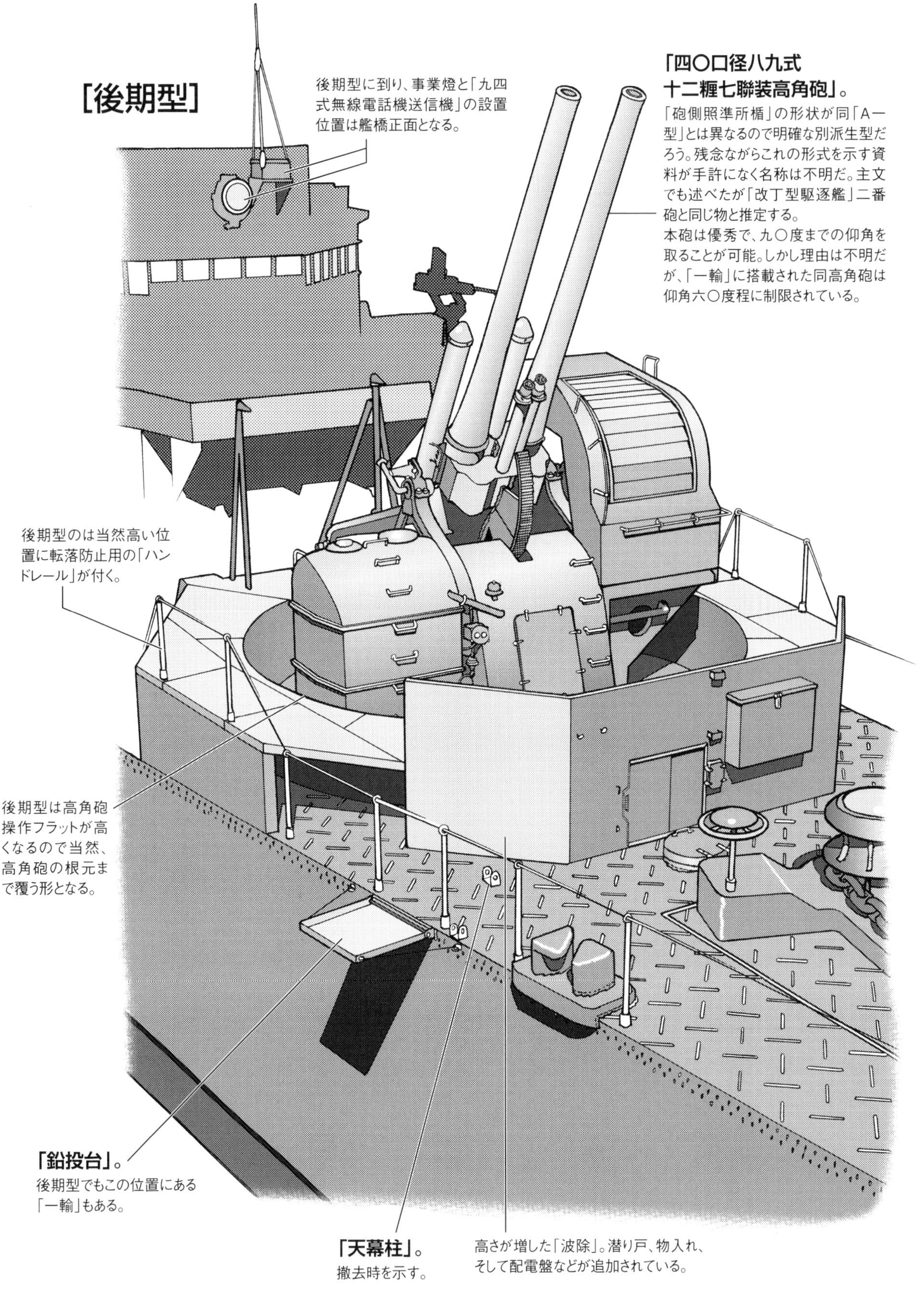
[後期型]
後期型に到り、事業燈と「九四式無線電話機送信機」の設置位置は艦橋正面となる。
「四〇口径八九式十二糎七聯装高角砲」。
「砲側照準所楯」の形状が同「A一型」とは異なるので明確な別派生型だろう。残念ながらこれの形式を示す資料が手許になく名称は不明だ。主文でも述べたが「改丁型駆逐艦」二番砲と同じ物と推定する。
本砲は優秀で、九〇度までの仰角を取ることが可能。しかし理由は不明だが、「一輸」に搭載された同高角砲は仰角六〇度程に制限されている。
後期型のは当然高い位置に転落防止用の「ハンドレール」が付く。
後期型は高角砲操作フラットが高くなるので当然、高角砲の根元まで覆う形となる。
「鉛投台」。
後期型でもこの位置にある「一輸」もある。
「天幕柱」。
撤去時を示す。
高さが増した「波除」。潜り戸、物入れ、そして配電盤などが追加されている。

【艦橋部分】（66～67ページ）

艦首砲部分の見開き同様、艦橋図説でも『前／後期』を述べたい。66ページの図が前期、67ページの図が後期だ。

後期型は別物になっている様がお解りになるだろう。共通する箇所、外観に限って言えば、艦橋前に機銃操作フラットを設け、そこに「九六式二十五粍聯装機銃」を設置している点、そして後部には恐らく「通風筒」機能を兼ねたデリックポストが両舷に設置している点だろう。艦橋構造は二層、トップを防空指揮所としているのは『前／後期』共通だ。トップの防空指揮所から順に述べていく。

右図の前期型はトップをグルリとブルワークで囲っている。このデザインは「二號海防艦」と相通じるものだ。対して後期型は前面部のみを残し、他はハンドレールで囲うという構造に改められているが、こうなった理由は、狭い個所にこれでもかと「九六式二十五粍単装機銃」を設置する為に両舷に操作フラットを追加したからだ。因みにトップへの連絡は艦橋トップ右舷中程に四角い扉があり、羅針艦橋へと垂直梯子で繋がっている。これも前後期共通だ。

前期型のトップは六センチと推定される高角双眼鏡を四基設置しているが、前側の二基は何とブルワーク外に設置している。舷側を見張るにはブルワーク内で対応出来るが、前側を見張るときはどうするのだろうかと不安になる配置だ。後期型ではこれを改めているので明らかに設計を誤った箇所だろう。

後期型は高角双眼鏡は二基に減っている。床面積を拡張しているとは言え、「九六式二十五粍単装機銃」が二挺もあるのだ。この上前期型と均しく高角双眼鏡が四基もあったら対空合戦時に機銃の取り回しも、そして集中して見張も出来ないだろう。

トップのブルワーク構造は『前後期』を見分ける目立つ変化だが、『前期型にあって後期型に無いもの』として、トップブルワーク横にある目のようなものが沢山付いた機材の存在がある。これは「二式哨信儀」の「全受器用頭筐」だ。この機材が採用されるまでは「九七式山川燈」と称する赤外線を敵味方不明艦艇に照射すると、相手が味方艦艇の場合、「前檣」の信号燈が発光し味方だと知らしめる敵味方識別装置が使用されていたが、「二式哨信儀」に至っては、正式名称も変化すると同時に内容も大きく改められ、敵味方識別装置機能の他に音声を光信号に変え、通話も出来るという光通信機能が追加されている。

近距離通信で弱い電波を出すとたちどころに敵に傍受、方位測定されてこちらの位置がバレてしまう。それを解決させる秘密兵器が「二式哨信儀」だ。夜陰に乗じて物資を送り届ける「一輸」には有用な装備だ。この機材が陸上基地にあれば夜間、敵に傍受されることなく通信が出来るし、味方艦艇らに自らが味方であることを伝えることが叶う素晴らしい装備だが、左図の後期型「一輸」が就役するころというのは自ら以外は全て敵ということもあり不要となったのだろう。…この装置が付いているか付いていないかで戦況が加速度的に悪化しているのが判る気になる、悲しい装備だ。

トップ下は『前／後期』共々前半分には羅針艦橋、後ろ半分は休憩室兼電探室となっている。当時のブラウン管は輝度が低い。故に室内を暗くする必要があり、故に休憩室との兼用なのだろう。

羅針艦橋下の上甲板艦橋は結構立て込んでいる。

羅針艦橋甲板を艦首側に延長し「九六式二十五粍聯装機銃」操作フラットとしたことは前述したとおりだが、問題はその真下、箱状のものが四箇積まれているが、これは前見開きで述べた「四〇口径八九式十二糎七聯装高角砲」の砲側弾薬筐だ。

一筐に何発入るかの詳しき資料が無いので推測するしかないが、大きさから推定すると入っても六発が限界だろう。述べていなかったが「四〇口径八九式十二糎七聯装高角砲」は、計画では一〇〇秒間に一二〇発も撃てるスゴイものなのだ。一秒に一発以上撃てるのだ。やはりスゴイ。単純計算で二十秒程で弾薬筐は全て空になる。

筆者はこの余りに少ない備蓄数に不安を抱いていたが、この弾薬筐と羅針艦橋真下の空間は「弾薬供給作業待機所」に充てられているので、ここには砲弾も機銃弾も多数保管している筈だ。

…余談だが、ここで保管する砲弾も機銃弾も使い果たしたら、船体最下層にある機銃弾弾薬庫と高角砲弾薬庫から手空き要員を多数投入して上甲板へバケツリレーが待っている。…そこまで「一輸」が損傷無く水面上に居れば、のハナシだが。

羅針艦橋真下、左舷側には艦長室がある。右舷側は前述した「弾薬供給作業待機所」が占める。…資料では「艦長室」とは記さずに「輸送艦長室」とワザワザ『輸送』と追記しているのは…カイグンという組織で補助艦艇を明確に区別…というか蔑んでいるのが透けて見える名称だと思う。全く腹立たしい限りだ。

その「輸送艦長室」の真後ろ、羅針甲板の電探室兼休憩室の真下左舷側は「受信室兼無線電話室」となっている。…艦橋の上甲板突端に設置された「砲側弾薬筐」の存在は前述したが、問題はこれに納める砲弾の向き、これは不明だが装填する都合、恐らく弾頭を艦橋側にして弾薬筐に入れておくのだろうが、火災や弾破片が弾薬筐に直撃したら砲弾は誘爆する。その爆発、被害を齎《もたら》す方向に艦長室があったりするのは…正直楽しい気持ちではない。

【前檣と艦橋後部】（68～69ページ）

「一輸」の前檣は三本の柱で構成されている。「丁型駆逐艦」に採用されたシンプルで一般的なものだ。これは「一輸」前後期型に関係なくこの構成だ。

「改丁型駆逐艦」はここに重い対艦見張用「二二號電探空中線装置」を載せることを建造時から考慮した構造のために、円管材の短い三本柱構造を補強板を追加した水平材で念入りに熔接、「二二號電探空中線装置」が乗った架台から改めて別の円管材で三本檣を載せるという凝った作りになっているのだが、「一輸」は艦橋トップに「二二號電探空中線装置」を載せる架台を設け、水平線から少しでも遠ざけて探知距離を稼ぐ工夫を採用しているので、前檣は簡素な作りになっている。

同じようにトップの防空指揮所に設けた架台に「二二號電探空中線装置」を載せる配置にしている「丁型駆逐艦」を見る限り、やはり「一輸」は「丁型駆逐艦」の流れを汲むものなのだなと改めて強く感じる。

…しかし、だ。「一輸」のここを見ると、驚く。大概の艦艇に設置された前檣は強度確保の為に太い円管材主檣材とし、これに安価で強度の少ない山形鋼を水平材として使い熔接するというのが一般的な構成なのだが、「一輸」に到っては強度が直接掛かる主檣材すら円管材は勿体無いということなのだろうか、断面が『へ』字の等辺山形鋼を使っている。これは山形鋼そのものを作る工程も、また各支柱とを水平材で接合し強度を高めるラーメン構造にするのも円管材加工と比べれば大変に楽なのだが、水平材を増やしてもやはり山形鋼故に捻れには弱く強度は低い。因みに信号桁も無線桁も均しく山形鋼だ。この前檣を見る限り、強度よりも量産を優先した方向性が強く感じられる。

前檣は簡素な形状だが、付く物はキチンと付いている。詳しい名称と役割は引出線を御覧になってもらいたいが、『逆探』空中線装置が二種類設置されているのは我が国大戦末期艦艇の特徴でもある。

図の艦橋は『後期型』を描いたのだが、このアングルで描いた艦橋トップは非常に狭く感じ、実際トップ床を継ぎ足し少しでも広くさせ、そこに「九六式二十五粍単装機銃」を追加している。…高角双眼鏡に張り付く見張員に加え機銃の射手、装填手、羅針儀に張り付く防空指揮官、伝令など、少なく見積もっても一〇人がここに立つ。

いざ敵機襲来となると、こんな狭い空間ではフネの進路を怒鳴る聲《こえ》を打ち消すかのように、大口径の機銃が轟音と連続して殴られたような発射衝撃を周囲にバラ撒きつつ、銃身が真っ赤になるまで応射するのだ。床は打ちガラ薬莢が転がり、一歩踏み出せばこれを踏み転倒しそうで怖い。前期型のように全周囲うブルワークでないので転倒したらそのまま転落が待っている。

正直、後期型のここはロクな空間じゃない。血の気の多い人でなければここの配置は無理だろうし、高周波でしかも強力な電波を輻射する電探もあるのだ。健康にもよろしくない空間でもある。

69ページの図は前檣と艦橋後面だ。68ページの右図と同じ後期型を描いた。この図で特筆すべき点は「二二號電探空中線装置」を載せた架台の艦橋背面に於ける処理方法だ。

前見開きで述べたが、重い「二二號電探空中線装置」を載せた架台断面は前期型では円柱、後期型では角柱となっている。何しろ狭い防空指揮所に架台を設置するのだ。少しでも広くしようということで架台は半分、防空指揮所床からはみ出す形で設置されている。はみ出した部分の処理方法は初期型も均しく斜めに切除をしているのだが、角柱を斜めに切り取る手間よりも円柱を斜めに切るほうが難しいということなのだろう。尤《もっと》も後期型の場合、角柱を作った上で図のように切除するというものではなく、切断加工した平板を四枚熔接して繋げた工作と推定する。

「一輪」艦橋裏はネタが多い。滑車が付いた円柱が両舷にあるが、これはデリックポストだ。詳しい資料がないのだが突端の蓋から類推し、恐らくこれを「通風筒」として使う機能があると推定している。艦橋背面板とガッシリと熔接し艦橋と一体化することで強度を確保するのは流石だ。円材で構成されるデリックアームが付き、後述する船倉口より物資の積み卸しをする。

言わばこれがあるから「一輪」なのだ。両舷にデリックがあるというのは両舷での物資積み卸しが出来るようにとの配慮だ。港湾での作業ならば片舷で済むが、「一輪」の場合は港湾施設もない外洋基地で夜間一刻を争う状態で荷物受け取りで出てきた「大発」らに待望の物資を受け渡すのだ。両舷にあったほうが絶え間なく作業出来る配慮だ。

他誌で「改丁型駆逐艦」を描き、その艦橋のデザインに心酔したが、それに準じた気持ちを「一輪」艦橋に抱く。ただしトップの「九六式二十五粍単装機銃」配置だけは戴けない。防御力は増すだろうが、高角双眼鏡による見張は妨害されるに違いない。額に皺が出来る思いだ。

【船倉と烹炊室、中部デリックポストと煙突部】（70〜71ページ）

70〜71ページでは「一輪」の船体中央部を図説する。図は右側が艦首方向だ。

恒例となった「一輪」の前/後期型を示す説明からだが、この図に関しては両方を混ぜた状態とさせてほしい。図各所に単装機銃が設置されているが、前期型はこれらが無かったが、戦訓により追加したからだ。前期型の戦訓反映後、そして後期型の新造時、機銃配列を示す意味でこんな混ぜた状態のを描いた次第だ。

図の中央やや右側にある探照灯が載った上部構造物だが、ここは左舷側に烹炊室、右舷側が浴室と兵員用厠《かわや》が入っている。その天蓋を利用し「九六式二十五粍三聯装機銃」と探照灯操作フラットとして兼ねている。これを前後で挟むように船倉口が二つある。その後船倉口後ろに電柱のようなものが立つが、これは中部デリックポストだ。図のとおり後檣の役目も持っている。前期型は大図のようにここには点滅信号燈と無線桁それと艦尾信号燈が設置されていただけだ。これの設置状況は70ページの小図を御覧になっていただきたい。

その中部デリックポスト根元にある小屋は「軽質油庫」だ。本項前に掲載された短編コミック【過積載艦】で「一輪」が炎上する火元がコレだ。本見開き図でデリックで吊っている「大発」に代表される装載艇に給油する為のものだ。そしてその後ろが煙突だ。

本項オープニングで「一輪」は当初「丁型駆逐艦」を土台としようとした、と述べた。しかし「丁型駆逐艦」は煙突が二本立つ艦容だが「一輪」は排煙効率や場所の合理化等で図のような誘導煙突としている。これだけ小さい誘導煙突を載せたのは実験色が極めて高い巡洋艦「夕張」くらいではないだろうか。加えて前の第一煙路が大きく寄添うカーブを描いて後側の第二煙路と合わさる姿は何とも優雅で美しい誘導煙突だと思う。

「乙型駆逐艦」も誘導煙突を採用しているが三煙路を合わせたものだし、大きさも一回り大きい。故に「一輪」の煙突は非常に凝った形状と言えるだろう。

その真後ろ、第二煙路に食い込むように設けられた「九六式二十五粍三聯装機銃」操作フラットの存在も中々インパクトがある。大概、この煙突に合体した機銃操作フラットは戦訓により追加された場合が多いのだが、「一輪」の場合は新造時から、当たり前だが前期型からこれがある形で建造された。得た戦訓を忠実に取入れた結果だろう。

さて、「一輪」の素晴らしさを冒頭のオープニングで述べたが、その機能を裏支えする備品が本図に到りやっと描けた。それは大型のコロを挟み込んだ軌道の存在だ。これは両舷にある。図では少々判り辛いが左舷の方の方がやや長い。この軌道に「滑卸台」を載せ、それに図で描いた「大発」などを載せる。

オープニングでも述べたが、駆逐艦等を高速輸送艦として使ったときは、上部構造物の撤去を極力しない方向だった為に、「大発」を装載する場合もこれに荷物を積み、それを泛水させるということが搭載デリック竝《ならびに》ボートダビットの性能を越えてしまうので出来ず、空の「大発」を泛水後に改めて荷物を積み直すという手間を掛けていた。しかし「一輪」はそれが不要となった。荷物を満載した「大発」をこの軌道上を滑り手間無く高速に泛水させるのだ。

五艇装載可能だとオープニングで述べた。「一輪」の物資積載能力はこれだけではない。敵勢力下になりつつある、風前の灯たる前線基地へ補給でも、もしかしたら補給の時間的余裕があるかもしれない。また基地が保有する「大発」を初めとした小舟がまだ残っている場合もある。そんな時の補給までもしっかりと「一輪」は考えられている。艦首側の船倉口真横舷側に「大発」を付けると、そこには「補給倉庫扉」があり、そこから次々と横付けした「大発」らに補給が叶う。

図で御覧のとおり、片舷二つあるこの扉は「大発」積載部分の長さに合わせており、ここより「大発」にどんどんと積み込める。ただこの扉の大きさは広くない。米俵や「叺《かます》」などの受け渡し用だろう。多分、一秒を惜しんでの作業となろうから、補給倉庫扉から乱暴に投げ下ろすか、板を使って斜面とし、それつかって滑り降ろすという感じになる。よって硝子《ガラス》容器に入った医薬品や弾薬などはこ

【艦橋部分】

[前期型]

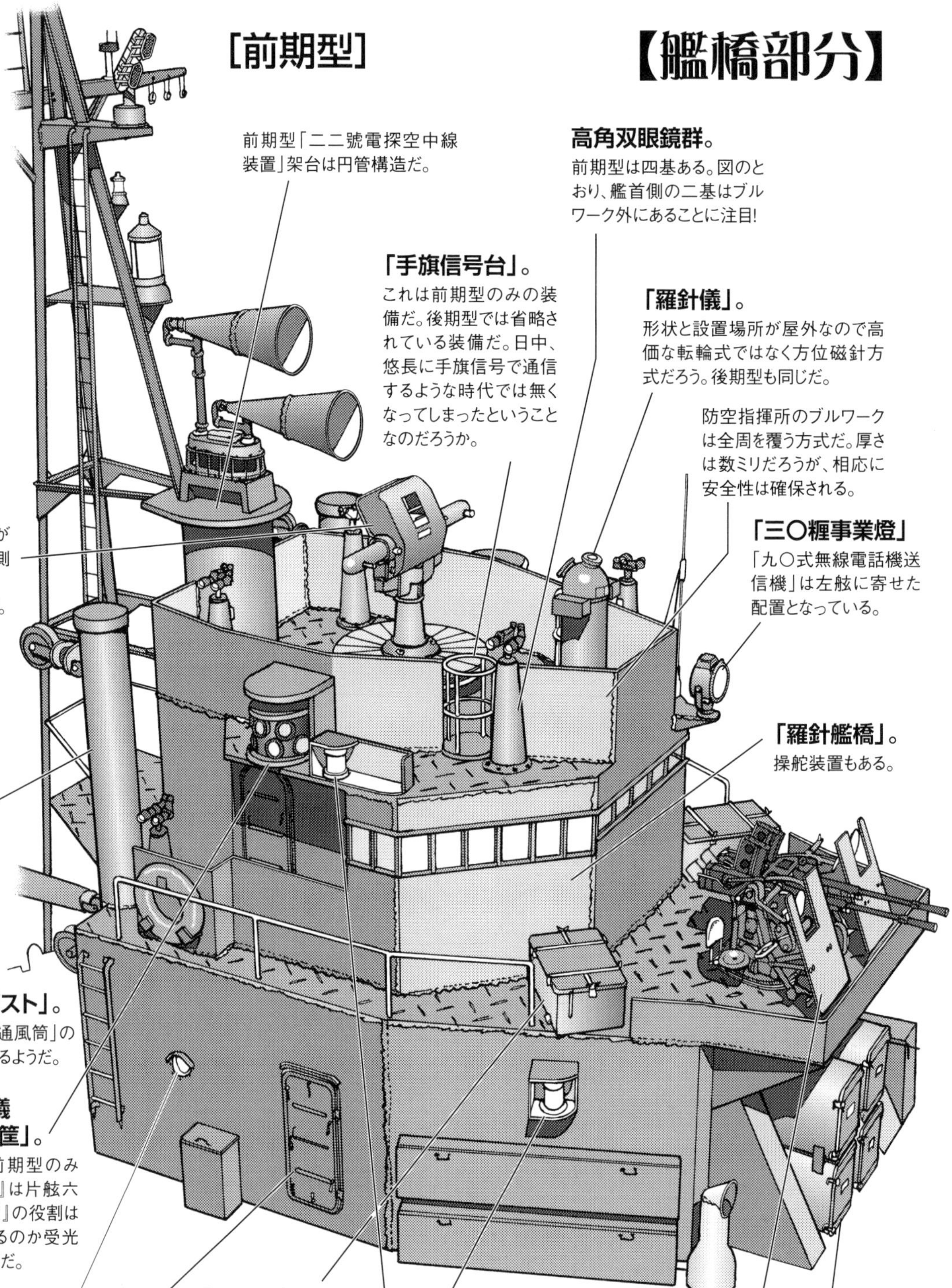

前期型「二二號電探空中線装置」架台は円管構造だ。
高角双眼鏡群。
前期型は四基ある。図のとおり、艦首側の二基はブルワーク外にあることに注目!
「手旗信号台」。
これは前期型のみの装備だ。後期型では省略されている装備だ。日中、悠長に手旗信号で通信するような時代では無くなってしまったということなのだろうか。
「羅針儀」。
形状と設置場所が屋外なので高価な転輪式ではなく方位磁針方式だろう。後期型も同じだ。
防空指揮所のブルワークは全周を覆う方式だ。厚さは数ミリだろうが、相応に安全性は確保される。
「三〇糎事業燈」
「九〇式無線電話機送信機」は左舷に寄せた配置となっている。
型式は不明だが二メートル高角測距儀。後期型も同じだ。
「羅針艦橋」。
操舵装置もある。
「デリックポスト」。
どうやらこれは「通風筒」の機能も有しているようだ。
「二式哨信儀全受器用頭筐」。
両舷にある。前期型のみの装備だ。『目』は片舷六箇ある。この『目』の役割は赤外線を発するのか受光するのかは不明だ。
「士官用厠窓」。
これは後期型と同じだ。
「銃側弾薬筐」。
機銃への連絡は毎回これを跨ぐ必要が有る。
「九六式二十五粍聯装機銃」。
心情的にはこれを「九六式二十五粍三聯装機銃」にしてほしいのだが。
「弾薬供給作業待機所」への入口。
ここを入ると「弾薬供給作業待機所」、左側、艦尾方向は「士官用厠」、突き当たりが「輸送艦艦長室」になっている。この配置は後期型と同じだ。
「舷燈」。
「一輪」の場合は片舷二つに分けているが、これの理由は一体なんだろう。
「砲側弾薬筐」。
図では四箱、左舷には「機銃弾薬筐」を描いたが、この「機銃弾薬筐」の代わりに「砲側弾薬筐」とし、六筐とする資料もある。

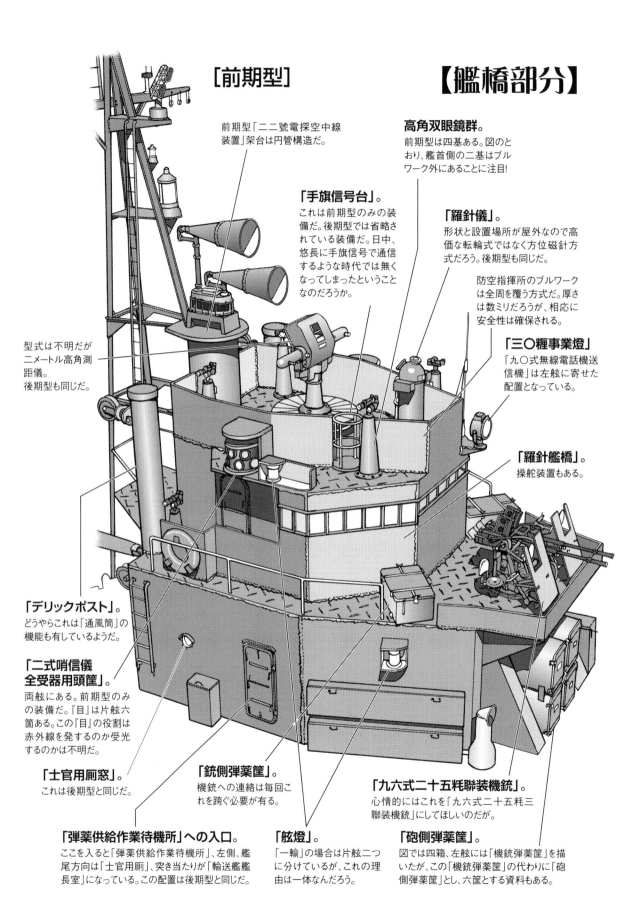

[後期型]

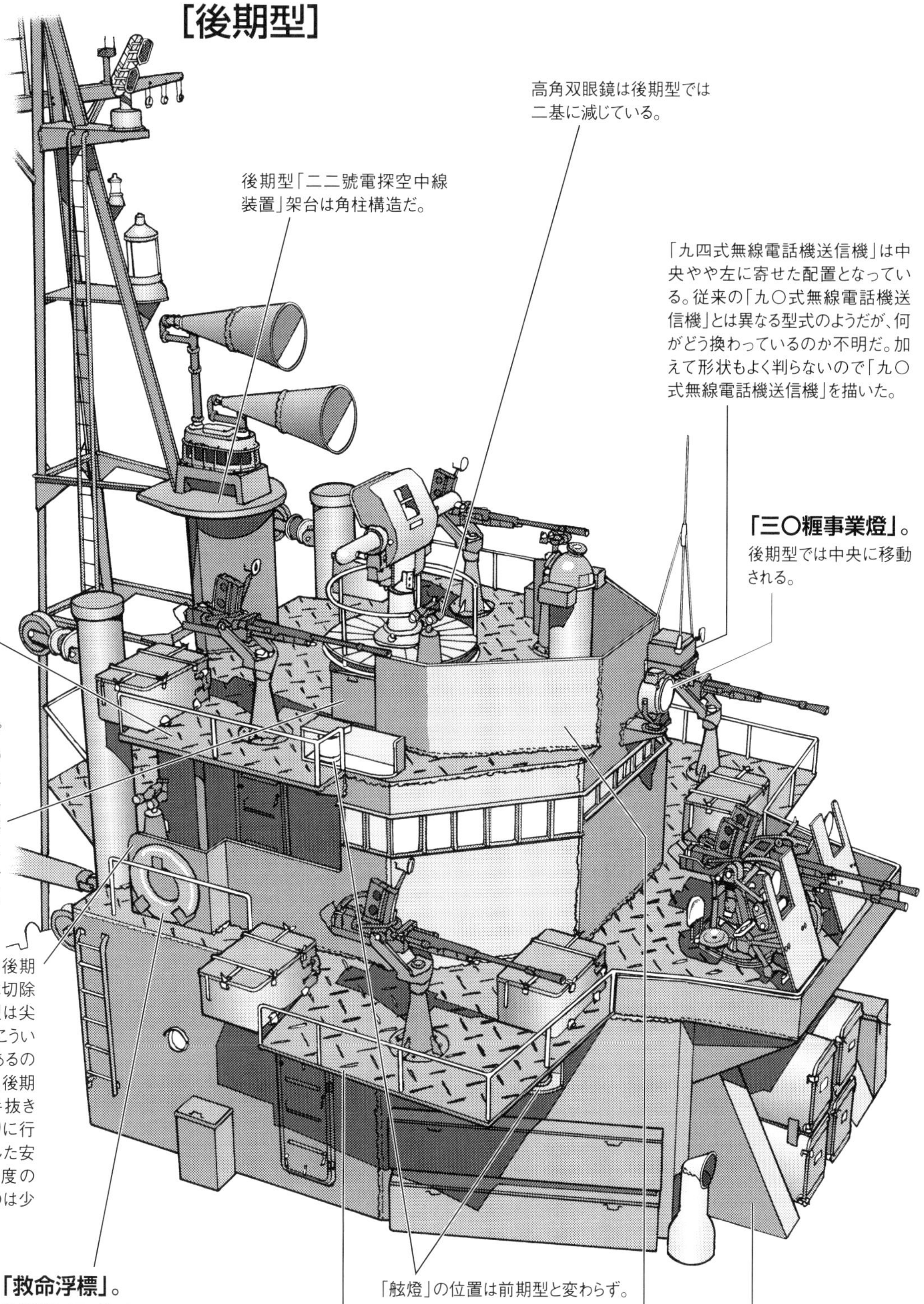

高角双眼鏡は後期型では二基に減じている。
後期型「二二號電探空中線装置」架台は角柱構造だ。
「九四式無線電話機送信機」は中央やや左に寄せた配置となっている。従来の「九〇式無線電話機送信機」とは異なる型式のようだが、何がどう換わっているのか不明だ。加えて形状もよく判らないので「九〇式無線電話機送信機」を描いた。
トップ防空指揮所の床は左右に増床されそこに「九六式二十五粍単装機銃」を設置する。弾薬筐は一挺につき一筐用意されている。
「三〇糎事業燈」。
後期型では中央に移動される。
この四角はトップ防空指揮所への連絡口。図はそれを開けた状態とした。前期型も同じ場所にあるがこの構図ではブルワーク板の内側で判らない。
羅針艦橋甲板の後期型ブルワーク角は切除してある。前期型は尖ったままだ。角にこういう尖った部位があるのは非常に危険だ。後期となると何かと手抜きをする方向ばかりに行きがちだが、こうした安全策にもある程度の留意をしているのは少し嬉しいものだ。
「救命浮標」。
前期型も同じ場所に設置してある。塗粧は目立つ赤白にしているのだろうか。
「舷燈」の位置は前期型と変わらず。
増設された「機銃操作フラット」(両舷)。ここにも「九六式二十五粍単装機銃」を設置する。特筆すべきは後ろ側に設置された「銃側弾薬筐」だ。増設された機銃操作フラット外にこれがある。わざわざこれを支柱で付け足したという感じだが、こんな手間を掛けるなら機銃操作フラットをもっと広げればいいものを…と思う。
前面のみとなったブルワーク板。
この三角形の立方体、筆者は長らく機銃操作フラットの支柱かと思っていたのだが、何と下甲板へ降りる階段の屋根であることが判明し動揺を隠せない。

【前檣と艦橋後部】（図は後期型）

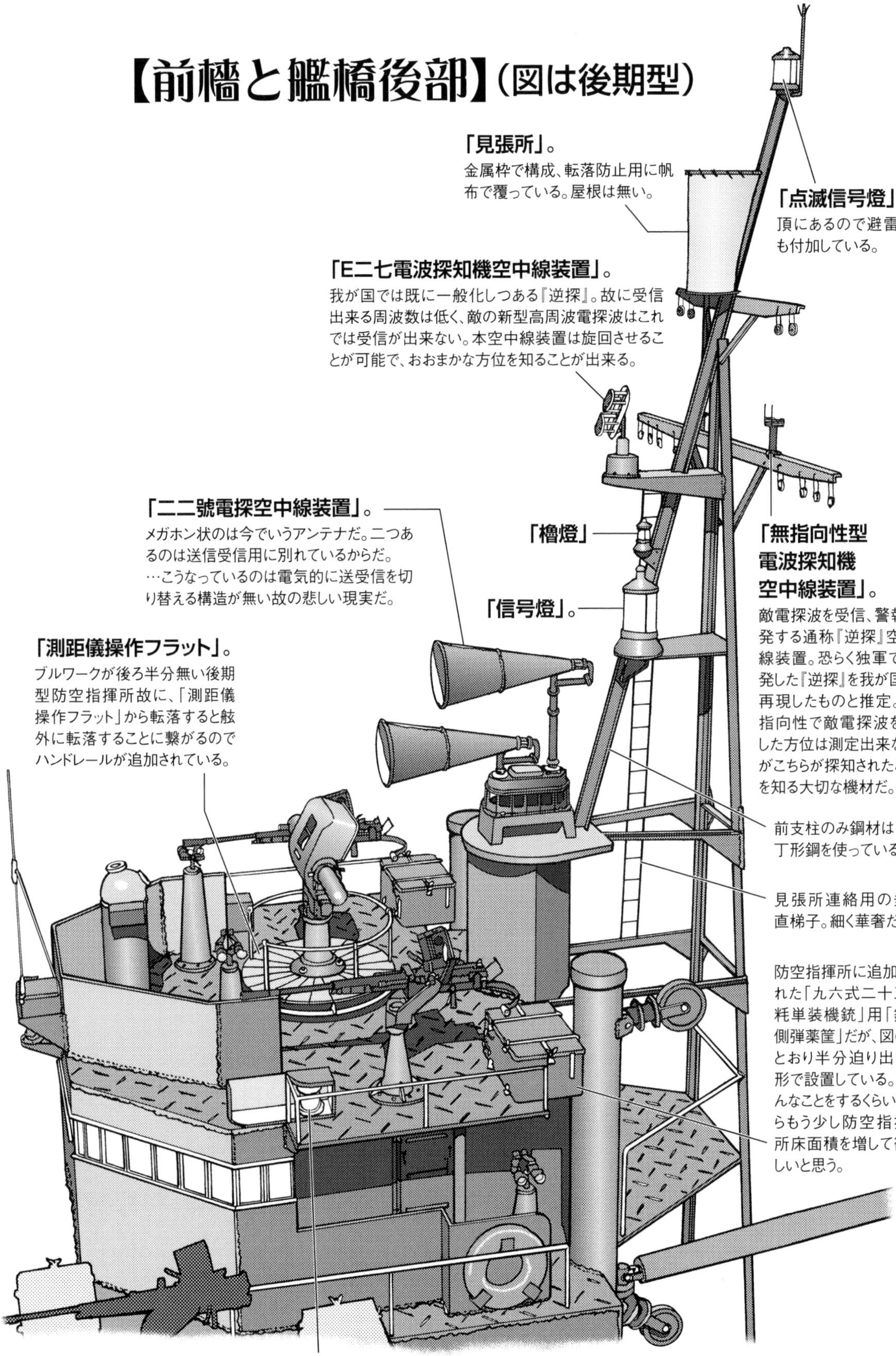
「見張所」。
金属枠で構成、転落防止用に帆布で覆っている。屋根は無い。
「点滅信号燈」。
頂にあるので避雷針も付加している。
「E二七電波探知機空中線装置」。
我が国では既に一般化しつつある『逆探』。故に受信出来る周波数は低く、敵の新型高周波電探波はこれでは受信が出来ない。本空中線装置は旋回させることが可能で、おおまかな方位を知ることが出来る。
「二二號電探空中線装置」。
メガホン状のは今でいうアンテナだ。二つあるのは送信受信用に別れているからだ。…こうなっているのは電気的に送受信を切り替える構造が無い故の悲しい現実だ。
「檣燈」
「信号燈」。
「無指向性型電波探知機空中線装置」。
敵電探波を受信、警報を発する通称『逆探』空中線装置。恐らく独軍で開発した『逆探』を我が国で再現したものと推定。無指向性で敵電探波を発した方位は測定出来ないがこちらが探知されたことを知る大切な機材だ。
「測距儀操作フラット」。
ブルワークが後ろ半分無い後期型防空指揮所故に、「測距儀操作フラット」から転落すると舷外に転落することに繋がるのでハンドレールが追加されている。
前支柱のみ鋼材は丁形鋼を使っている。
見張所連絡用の垂直梯子。細く華奢だ。
防空指揮所に追加された「九六式二十五粍単装機銃」用「銃側弾薬筐」だが、図のとおり半分迫り出す形で設置している。こんなことをするくらいならもう少し防空指揮所床面積を増して欲しいと思う。
「舷燈」。
左右で色を変え、フネがどちらを向いているかを示すものだ。

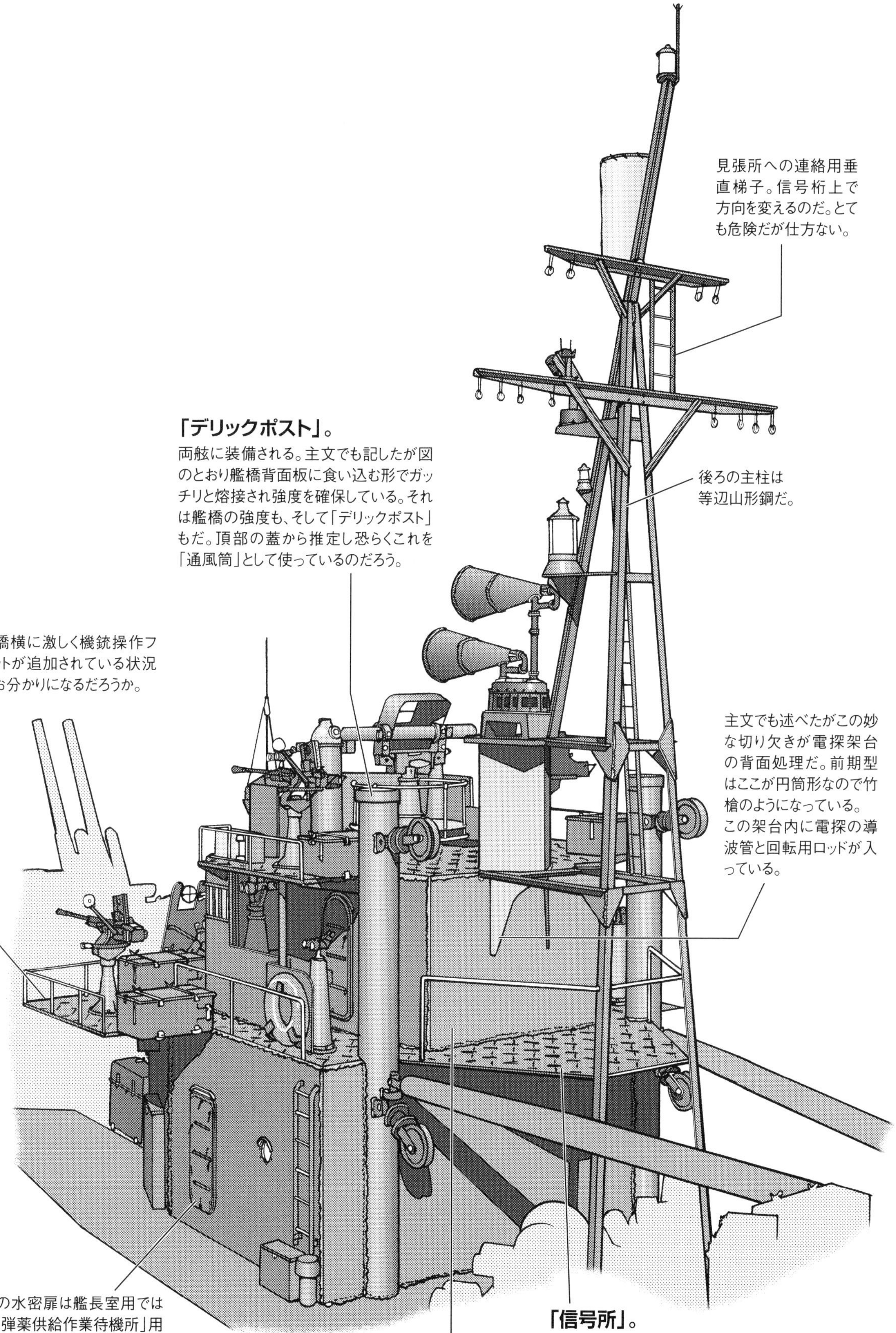
見張所への連絡用垂直梯子。信号桁上で方向を変えるのだ。とても危険だが仕方ない。
「デリックポスト」。
両舷に装備される。主文でも記したが図のとおり艦橋背面板に食い込む形でガッチリと熔接され強度を確保している。それは艦橋の強度も、そして「デリックポスト」もだ。頂部の蓋から推定し恐らくこれを「通風筒」として使っているのだろう。
後ろの主柱は等辺山形鋼だ。
艦橋横に激しく機銃操作フラットが追加されている状況がお分かりになるだろうか。
主文でも述べたがこの妙な切り欠きが電探架台の背面処理だ。前期型はここが円筒形なので竹槍のようになっている。この架台内に電探の導波管と回転用ロッドが入っている。
ここの水密扉は艦長室用ではなく「弾薬供給作業待機所」用だ。「弾薬供給作業待機所」へは両舷から利用出来る。
「信号所」。
ここには信号旗を格納する棚と柵があるはずなのだが…形状が判らないので描かなかったことお詫びする。
この壁の中は「電探室」兼「休憩室」だ。恐らく円窓ひとつくらいはありそうな感じだが…資料がないので描かなかった。

【船倉と烹炊室、中部デリックポストと煙突部】

この上部構造物天蓋には両舷に「九六式二十五粍三聯装機銃」、中央に探照灯、その直前には高角双眼鏡、遮蔽物にも使えるようにとの配慮でずらりと囲むように「銃側弾薬筐」がある。真ん中に突き出るのは煙突なのだが、烹炊室からの良い香りがここから吐き出されるのかな…と思っていたのだが、この機銃操作フラット下には烹炊室の他に浴室と兵員用厠がある。これらの換気用だった場合、ここの要員たちは常にむせることになるだろう。

「前部船倉口」。
通常は転落防止と雨水が入り込まないように風呂の蓋のように板で塞ぐ。図ではその板を完全に撤去した状態を描いた。もしかしたらこの塞ぐ板を使って「補給倉庫扉」に斜面を作り、「大発」に載せていたかもしれない。想像は膨らむ。

「浴室扉」。
右舷のみだ。士官用なのか兵員用なのか。混用なのか。不明だ。

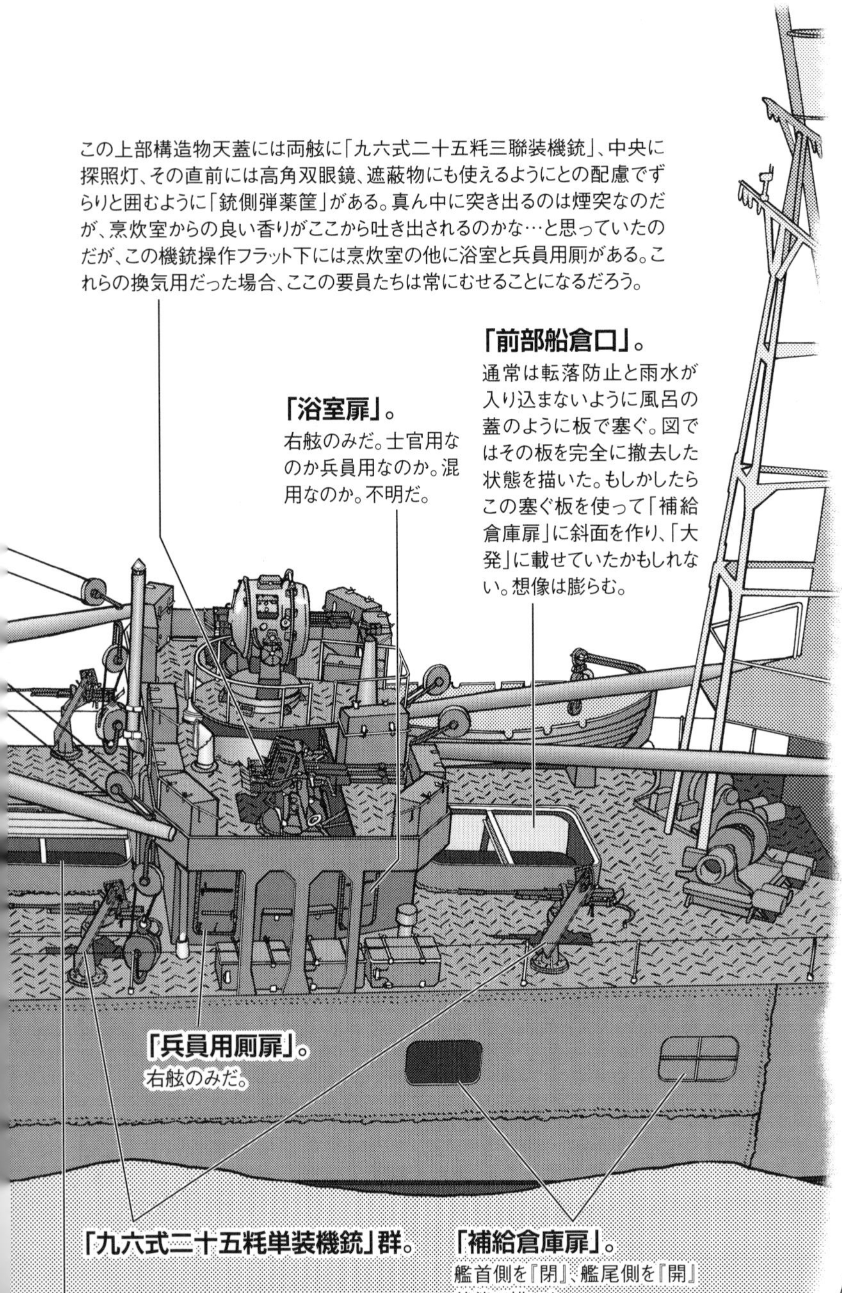

「兵員用厠扉」。
右舷のみだ。

「九六式二十五粍単装機銃」群。

「補給倉庫扉」。
艦首側を『閉』、艦尾側を『開』状態で描いた。
本単行本『まけた側の良兵器集I』の表紙でここから挨拶をしている乗員を描いたので覚えていたら見て欲しい。

「後部船倉口」。
こちらは蓋を半分取り去った状態を描いた。

本図は前期型の後檣の詳細だ。ここも前側を丁形鋼、他を等辺山形鋼で構成している。頂部には毎度御馴染の「点滅信号」と避雷針、横に張出す「無線桁」、十字架状のは「艦尾信号燈」だ。この信号燈は後続のフネに無線を使わずとも速度や進路を伝えることが出来る。

中央デリックポスト頂部には「通風筒」、側面には定滑車が付く。ここは索で接続されフレキシブルな動きに対応出来るようになっている。

「艦尾信号燈」。
六燈型だ。

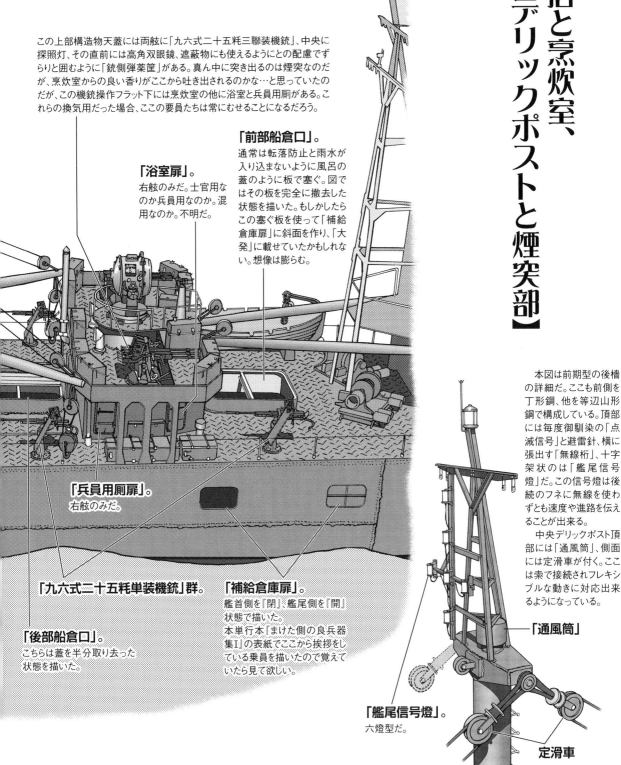

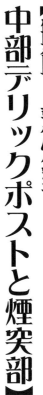

主文でも述べたが、第一煙路が艦尾側に大きく傾斜し第二煙路に凭《もた》れ掛かる誘導煙突だ。

第一煙路両舷からキセルのような形状の「通風筒」が生え、第二煙路根元から今度は向きの異なるキセル形の「通風筒」が生えているが、これは艦首方向を向いた前「通風筒」から冷気を入気し、艦尾側を向いた「通風筒」から主機室で散々暖められた温気を換気されるという仕組みだ。

この換気、本来は第一煙路下の隙間に合わせた形状に整形された「通風筒」から換気されるのだが、これだけでは不足と判断されたのだろう。

「中部デリックポスト」。

艦橋背面のとは異なり、定滑車を固定する目的だ。頂部には艦橋背面のと同じく、「キノコ形通風筒」があるので換気塔としての役割も兼ねているようだ。この上の空間に後檣が設置されている。ここは小図参照のこと。

「デリックアーム」。

前二腕は「後部船倉口」用だが、後の一腕は図で描いたように装載艇を引揚げるのに使う。…しかし軌条は左右舷二つだ。右舷へ引揚げるのは本腕を使うとして左舷へ装載艇を引揚げるのにはどうするのだろうか…と心配になるのだが、このデリックアームは他の四腕に比べ長いので、これを使って両舷に載せるのだろう。

「九六式二十五粍三聯装機銃」操作フラット部。

図のように機銃の他に取り囲むように銃側弾薬筐が、両舷には高角双眼鏡が設置されている。

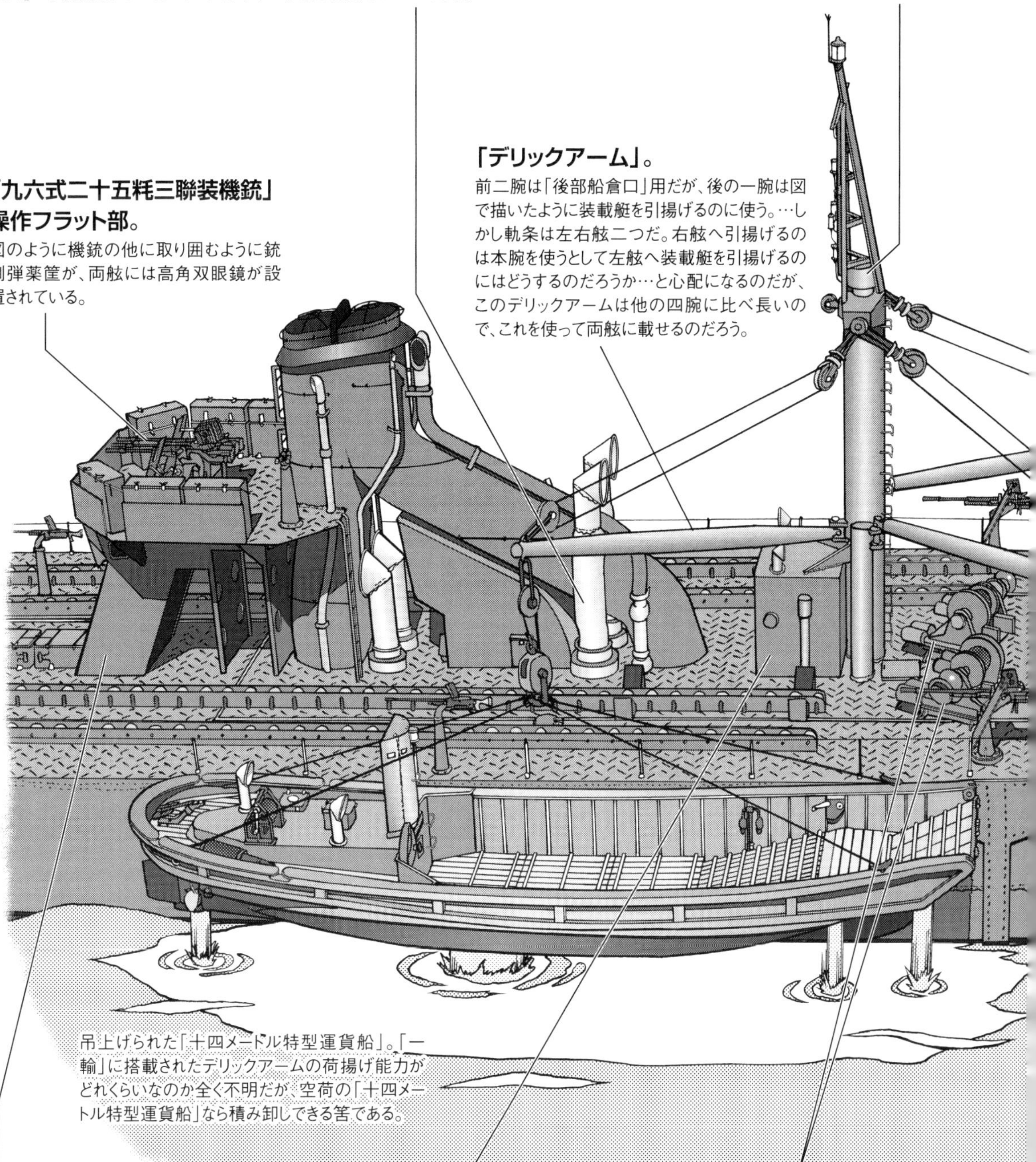

吊上げられた「十四メートル特型運貨船」。「一輸」に搭載されたデリックアームの荷揚げ能力がどれくらいなのか全く不明だが、空荷の「十四メートル特型運貨船」なら積み卸しできる筈である。

一見、「機銃操作フラット」の支柱に見えるこの角柱だが、これも「通風筒」になっている。真下は主機室だ。戦訓により舷窓もない空間だ。これくらいにしつこいくらいに換気をしないと灼熱地獄なのだろう。

「軽質油庫」。

天井部にデリックポスト補強板が熔接してあり、「軽質油庫」の存在自体もデリックポストの補強材として見る事が出来る。ここにはどれくらいの分量の燃料が入るのだろうか。またどういう形で貯蓄しているのだろう。一斗缶のようなものに入っているのだろうか。艦尾側に扉があるのでこの小部屋全体が燃料槽になっている訳では無いということだけは判る。

「電動ウインチ」群。

艦橋真後ろに二基、そしてここに二基の合計四基があるのだが、デリックアームは五腕だ。装載艇用のはどうするのだろう。装載艇は重いので二基を同時に使うのだろうか。

こからは受け渡しはしないだろう。…医薬品などは重要物資だ。現場での判断による、ここを使っての二次的な受け渡し作業に重要物資受け渡しは現実的ではない。「大発」に予《あらかじ》め積んでおき何があっても届ける物資だ。

さて、この「補給倉庫扉」だが、艦尾側の補給倉庫舷側には無い。長らく、この意味が筆者にとって謎で疑問であったが、後部の補給倉庫には下甲板と船倉甲板を貫く「電動揚貨機」が設置されているので省略したと推定される。もし、こちら側にも「補給倉庫扉」があると、横付けする「大発」自動車の縦列駐車のような操艇が必要となり、結局、これを有しても使い辛いことになってしまう。

【中部デリックポストと煙突部】(74～75ページ)

70～71ページの前見開きで図説した位置より少し艦尾側に向かい、74～75ページでは「九六式二十五粍三聯装機銃」が乗った「烹炊室」らが入った上部構造物から後ろの図をご覧いただく。図で描いたのは後期型だ。

74～75ページの図では前／後期型を明確に区別する箇所が多い。それは艦橋部以上にだ。具体的に述べる。烹炊所後ろに丸天窓が四つ付いた五角形の小部屋があるが、これは資料によると烹炊所とある。ナルホド、艦橋トップや図で描いた船体中央部に多数の「九六式二十五粍単装機銃」が追加された。これの操作要員らにも当然、配食をしなければならない。故の設備拡大ということなのだ、と理由付けが出来るのだが…筆者個人では疑問もあるのでそれは引出線部分で述べることにする。

高く突き立つのは前見開きでも述べた「中部デリックポスト」だ。これは厳密には前期型と差はないのだが、その上に乗る後檣の形状は前期型と大きく異なる。対空見張用「二三號電探空中線装置」が初めから設置されるということで、非常に丈のある、鋼材が入組んだ複雑なものになった。『バカと煙は高いところに上がりたがる』との戯言ではないが、電探空中線装置は極力高い場所に設置したほうが探知距離がとれるから、との配慮だ。ここは作画に大変に苦労した箇所で悔しいので細部を描いた小図を75ページに用意した。こちらも御覧になってくださると幸甚である。

そしてその根元には「軽質油庫」だ。これの位置は前期型と変化はない。だが差違はあるので引出線を参照のこと。そして煙突だ。煙突自体の形状に変化はないが、附属する物品の形状がかなり異なるのだ。加えて、煙突直後の機銃操作フラット後ろに一段下がった位置に、「九六式二十五粍単装機銃」用の操作フラットが追加された。これが追加により色々と工夫が施されることになっているので、それは引出線を御覧になっていただきたい。

図で描いた区画には単装機銃が多く配置されているのだが、それらを良く御覧になっていただくと、二種類あることが御解りになるだろう。ひとつは毎回描いている「九六式二十五粍単装機銃」、そしてもう一つは「九三式十三粍単装機銃」だ。「特四艇」の自衛用や戦訓によりハリネズミ化した「睦月」型駆逐艦などに少数搭載した単装機銃だが、「一輸」では本家「九六式二十五粍単装機銃」と並ぶ程の数が設置されている。…これを意味を三つ考えてみたので以下に記す。

◆一、装載艇を泛水させる軌道中や付近に設置している為に頻繁に取外す必要があり、「九六式二十五粍単装機銃」では重いので取外しが面倒。

◆一、防禦効果が高く人気となった「九六式二十五粍単装機銃」が不足し、穴埋めに「九三式十三粍単装機銃」を充てた。

◆一、狭い場所に単装機銃を増設する都合、銃身長が長い「九六式二十五粍単装機銃」では射界が狭くなるので短く取り回しが楽な「九三式十三粍単装機銃」を選定した…だ。

三つ挙げた筆者だが、恐らく真意はどれか一つという理由ではなく、三つ全てだろうと思う。

何しろ、「一輸」は二十一ハイ作られたが、生き残った「一輸」はこの値の一／三という過酷な数だ。空所を見つけて機銃を追加によるハリネズミ化をし、電探は極力高い位置に設置し、少しでも見張能力を向上させる緊張感を持った戦訓を活かした設置を施してもこの結果なのだから。…ただし、規格の異なる機銃が平行装備されるのは、補給や給弾で少なからず混乱があっただろうなあとも思う。

【後部甲板部】(76～77ページ)

艦首から順に続けてきた「一輸」の図説もいよいよ肝心要《かんじんかなめ》たる「一輸」艦尾部分を述べるに到った。この見開き前までは「一輸」に搭載された強力な武装について多くの誌面を割いてきたが、本見開きでは「一輸」が「一輸」たる理由、もっというなら「一輸」で一番の価値が在る場所だ。前述のとおり『肝心要』の箇所を図説しようと思う。

76～77ページで図説する箇所は煙突から艦尾までの空間だ。ここは基本、前／後期の識別点が少ない箇所でもある。強いて前／後期の識別とするなら左右に設置された軌道の区間、フネの中心線上に配置された「九六式二十五粍単装機銃」群があるか無いかの差だろう。前期型も戦訓によりここには急速に「九六式二十五粍単装機銃」が追加されたので益々、見分ける箇所が無い場所でもある。

この長い長い軌道区間がオープニングでも述べた、補給物資を満載した「大発」らが装載される区画だ。改めて記すがこの区域には補給物資を満載した五艇の「十四米《メートル》特型運貨艇」及び「十三米特型運貨艇」が装載される。左右一組で構成される軌条。これの間隔である『軌間』に合った「滑卸台」に乗るものなら、何でも迅速に運搬出来る極めて汎用性の高い輸送システムになっている。

当初、ここに説明文のとおり五艇を描こうと思ったのだが、それでは肝心要の軌条構造が判らないし、かといってこんな有用なシステムをまるで「大発」専用の輸送システムだと思われるのも癪《しゃく》である。思い巡らせ「丁型甲標的」を載せた図とした。「一輸」の遺された有名な写真で筆者が特に愛しているのは「丙型甲標的」を載せたものだ。現時点で「丁型甲標的」を載せた写真は見つかっていない。

元「甲標的」搭乗員に訊くと沖縄へ「丁型甲標的」進出時に「一輸」で運んだとのことだ。『先輩たちをな、基地から見送るときは…早く後に続きたいと思ったよ』と色々な感情がこもったこのひと言を筆者に語ってくれたことを思い出す。

筆者の想い出バナシはここまでとし、引き続き図説を続ける。

図で描いたとおり、この区間は艦尾に行くにつれ、なだらかに喫水線まで下がるという傾斜が付いている。これを『スリップウェイ』と称するのだが、このスリップウェイを利用し、軌条上に装載された相当重量に達した「大発」たちが非常に小さい力で次々と迅速に泛水される仕組みだ。

「大発」を装載出来るように改造し輸送艦化させた駆逐艦も、「一輸」程ではないが短く急な『スリップウェイ』を追加したフネもあるのだが、それは極少数。大抵の場合は艦尾側の魚雷発射管を撤去、それにより確保された空間に「大発」をただ装載したという程度で、何度も記述したが搭載デリックやボートダビットの性能もあり、空荷の「大発」を泛水後に改めて補給物資を積載するという非常に面倒な手間が残っていた。

しかし、「一輸」はそんなのを尻目にスイスイと泛水出来る。図で描いた「甲標的」輸送は駆逐艦では記すまでもないが不可能だ。ややや「一輸」から逸れる話題だが、潜水母艦に偽装された「甲標的」母艦の「千代田」らが健在のころは、これらを使って「甲標的」

を運んでいたが、戦況が悪化しこれらが全て航空母艦として生まれ変わった後は「甲標的」を運搬する手段が無く、仕方なく「甲標的」の自力航走で現地到達や、また一般輸送船で曳航するという無茶な手段が用いられた。結果、行方不明になったり曳航するフネに激突するという『事故』が起き大変に輸送には苦労したとのことだ。それらも解決する手段も「一輪」なのだ。

　このスリップウエイ上に貼付けられた辷《すべ》り止めだが、途中から向きが異なる点も見逃さないで欲しい。ここより更に喫水線に向う傾斜が強くなる部分なのだ。舷側に対し直角で熔接され、更に辷り止めの効果を高めている。その辷り止めの向きが変わるあたりから生じる細い軌道があるが、これは「爆雷投下軌道」だ。

　スゴイのはここに爆雷を載せる作業は爆雷員がいずこからえっちらおっちらと転がしながらここに持ってくるというものではなく、艦内から「電動揚弾機」で《がちゃん!》と上甲板のここに揚げてくれる。携行雷数は計画では十八箇としていたが、戦訓によりこの値は倍近くの三十四箇となり、さらに五十箇まで増やされることになった。…これはスゴイ。末期「海防艦」には及ばないが一般的な駆逐艦の搭載量を超える数だ。

　この値は全て艦内に収めたという意味ではなく、一箇を抱く「手動式爆雷投下台」を艦尾付近に多く追加した値だと推定する。…この爆雷をスリップウエイまで持ち上げる揚弾機、実は故障が多く、それの予備としての意味もあったのだろう。

　辷り止めの向きが変わった区間、爆雷投下軌道を跨ぐように設置された衝立状の物体だが、これは「取外式波除」だ。文字通りの役目だが、「一輪」は艦尾の喫水線位置はそのまま上甲板の高さでもある。逆進を掛けようものなら艦尾付近は波で洗われることになる。故の設置だ。

　加えて軌道上の「滑卸台」に乗った「大発」をはじめとする装載艇らを、軌道に設けられた「眼環」で固定する仕組みなのだが、これが不意に外れてしまうと勝手に泛水する事故になるので、それをここで受け止める最終の安全柵でもある。

　当然、乗員さんが転倒、このスリップウエイを転げ海にドボンというのをこの衝立で受け止めるという安全柵の役目も帯びている。…一つ問題が有るのだが、この安全柵、装載艇らの泛水時どこに格納するのだろうか。結構な大きさだ。畳める構造になっているのだろうか。それとも装載艇が乗る「滑卸台」と均しく使い捨てなのだろうか。遺された「一輪」写真を見るとこの安全柵が付いた状態のが少ない。格納場所の面倒さで付けない場合が多かったのではないだろうかと思っている。

　スリップウエイの話が出たついでに「一輪」の第二の人生について述べておこう。

　敗戦を生きて迎えた幸運な「一輪」たちは、海外の同胞たちを日本本土へ連れ帰る復員作業に従事後、本来ならば戦勝国側に賠償艦として受け渡す運命であった。トコロがこのスリップウエイの有用性に気付いた関係者が、「一輪」を捕鯨船として使うことを提案、これが受け入れられ、同目的とするフネへと生まれ変わることになった。国民が皆餓えている状態で積極的に捕鯨をしようという流れの中で出た案だ。

　実際「一輪」・「第十九號」が捕鯨船として改造され使用された。改造箇所は不要となった高角砲や機銃の撤去…と、これは復員船時代に施されているが、スリップウエイ部に捕獲した鯨を揚げる為に索を巻き取る強力な電動ウインチの増設、細かく貼った辷り止めは鯨を削ることになるので剥ぎ取り、装載艇を運用した軌条も同じく撤去、代わりに索を巻き取りスリップウエイに乗った鯨が舷外に外れないよう、中央に来るようにガイドを両舷に設けた。

　これは余談だが、艦橋トップに装備された「二二號電探」は南氷洋に出航時、氷山探知に非常に役立ったとのことだ。これら装備を含め「一輪」は敗戦後も日本人の命を繋ぐフネになったのは…持って生まれた文字通り『宿命』なのだろう。捕鯨船となった「一輪」と我が国国民の餓えた胃袋を満たす為に捕えられた鯨たちに感謝を記したい。

【推進器部分】（78ページ）

「一輪」図説もいよいよ最後となった。78ページでは喫水線下、推進器部分を中心に述べようと思う。オープニングにて「丁型駆逐艦」の推進機関二軸を一軸減じ、それにより生じる空間を補給物資倉庫に充てるという案はたち消えとなったと述べた。その後、船体を改めて新設計するという段階を経た「一輪」も、推進軸は当初の予定どおり一軸のまま進めることとなった。何故、「丁型駆逐艦」が「一輪」母体に選定を検討されたかだが、冒頭述べたとおり抗堪性が高いフネだからだ。

　その抗堪性の根幹たる部分が推進軸数が二ということであり、その二軸の罐《かま》の配置を巧妙にずらすことにより被害を被っても片舷は生き延び、推進力を失わないという意味と配慮と結果だ。従って「丁型駆逐艦」を一軸推進ということにした段階でちっとも抗堪性の高いフネではなくなるということだ。

　事実、「一輪」の損耗率を見ると前述のとおりになっている。答えを知る令和の世で述べるとこの案を強行する必要性は半分ほどに減る。図面をある程度利用出来るという工作と工期短縮で世に出るのが早くなるという利点は十分に残るのではあるのだが、もし図面を引く工程を少しでも省略することを優先し「丁型駆逐艦」船体を流用するようなことになった場合、艦首甲板は狭いので搭載砲は聯装砲ではなくなり単装砲配置となるし、前見開き（76～77ページ）で述べたとおり、スリップウエイを設けるにあたり、艦尾部に配置されていた兵員室などは這ってしか出入りが出来ない空間となろう。新設計がやはり正解なのだなあ、と思う。個人的に「丁型駆逐艦」の単装高角砲は大好物なので、艦首に単装砲を据えた「一輪」は見たかったという強い欲求はあるのだが。

　筆者のうわ言はこれくらいにする。「一輪」には幾つもの謎がある。図で描いた推進器部もそうだ。シャフトボスを艦底に固定するブラッケットの数、また複数の場合はその角度は不明という形状的な謎、そしてペラの回転方向が前進面（図に描いた艦尾方向から艦首方向を見た方向）で反時計回りという、通常単軸艦艇らとは逆回転ペラを採用したとする通説だ。筆者は長らくこの通説を妄信し、この図を描いた。

　この逆回転ペラ採用の理由が判らない。二軸艦、もしくは四軸、さらに言うのであれば三軸艦建造を予定し、それがたち消えとなって作り貯めていた左舷用逆回転用ペラが余剰していたのを有効利用するという意味なのだろうか。繰り返すが全くその理由が判らない。

　順回転単ペラに慣れた艦長や船長が、本「一輪」に乗り、接岸時などは勝手が判らず大変に操艦を苦労した経験談が後世に残るから、確実に逆回転ペラの「一輪」は存在した。しかし、だ。この記事を作成しているときに手にした、兄島で戦没し今も浅瀬でバラバラになった「一等輸送艦・二號」のものとされる残骸の写真を目にすることが叶うのだが、これに含まれるペラを見ると…何と順方向たる前進面から見て時計回りペラを使っていた。本文中でも述べたが、これは工廠の差なのだろうか。全く不明だ。

「一輪」の艦尾は角張り、さながら大工道具、それもノミ刃先のようであり、この鋭利な艦尾角で相手のフネ舷側など擦ろうものなら缶切りで缶詰め開けたようなことになる。同じ「一輪」の筈なのにペラ回転が異なる。扱い辛いフネだったのかな?と思いつつ、筆者は過去、元海軍士官さんに「一輪」の話を訊い

【中部デリックポストと煙突部（図は中期型）】

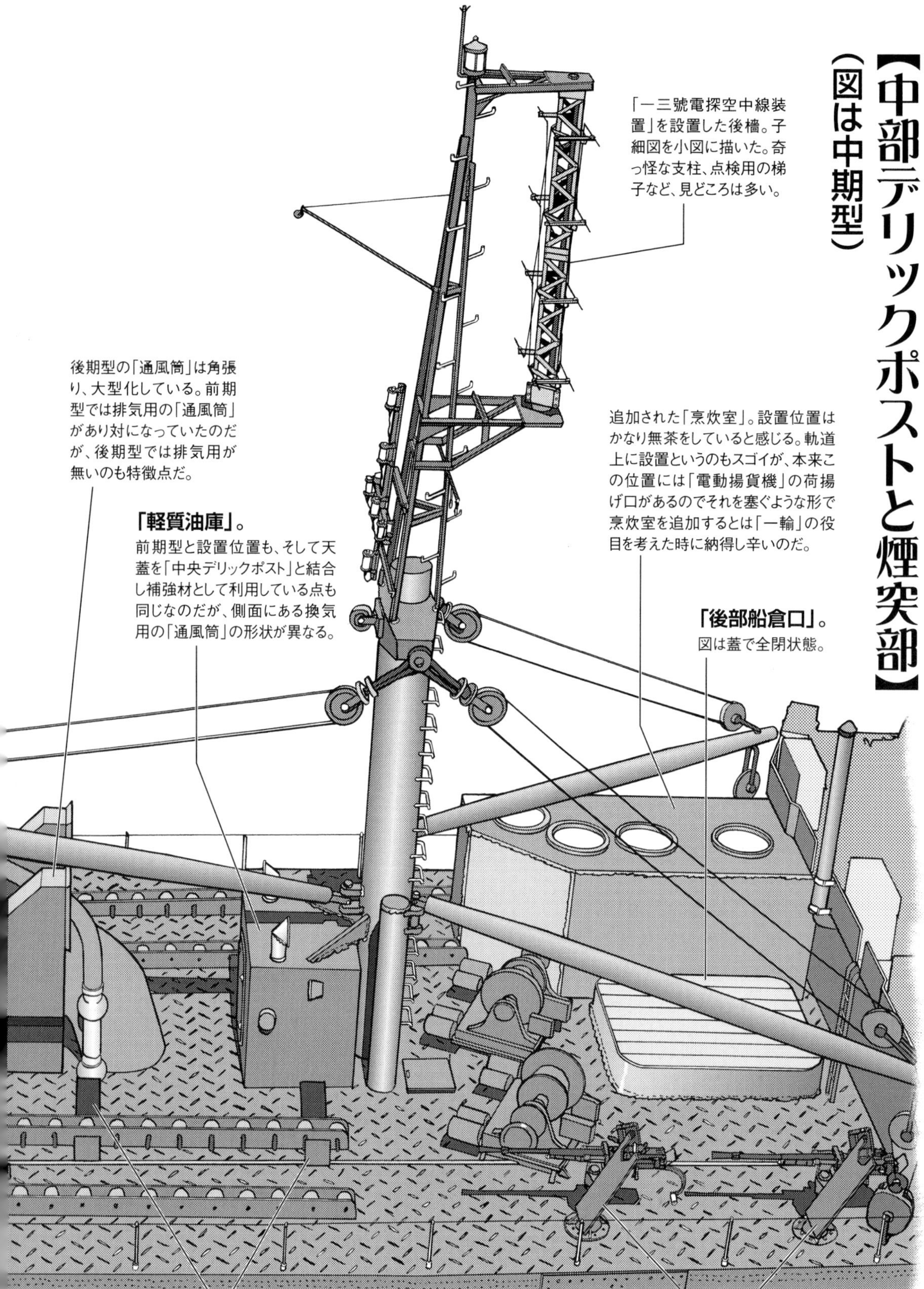
「一三號電探空中線装置」を設置した後檣。子細図を小図に描いた。奇っ怪な支柱、点検用の梯子など、見どころは多い。
後期型の「通風筒」は角張り、大型化している。前期型では排気用の「通風筒」があり対になっていたのだが、後期型では排気用が無いのも特徴点だ。
追加された「烹炊室」。設置位置はかなり無茶をしていると感じる。軌道上に設置というのもスゴイが、本来この位置には「電動揚貨機」の荷揚げ口があるのでそれを塞ぐような形で烹炊室を追加するとは「一輪」の役目を考えた時に納得し辛いのだ。
「軽質油庫」。
前期型と設置位置も、そして天蓋を「中央デリックポスト」と結合し補強材として利用している点も同じなのだが、側面にある換気用の「通風筒」の形状が異なる。
「後部船倉口」。
図は蓋で全閉状態。
救命用に「一輪」には「六米《メートル》カッター」が二艇装載される。左舷、「補給物資倉庫扉」付近にボートダビットが設置され、こちらはこれで泛水させるのだが、右舷のこの位置のはボートダビットが無いので頭上のデリックアームを使い泛水する。問題は艇架だ。軌条上に掛かる形で設置されている。この位置で運用に差し支えはなかったのだろうか。
「九六式二十五粍単装機銃」

後期型後櫓詳細図。

図右側が艦首方向。
長い「一三號電探空中線装置」をここに設置する為に、前期型後櫓の倍程になっている。設置場所が中央デリックポストの僅かな平板部分なので、三脚櫓を広く広げることが出来ず、水平材を多く追加するという非常に凝った形状になっている。殆どの構成材は等辺山形鋼だが、頂部垂直部だけは円管を使っているようだ。正直、この図を描いていて『大丈夫だろうか』と強く思ったのは、主柱垂直部に昔の電信柱でよく見かけた形状のステップを熔接している部分だ。体重を掛けたら根元からポキンと折れそうで、高度恐怖症の筆者は描きながら良い気持ちがしなかった。
「一三號電探空中線装置」の旋回は手動だ。回転ロッドで旋回させる構造だ。肝心の電探室だがこの中央デリックポスト根元上甲板下に「無線電話送信室」と併設している。

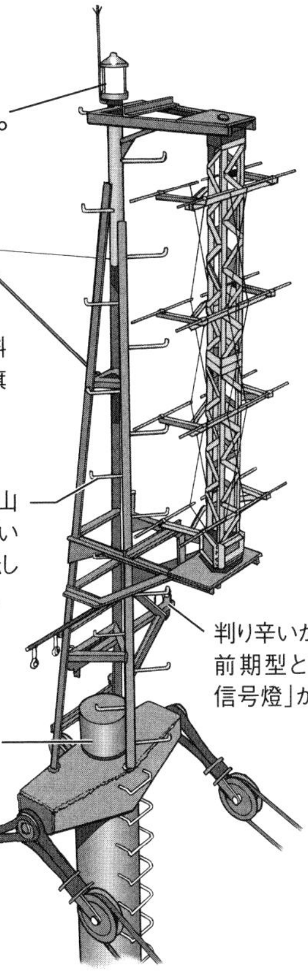

「点滅信号燈」。 避雷針付きだ。
この小竿は「揚旗斜桁」だ。ここに軍艦旗がはためくのだろう。
整備用のステップ。山形鋼に直接熔接しているので四十五度回転した方向になっている。
判り辛いが図背面には前期型と同じく「艦尾信号燈」が付く。
この「キノコ型通風筒」だが、電探室並無線電話送信室の換気用と推定。

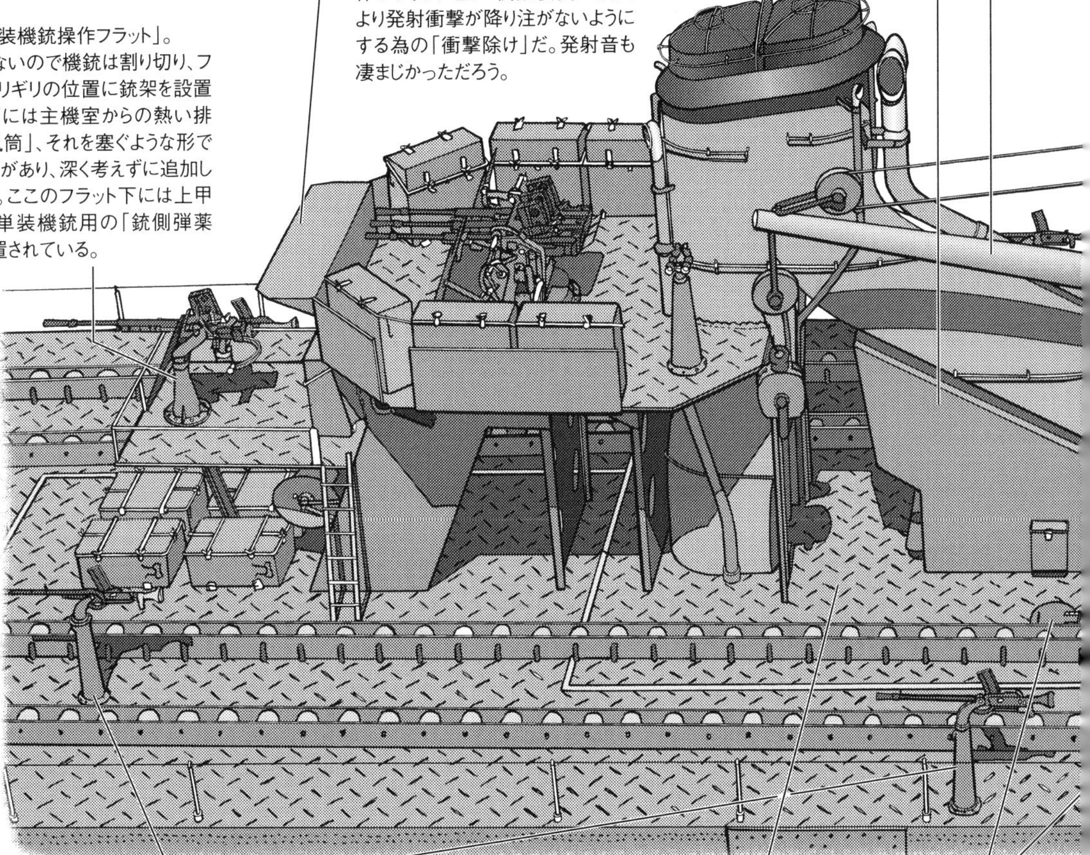

ここのデリックアームは煙突横の「通風筒」が大きくなった影響でかなり上にした状態で係止する。また先端の滑車は航行中振れて危険なのでデリックアームに巻き付けるような形で格納する。
煙突下に見事に収まる形状の排気用「通風筒」。
ここの「機銃操作フラット」は前後期同じだが、後期になって一箇所装備が追加された。この台だ。待機中、ここで機銃要員がお弁当を食べる机ではなく、一段下に追加された「九六式二十五粍単装機銃」操作フラットに立つ機銃要員に頭上より発射衝撃が降り注がないようにする為の「衝撃除け」だ。発射音も凄まじかっただろう。
追加された「単装機銃操作フラット」。真後ろに撃てないので機銃は割り切り、フラットの艦尾ギリギリの位置に銃架を設置している。背面には主機室からの熱い排気がある「通風筒」、それを塞ぐような形で「銃側弾薬筐」があり、深く考えずに追加した感が満載だ。ここのフラット下には上甲板に設置した単装機銃用の「銃側弾薬筐」が四箱設置されている。
左舷側軌道
右舷側軌道
「九三式十三粍単装機銃」。 軌間内に設置するのは必ず銃架ごと取外す宿命があるのだが…何処に格納しておくのか不明だ。
ここの上甲板部はそっくり取外しが出来る構造のようなのだ。建造時の主機設置時、また主機の換装時、修理時に役立つだろう。
「一輪」上甲板には図のようなハッチが各所に存在する。

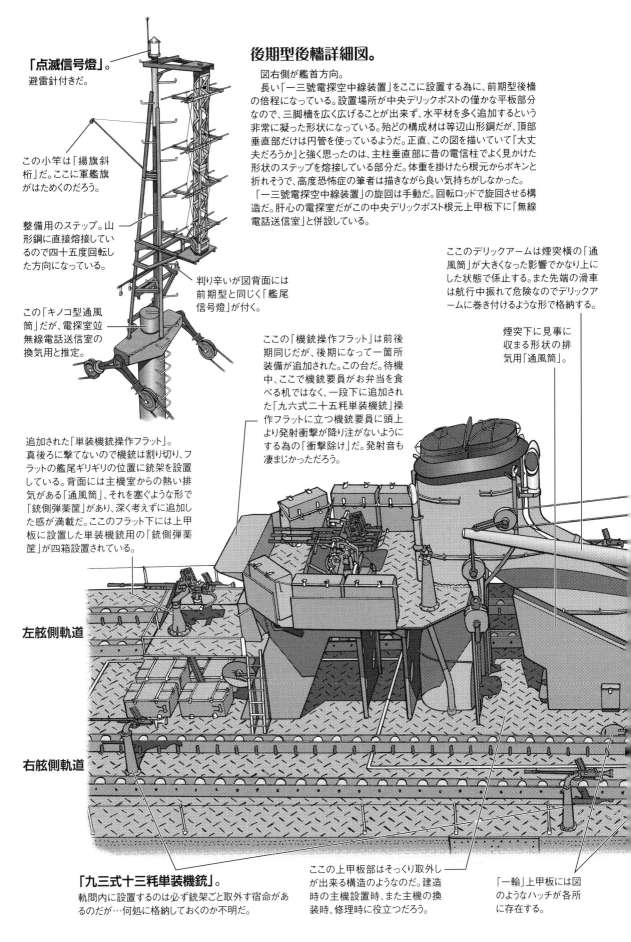

「丁型甲標的」。

全長二十六メートルを超える物体でも余裕ある軌道に感じる。「甲標的」を「一輪」に載せるときは専用の「滑卸台」を用いる。この「滑卸台」、訓練時は潜水夫を使って海底より引揚げているが実戦では使い捨てとなる。恐らく「大発」用のでも同じ扱いだろう。「甲標的」はとても予備浮力が小さい乗り物だ。図のように「滑卸台」に完全固縛した状態で泛水させてしまうと「甲標的」はおそらく水没する。泛水前には必ず「滑卸台」との固縛を取る事。

ここに突然「通風筒」がある。「通風筒」の背面、艦首側にはもう一つ煙突が付いた小さい上部構造物がある。

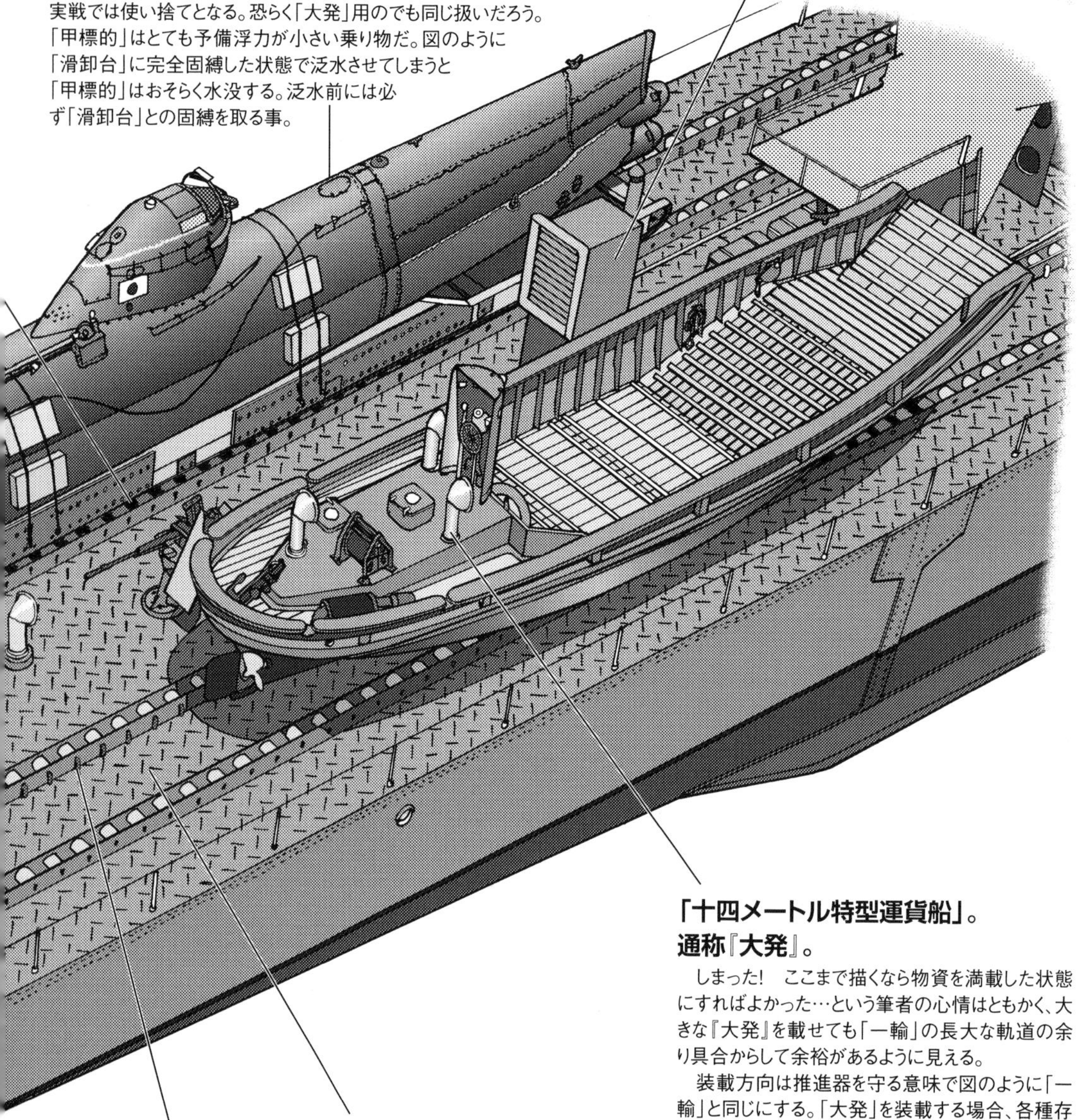

「十四メートル特型運貨船」。
通称『大発』。

しまった！　ここまで描くなら物資を満載した状態にすればよかった…という筆者の心情はともかく、大きな『大発』を載せても「一輪」の長大な軌道の余り具合からして余裕があるように見える。

装載方向は推進器を守る意味で図のように「一輪」と同じにする。「大発」を装載する場合、各種存在する「大発」の船底に合わせた「滑卸台」上に「大発」を載せる。…悔しいがこれの形状が不明なのだ。故に俯瞰図でしか描けないのが悔しい。

この辷り止めが十字になっている区域は傾斜角一・三度程だ。辷り止めの向きが変わる区域は円弧となり、一気に上甲板面は喫水線に向う。

図では心が折れて描けなかったが、軌条には『コロ』と等間隔で「眼環」が熔接してあり、これにターンバックルを付けた索を引掛けることにより、搭載物がこの軌道上を勝手に動かないように固定する工夫がされている。

【後部甲板部】

軌道は左右で長さが異なると前述した。左舷の方が長いのだ。

詳しき資料がないので明確な数字は不明なのだが、軌間は一五〇〇ミリ程、軌条幅は概ね二七〇ミリほどだ。意外に軌条幅が広いように感じるが、何しろ数トンもの物体を載せるし、ここに載せた物体が容易く移動出来るようにコロが入っている。このコロの大きさも不明だが直径は概ね二〇〇ミリ程の太いものだ。これが図で描いたとおり物凄い数が入っている。

「艦尾燈」。

本来の艦艇ならば文字通りこれは艦尾ギリギリに設置するのが倣いだが、「一輸」の其の位置は盛大に波を被るので「艦尾燈」を破壊亡失する恐れがある。そのため図の位置という訳だ。夜間停泊中時に小舟が接近するときに「一輸」艦尾に乗り上げるような事故は起きなかったのだろうか。チト心配になる。

軌道はフネの中心線と平行し設置されている…と思いがちだが、実際は一度ほどの一見判らないような角度が付けられ、スリップウエイ末端の艦尾側に到るにつれ左右舷の軌道距離が狭まる。面倒だからこんな細かい角度付けは止めてしまえばよいのにと心底思う。

「舵頭覆」。

「爆雷投下軌道」。

駆逐艦のように二条あるというものではない。代わりに携行雷数が多いということなのだろう。

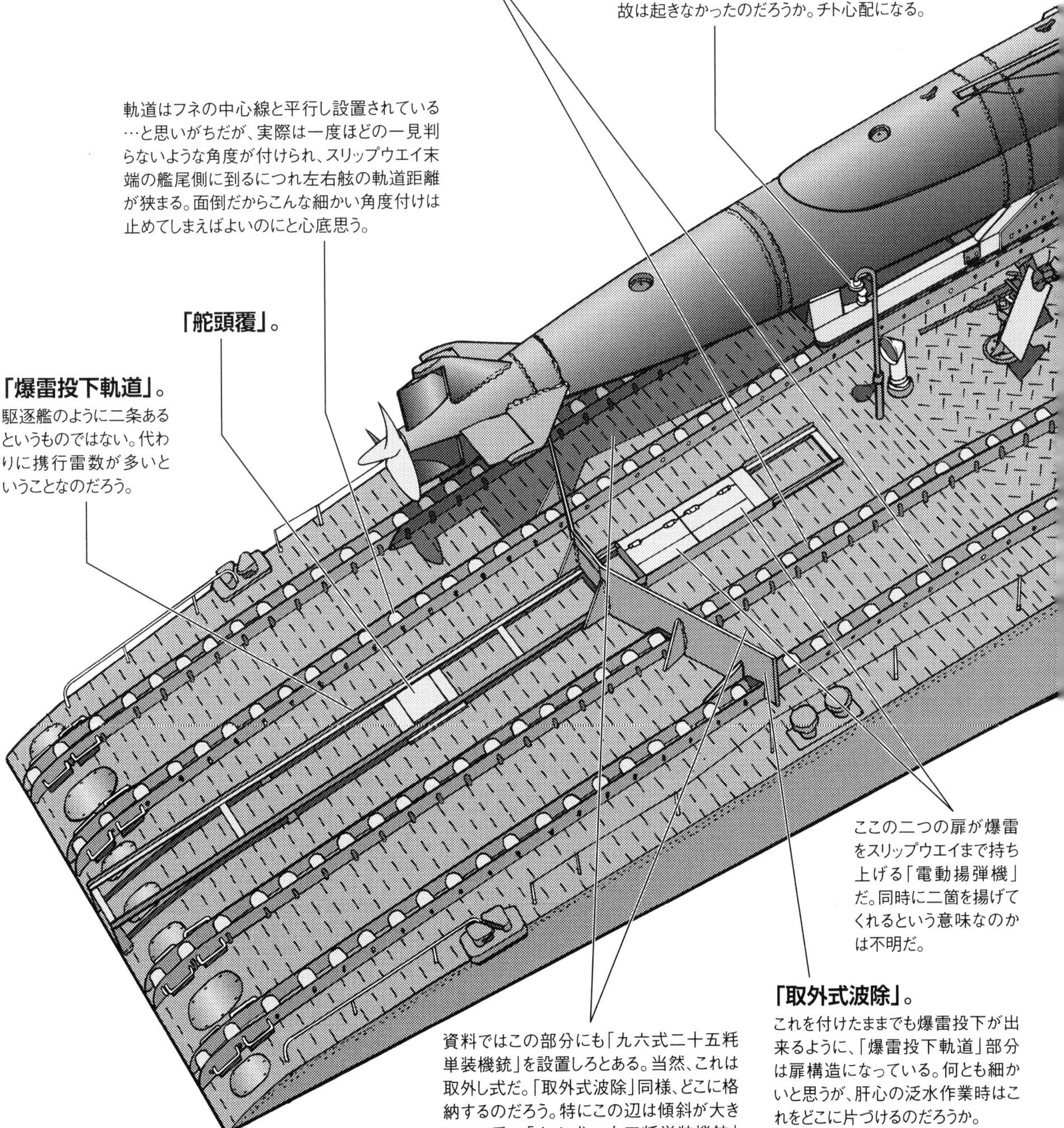

ここの二つの扉が爆雷をスリップウエイまで持ち上げる「電動揚弾機」だ。同時に二箇を揚げてくれるという意味なのかは不明だ。

「取外式波除」。

これを付けたままでも爆雷投下が出来るように、「爆雷投下軌道」部分は扉構造になっている。何とも細かいと思うが、肝心の泛水作業時はこれをどこに片づけるのだろうか。

資料ではこの部分にも「九六式二十五粍単装機銃」を設置しろとある。当然、これは取外し式だ。「取外式波除」同様、どこに格納するのだろう。特にこの辺は傾斜が大きいので重い「九六式二十五粍単装機銃」の設置取外しは非常に危険だと思う。

たことがあった。元海軍士官さんは大浦崎に展開のP基地所属だったので「甲標的」運搬に「一輸」はお世話になったことだろう。自説を曲げない清々しいほどに頑固な人だったが、「一輸」に対し目を細め『あれは非常に良いフネだったね』と述べていたのが今も耳に残っている。それは輸送艦としての意味なのだろうか、それともフネとしての意味なのだろうか。鬼籍に入られてしまった今となっては確かめようがないのだが。

高速・強力で高い輸送能力を持っていた「一輸」。故に酷使され多くが戦没した。二十一ハイ中大戦を生き残った「一輸」は僅かに六ハイ。生存率は三割を下回る。それだけ過酷な戦いだった証だろうし、それだけ相手が凄かったというハナシだろう。軸数が仮に二軸になっていたとして…この値が劇的に変化したのだろうか。判らない。

判っていることとして戦艦などが持つ華やかさは「一輸」には無い。しかし自らの行動は直接命にかかわるフネだ。助かる命、生き長らえる命を左右させるフネが「一輸」だ。故に「一輸」も身を削って挺身した。艦長も若い大尉が充てられ故に経験も少なく、初出撃がそのまま最後の輸送になってしまった航海も多かっただろう。彼ら若き血潮で責任感の強い「一輸」乗員らに本図説を捧げたい。

【一等輸送艦の子細図】《了》

【推進器部分】

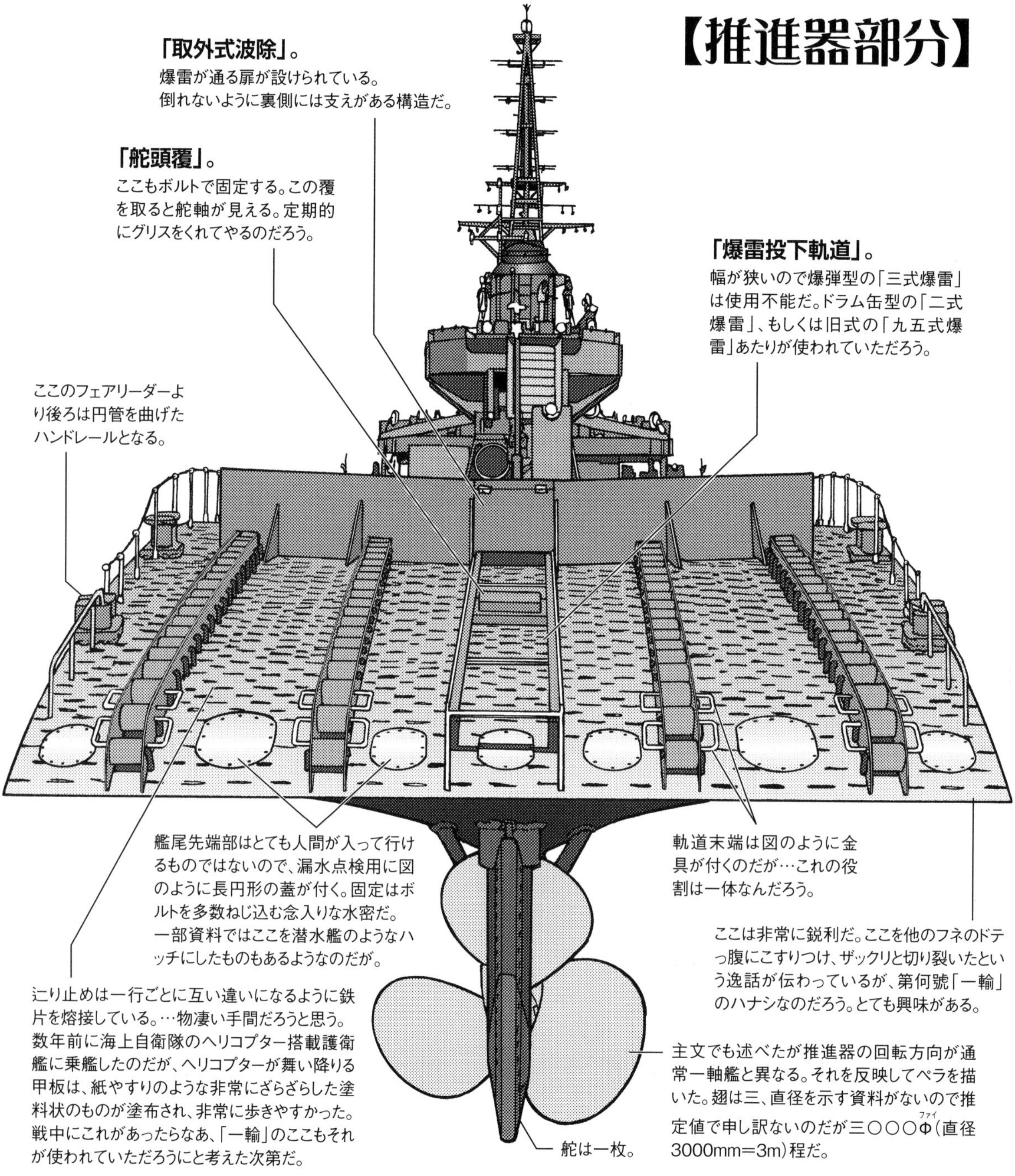

「取外式波除」。
爆雷が通る扉が設けられている。
倒れないように裏側には支えがある構造だ。
「舵頭覆」。
ここもボルトで固定する。この覆を取ると舵軸が見える。定期的にグリスをくれてやるのだろう。
「爆雷投下軌道」。
幅が狭いので爆弾型の「三式爆雷」は使用不能だ。ドラム缶型の「二式爆雷」、もしくは旧式の「九五式爆雷」あたりが使われていただろう。
ここのフェアリーダーより後ろは円管を曲げたハンドレールとなる。
艦尾先端部はとても人間が入って行けるものではないので、漏水点検用に図のように長円形の蓋が付く。固定はボルトを多数ねじ込む念入りな水密だ。一部資料ではここを潜水艦のようなハッチにしたものもあるようなのだが。
軌道末端は図のように金具が付くのだが…これの役割は一体なんだろう。
ここは非常に鋭利だ。ここを他のフネのドテっ腹にこすりつけ、ザックリと切り裂いたという逸話が伝わっているが、第何號「一輸」のハナシなのだろう。とても興味がある。
辷り止めは一行ごとに互い違いになるように鉄片を熔接している。…物凄い手間だろうと思う。数年前に海上自衛隊のヘリコプター搭載護衛艦に乗艦したのだが、ヘリコプターが舞い降りる甲板は、紙やすりのような非常にざらざらした塗料状のものが塗布され、非常に歩きやすかった。戦中にこれがあったらなあ、「一輸」のここもそれが使われていただろうにと考えた次第だ。
主文でも述べたが推進器の回転方向が通常一軸艦と異なる。それを反映してペラを描いた。翅は三、直径を示す資料がないので推定値で申し訳ないのだが三〇〇〇Φ《ファイ》(直径3000mm=3m)程だ。
舵は一枚。

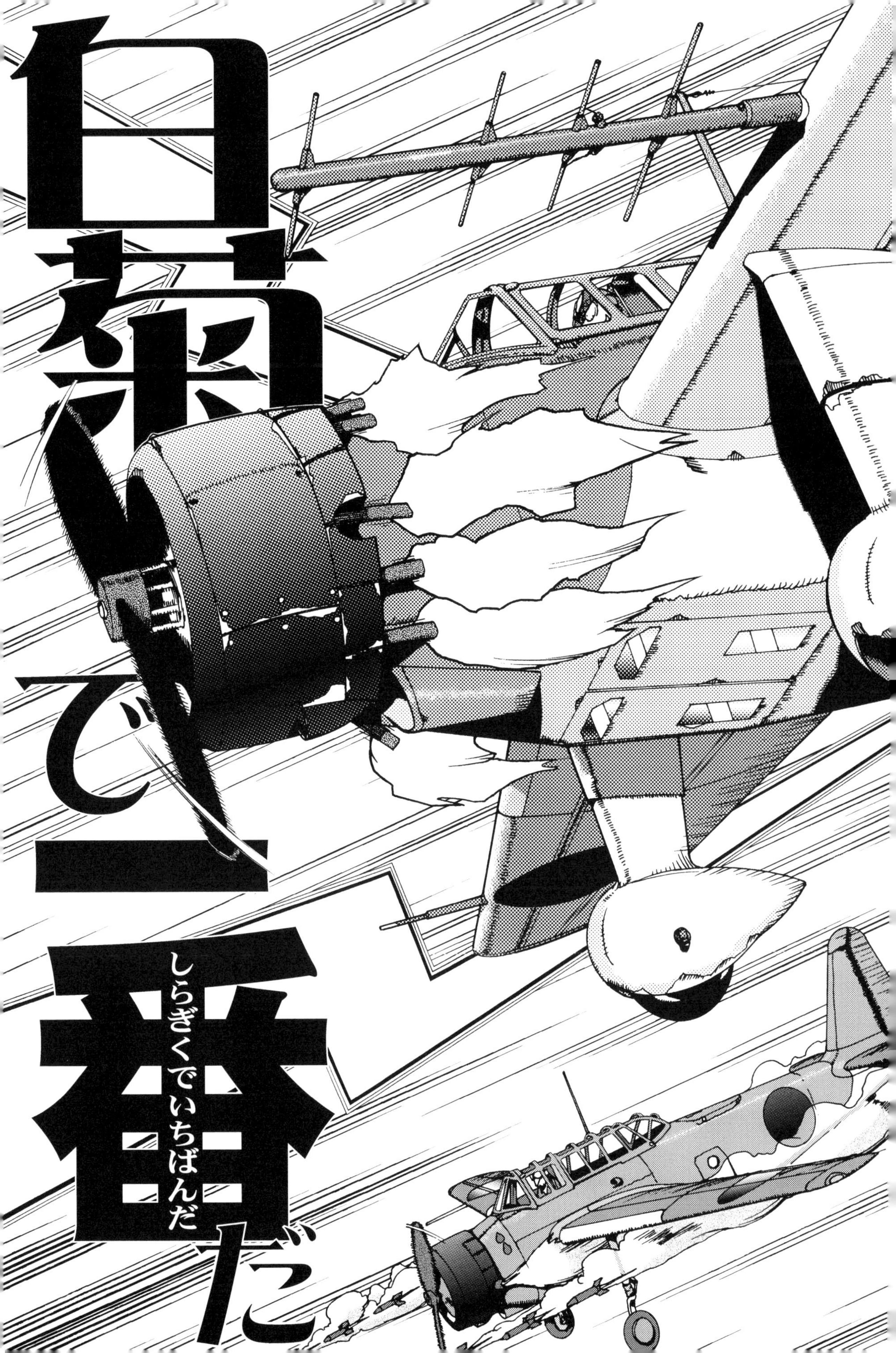

白菊で一番だ
しらぎくでいちばんだ

メイキング
【白菊で一番だ】
おいッ!?
何だ、コレはッ!?
…
ふぉッお!!
大ダイバー 特集 フロッグマン
男の潜水
伏龍99のナゾ
立ち読みに耽っている時に目に入ったッ
その時は心臓が止まるかと思ったぞッ
ご覧の通り初の単行本【末期の水物兵器集】です。多分、最初で最後の単行本ですので見逃してください。
ペコリ
サブ兄さん、今まで黙っていてご免なさい
…そうか
これで望み通り、名実ともに最初で最後の単行本になったなッ
プスッ
はい、手向けの白菊
どくどく

機上対艦用電探に…
速度向上を目論む推力型採用の単排気管
翼下の二八号弾…
これで「白菊」は生まれ変わった
もう「白菊」とは呼ばせない
…大戦末期本土某所…
誰がどう見ても「白菊」ですよ
白菊辛戦《しらぎくしんせん》
…季節は春。田村、俺はこの生まれ変った「K一一W二一Q」を
「春菊」と名付けたい
銅山司令。もっと強そうな名前にしたらどうですか

電探装備型の「K二一W二一IQb」が目鼻の利く『猟犬』となり、
二八号弾搭載の「K二一W二一IQa」が『猟師』となって…
…あの、銅山司令、お話しの途中にスミマセンがこんな道端に駐機して大丈夫なんですかね
…田村、今は敵機よりも敵潜水艦が焦眉の問題だ
不時着場の道路だ。我慢せい
これら『猟犬』と『猟師』がペアとなって跳梁跋扈する敵潜を狩る
オーイ!ココだ!!
ホイッ来た!!
米潜
人事部にこのハナシをしたら基地の掩体壕が出来るまで待てと来た
まだ居やがる
そんな時間は無い。俺は連日の通い込みでやっと機材をもらえた
…使用する機材も当初は九三中練でいいだろうと言われたが
これまた俺の必死の説得で「白菊」になった

しかし必死の説得の結果が「白菊」とは…
せめて「天山」くらいは
田村。潜水艦より速い航空機でイロイロ搭載出来る「白菊」が一番だ
お願いばかりでは上も納得はしない。田村、これを見ろ。お前にも関係あることだ
これは…
成績表だ
敵潜を一隻沈めたらその都度人事部からご褒美が出るという条件をも
フ〜ッ
これまた俺の必死の懇願で確約を得た
は、はい？
しかし、二カ月で五隻撃沈出来ない場合、我が隊は我が隊は解隊のお取りつぶし、機材はお召し上げ
60
その上、田村。ここからが重要だ
約束の期日までに達成出来ない場合
全責任をお前が被るのだ、田村
るぅッ!?

…いつの世も中間管理職が詰め腹を切るのが我が国の伝統だ
それも司令の仕事ではないのですか？
でも安心しろ、田村
俺が人事部から飛び切り良い人材を貰い受けて来た
居合の達人だ
これで苦しまずに、な
イアッア！
…
…で、
私は何をすれば…？
コレだ
スッ
？ペンキ？
「白菊」は元々固定武装がないので照準器も無い
だから照準環をそのペンキで遮風板に直接描き込め
なんで私が？
郷では画家を目指していたのだろう

まず一隻沈めるんだ。そうすれば照準器を初めとする装備がドンドンと貰える
宿舎とか
照準器とか
チナミにお前が乗る『猟犬』も電探は空中線だけだ
あーッ、機内はカラッポだ
じゃ、さっさと描け
はい、まかせてください
さーて、
この私の一筆が隊の行く末を占う試金石なんだな
田村
…よし出来た
お〜い、戸内。具合を見てくれ
…
田村機長
ゴクリ

…酔ってますか
…ヤニぎれだ
ふ～、これで充電完了
これで画家、田村の復活だ
これでどうだ?
…上過ぎます
これならどうだ?
…左過ぎます
おかしい。この私が…そうか
戸内、お前が不用意に動くからだ
んッ
んッ
これでいいだろう

…出来た
…会心の出来だ
あ、銅山司令
出来まし…
田村

ぎゃふ!?
ガバッ
司令!?
いきなり何を
あー、この基地は汚れているなあ
大ーきいゴミがあるぞ
痛ッ!? 痛い!!
何をするんですか
ザッザッ
田村。環状を描くのに何時間使っているんだ。もう夕方だぞ。貴重な一日をどうするんだ
るぶッ!?

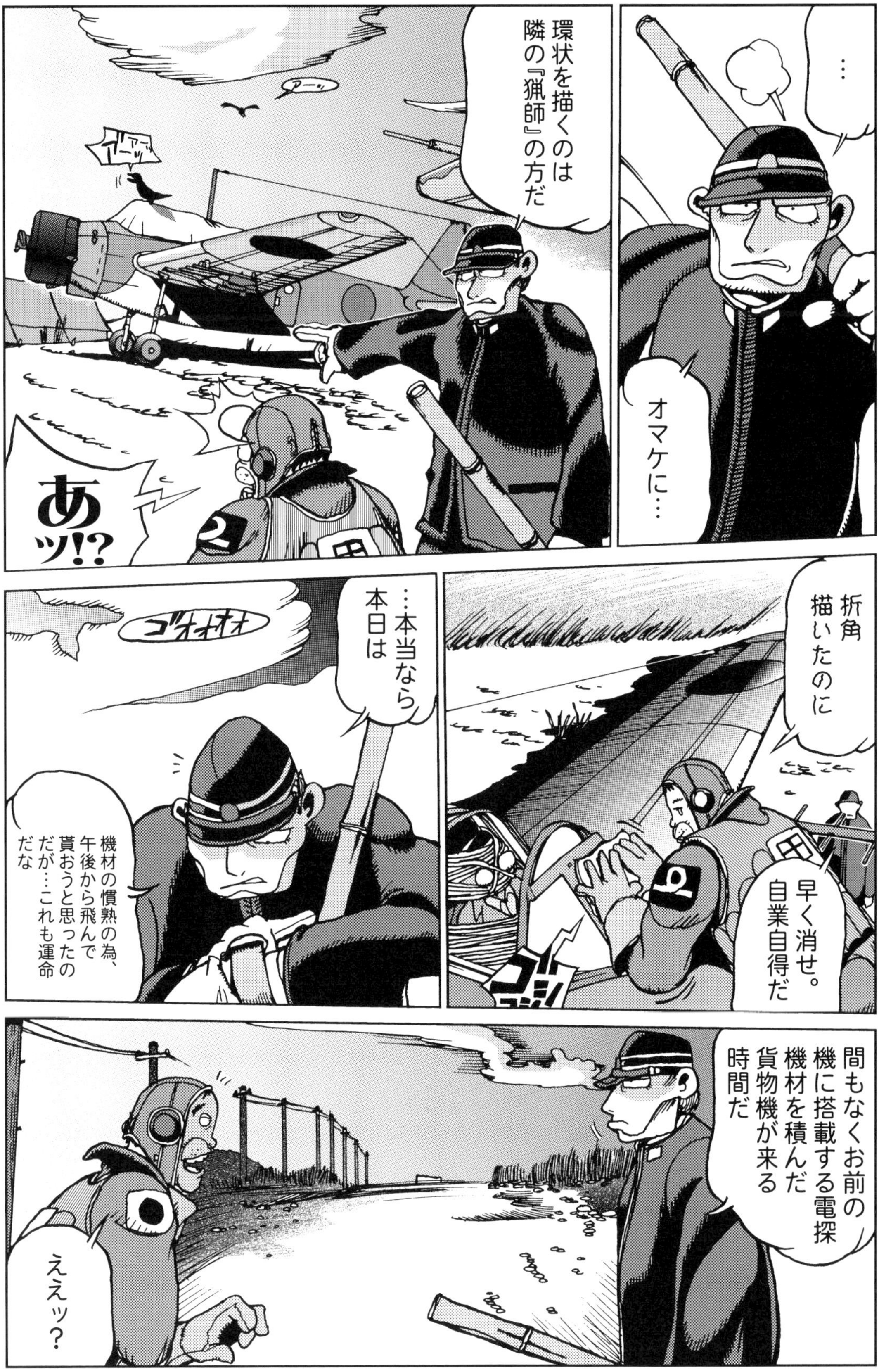
…
オマケに…
環状を描くのは隣の『猟師』の方だ
あッ!?
折角描いたのに
早く消せ。自業自得だ
…本当なら本日は
機材の慣熟の為、午後から飛んで貰おうと思ったのだが…これも運命だな
間もなくお前の機に搭載する電探機材を積んだ貨物機が来る時間だ
ええッ?

ドドドオォオ
で、でもそれは戦果の報酬では
タバコイイですか
禁煙しろバカ
前借りだ、ま・え・が・り
お、
来たようだな
…米軍機が
あ!?
ふッ
戸内ッ

…翌日…
…何よりもまず掩体壕ですな
順番の問題だ
田村、これを見ろ
これだけは焼け残ったのですな
…良く見ろ、田村
…先の成績表ですね
…田村。…もっと下だ
るウ!?
4
3
2
1
あッ!?
ふ、増えてる、債務が
我が隊はマイナスからのスタートとなったぞ
-1
-2

俺も無能ではない。これら債務を解消する為に飛びッきり良い機材を貰い受けて来た
田村、来い。説明する
タバコ、ああ勿体ない
…機上対艦用電探に
少しでも推力を得るための単排気管
…翼下の二八号弾
これで九三中練は生まれ変わった
もう、誰にも九三中練とは呼ばせない
導波管
この際、潜水艦より速い航空機でイロイロ搭載出来れば何でもいいだろう
誰がどう見ても九三中練ですよ
しかも一機。

【白菊辛戦】《終》

白菊詳報《しらぎくしょうほう》

…イキナリでナンだが「白菊」って一体ナニモノなんだろう。この問いに戦中の我がカイグンは…

『本機八天風《あまかぜ》発動機二一型ヲ装備セル中翼単葉一本脚車輪式機上作業練習機ナリ。射撃爆撃通信航法ノ各状態ニヨリ夫々兵装装備品を換装シ機上作業ノ訓練ニ適応スル如クセリ』

…と簡潔に述べてくれている。

筆者は「白菊」をここまで見事に、そして簡潔に述べた文章を他に知らない。一方、戦後の筆者を初めとする、「白菊」を写真や図面、もしくは名前だけしか知らないニンゲン達による、この機体への弁はどうだろうか。『「白菊」？機上作業練習機？。…ああ、赤トンボと言われているヤツね』

…と、「九三式中間練習機」と完全に勘違いしている方もいたりして、世間の「白菊」は知名度及び関心度トモドモ驚くほど低い。…いや、ゼロに近いと言える。翻って戦中に目を移してみる。国の全面的で扇情的な宣伝も相まって戦闘機乗りに憧れて志願し、サマザマなシゴキの末に教官・教員が同乗する「九三式中間練習機」で生涯初の空に舞い上がった、その一連の行為を記す文章には大同小異、異口同音、震えるような感動や喜びが読み取れる。しかし、同じ訓練機の「白菊」に乗って感動を得たや、それ以前に「白菊」に搭乗したという記述すら無い。冷静に考えてみれば「九三式中間練習機」は自ら操縦を学ぶ機。対する「白菊」は操縦以外の事を学ぶ機で偵察員養成機だ。学校で散々扱った地上シミュレーターと同じと言ってしまうと怒られてしまいそうだが自らの意思に関係なく勝手に動くモノに載せられての訓練だから当然といえば当然かも知れない。極端なハナシ、「九三式中間練習機」はドライバーになるための自動車教習に対し、「白菊」はバスに乗り、揺れる車内で数学のお勉強をする…というモノに近いかもしれない。

ボイコーや電信機、計算尺などは『やったなあ。オレはアレ、巧かった／下手だった』という感想はあれど、「白菊」に『乗った／乗らない』に関しては手記に記す程の感動はなかったのかも知れない。…うう、何と悲しい航空機なのだろう「白菊」は。

…「練習機」としての記述は本当にお寒い限りだが、それ以外の用途ではそれこそ時折、思い出したように、しかも航空機関係者とは全く無縁の戦中手記に登場する。『バスのように立って乗った』や『移動の際、隊のマスコットだったワンコと一緒に乗った』等々…ニワカに信じがたいが思わず微笑みたくなるような記述がある。蛇足ながら筆者がナマに耳にした情報といえば大戦末期に独自戦法を採った芙蓉部隊で岩川秘密基地の航空写真をこの「白菊」で撮影するにあたって、日ごろの鬱憤を晴らすかのように、また機嫌が悪かったのだろうか無茶な機動をされ胴体内の柱に必死にしがみついた…と、まあ、こんなトコロだ。

…再び戦後の「白菊」にハナシを戻すが、市販されている資料について云えば恐ろしいことに塗装図すら無い。三面図があれば上々だ。これがやっと。筆者はプラモデルのタグイは全く造らないし買いもしないのだが、国内のメーカーは「白菊」に関しては全くの無反応で当然、キットは無い。唯一、名前も知らないような外国のメーカーが製造・販売をしていたらしいが今ではそれすらも姿を消したそうである。当然それらは手作りの香りがするガレージキットだったそうだ（蓮風くん、情報アリガト）。…悲しい、悲し過ぎるではないか！ 同じ航空機でも一機程度しか造られなかったのに石炭をスコップでくべるような分量の各種資料が世間に溢れ、オマケに『量産後、部隊配属になればこんな塗装になるよ〜』という扱いの「震電」とは大違いだ。…「震電」と「白菊」は「九州飛行機」という同じ会社が生み出した工業製品と云うのに！だ。その「白菊」の怒りだろうか「震電」の二枚ある垂直安定板下に急遽、備え付けられた小型車輪は「白菊」のものだ。…筆者ゴトで恐縮だが、数年前の筆者なら、この「白菊」という機体は間違いなく大嫌いな航空機のヒトツだった。しかし、それは今考えて見ると木を見て森を見ないような行為で一言でいうなら『ケツが青く、嘴が黄色かった』に違いない。

「白菊」は機上作業訓練機だと何度も前述した。その教科は通信が大きく占める。当然、通信機は充実しているだろうと思ったのだが外観だけみると零戦と変わりなく固定風防から真上に伸びる「空中線支柱」が一本あるだけ…と少々、肩透かしを喰らったような気分だが、念入りに調べて行くと主翼と水平安定板とを空中線で結び、上から見ると「W」字の空中線展張になっている。このような手段は「九七式艦上攻撃機」と「零式観測機」で見た程度で他に例のない特殊な手段であると思う。「白菊」は操縦員以外に教官もしくは教員一人に訓練搭乗員を三名収容出来る。通信機も当然、訓練生人数分搭載してあるだろうと思っていたが、残念ながらそうではなく送信機と受信機一セットのみ（これは一一型。ノチにもう一セット加えこれを二一型とした）。教官や教員が薄暗い胴体内で鬼のように腕組みをして座り、その横であどけさの残る訓練生が通信機前の小さな座席に身を置き緊張で震えるような手つきでギコチなく電鍵を操り、しくじる度に容赦ない鉄拳を見舞われている間、他の見学訓練生達は『次はオレの番だ…』と青くなっている姿が目に浮かぶようだ。…

以上は胴体内のハナシだ。では「白菊」の操縦員はどうだったのだろう。主賓は何と言っても胴体内の四名だ。「白菊」は急降下も連続超低空飛行するワケでもなく、タダ飛ぶ。イチワルな操縦員はワザと揺らして『こーゆー状態でもなあ、間違いなく偵察通信任務を全うしてこそッ搭乗員だッ！』とウサを晴らすことはあっても殆どがゆったりと決められた時間を飛ばすのが御仕事だ。機上時間を稼ぐにはもってこいかもしれないが、それが毎日続くと前述の通り無茶をやってみたくなるのは人情…と考えるだけでナカナカ愉快な機体ではないか。「機上作業練習機」と銘打ってはいるが全科目即時対応ではない。上空で『あ〜、今日は通信が飽きたから爆撃でもやろうか』という科目変更は出来ない。必要のない装備は降ろして飛ぶからだ。もっと云うなら「射撃」は大変だ（この場合の「射撃」とは旋回銃射撃だ。操縦員の行う固定銃発射ではない）。後部胴体上面に設置された小窓が四つある「銃架取

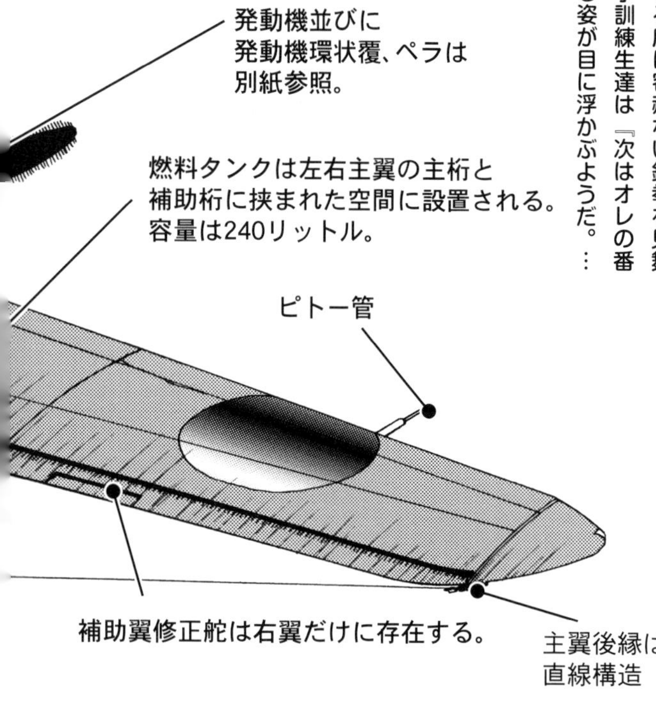

発動機並びに
発動機環状覆、ペラは
別紙参照。
燃料タンクは左右主翼の主桁と
補助桁に挟まれた空間に設置される。
容量は240リットル。
ピトー管
補助翼修正舵は右翼だけに存在する。
主翼後縁は
直線構造

機上作業練習機「白菊」全体図

付口」だが、筆者は今回の記事作成まで摺動《しゅうどう》扉構造で飛行中も自由に開閉出来るものだとばかり思っていたが残念ながらそうではなく、四隅をボルトでしっかりとカシメる構造と知り少なからず驚いている。言わば蓋だ。射撃訓練時はこの蓋を地上で取り外さないとイケないという面倒が待っている。

胴体のハナシが出たついでに胴体の断面形状を述べるが正直スゴイ形をしている。頭頂部だけは体育館の屋根のようなこんもりとした弧を持っているが他の底面も側壁面も垂直・水平構造。ここまで見事な箱形断面胴体はカイグン機に限って述べればどうやっても好きになれない「九〇式機上作業訓練機」と、とうとう飛べなかった「電光」くらいだ。余談ながら「九〇式機上作業訓練機」のそれは絶句するほど箱形をしている。まるで「二等輸送艦」のようだ。それでは次ページより「白菊」の細部を述べたい。

「白菊」固定空中線展張図

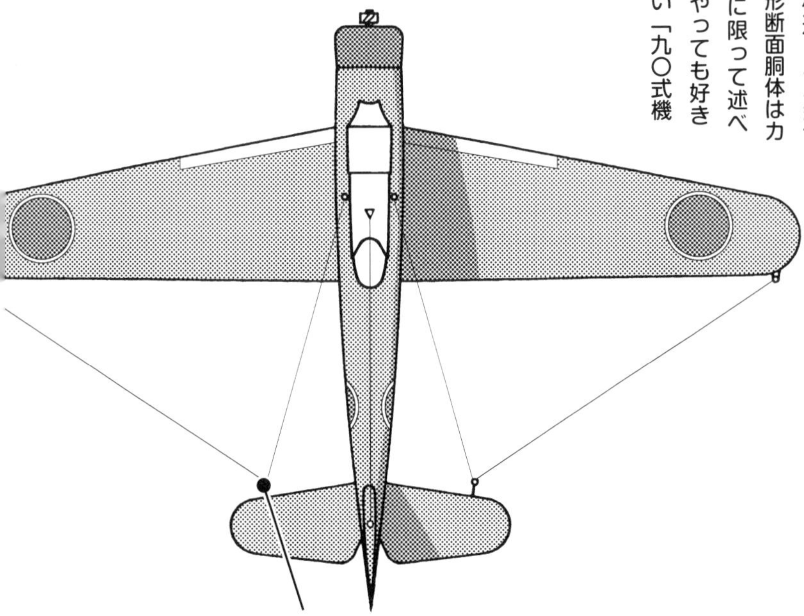
実機はもっと外側に取付具がある。

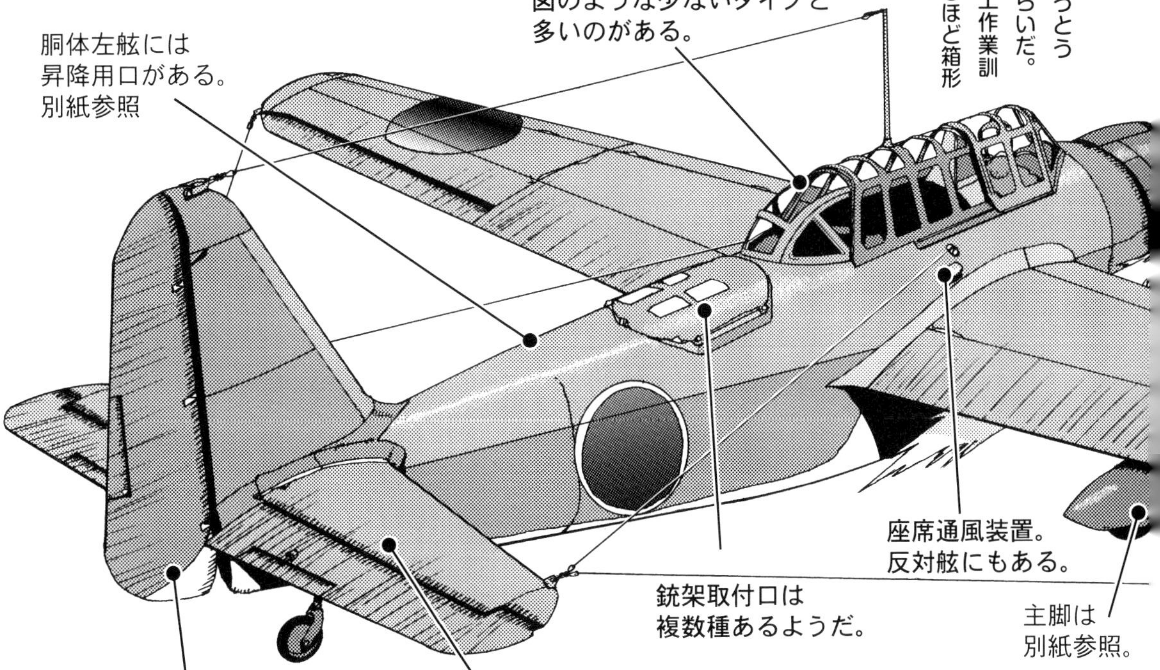
後部可動風防の枠の数は図のような少ないタイプと多いのがある。
胴体左舷には昇降用口がある。別紙参照
座席通風装置。反対舷にもある。
銃架取付口は複数種あるようだ。
主脚は別紙参照。
方向舵と垂直安定板はエンジントルク吸収の為、左に1度捻ってセットされている。
実機はこのあたりに水平安定板点検口がある。

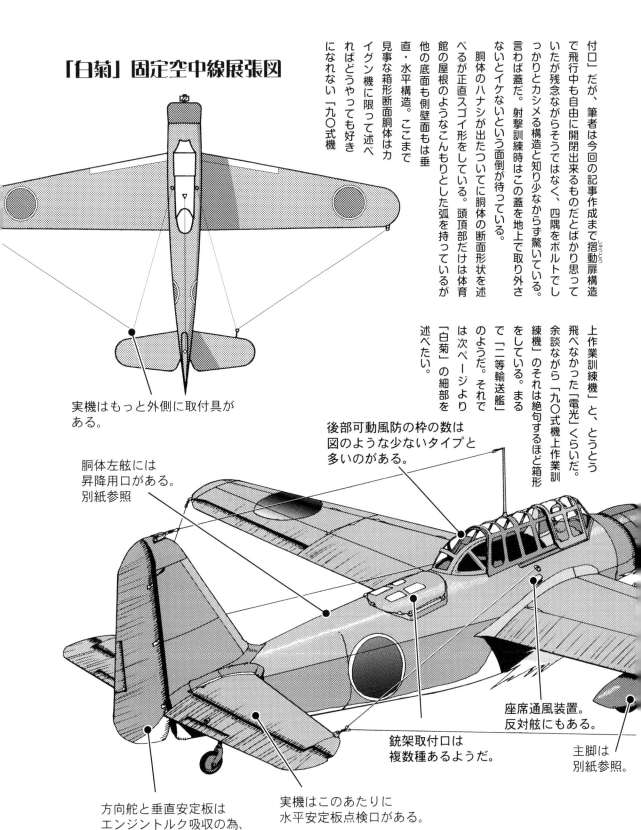

「白菊」の「発動機環状覆」（タウネンドリング）は、上下に完全分離し「発動機環状覆」をターンバックルの「緊締装置」で締めつけるカタチで固定、その穴を楕円形の金属片で蓋をする…と云う「零戦」等で見慣れたいつもの方法ではなく、上部にヒンジが付き、左右対称で上にハネ上がる方式である。「発動機環状覆」が下がって来ないようにつっかえ棒のステーまで付くという、中々凝った造りになっているが下部は、そっくり取り外す見慣れた方法だ。この「発動機環状覆」に文字通り覆われている発動機についてだがこれは「天風二一型」と呼ばれるものである。ここではそれには触れない。別ページにコーナーを設けたのでそちらを見て欲しい。

…さて、その発動機の始動方法であるが現在の自動車や単車のようにキーを捻ってスターターモウタアで始動一発という便利かつ軽便な方法ではなく、エクリプス慣性起動器の、クランク棒を機体の右側に突っ込んで必死に廻すオナジミの方法である。このクランク棒、詳しき寸法が無く全く申し訳ないのだが我々が考えているモノよりも大きいシロモノのようだ。図で示した通り、どうやら少なくとも三つ以上に分解出来る構造になっている。

さて、その格納場所については、基地にある倉庫等の某所ということも当然あるが、特筆すべき点として何と本機「白菊」操縦席右側に格納せよとある。筆者はこの一文に少なからず衝撃を受けた。このような、飛ぶ前にのみ使用する機材を、言い換えれば空中では使用しない機材を航空機に搭載するという行為はありえないと思っていたからだ。これで基地施設のないような道路や不時着場に舞い降りてもヘッチャラだ。

さて、次はペラである。正式名称は「木製二翅固定節」と呼称される可変ピッチ機能が無い固定ピッチ方式、直径二七一〇ミリ、木製二枚ペラである。回転方向は前進面から見て時計回り。これはペラとしては相当にポピュラーなシロモノ。そのテの博物館には必ずあると錯覚するような、海軍お偉方が達筆なる揮毫《きごう》を施して献金の御礼に贈答するモノに使われたりしている。余談ながらこの揮毫を施したペラはワザワザこの為に用意したものではなく、訓練生がヘタしてつんのめったり引っ掛けたりして割ったペラの二次的使用でリサイクル品だ。木製ペラが巻き上げた小石や雨や雹《ひょう》などで摩耗しないように「金張り」が打ち付けてある。

【機首】部分
ステー（左右）
「金張り」。
「ワッタートンネル」。
クランク棒
集合排気管
潤滑油冷却覆
爆撃照準機取付部窓

【主脚】部分

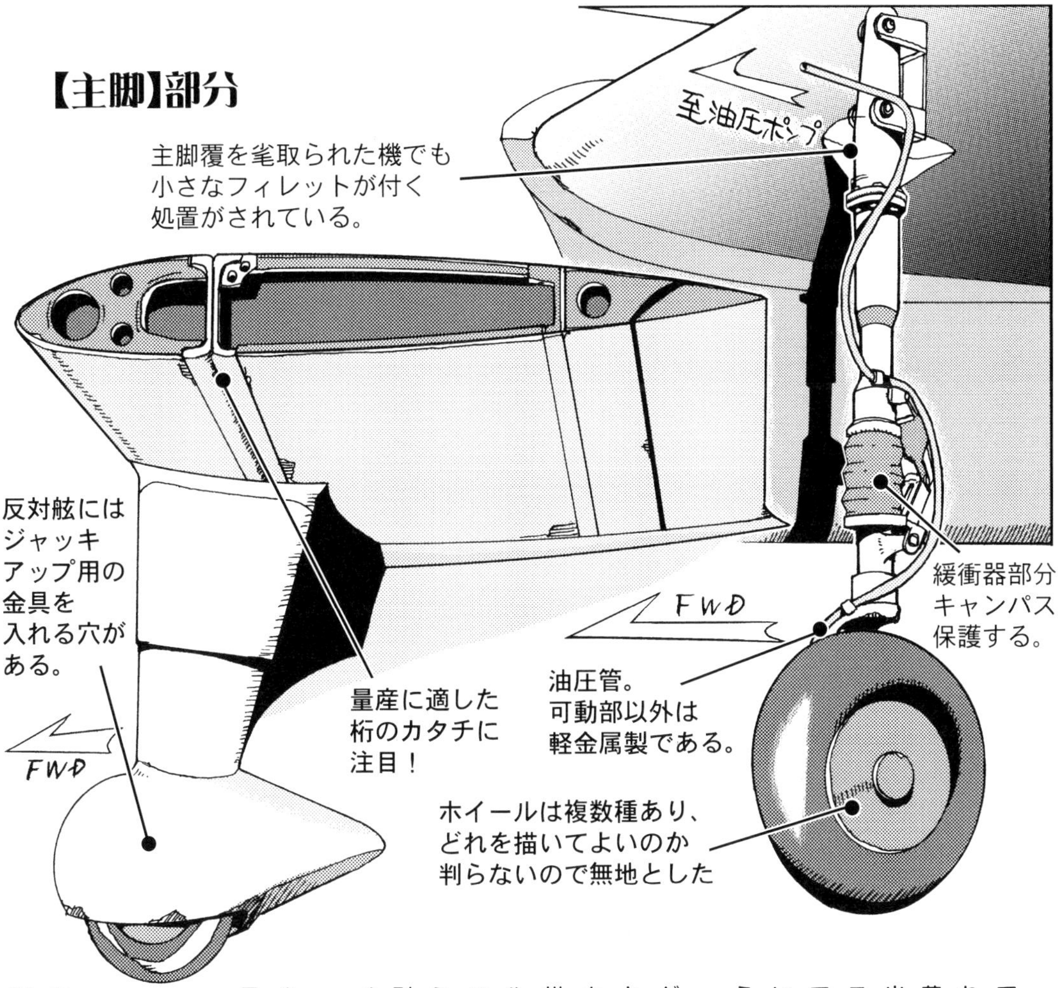
至油圧ポンプ
主脚覆を毟取られた機でも
小さなフィレットが付く
処置がされている。
反対舷には
ジャッキ
アップ用の
金具を
入れる穴が
ある。
FWD
量産に適した
桁のカタチに
注目！
FWD
油圧管。
可動部以外は
軽金属製である。
緩衝器部分
キャンパス
保護する。
ホイールは複数種あり、
どれを描いてよいのか
判らないので無地とした

「白菊」は中翼単葉である。カイグンでこのスタイルを持つ航空機で真ッ先に思いつくトコロでは「紫電」や「彗星」などがあるが、これらは皆、主脚で大いに悶え苦しんだ機である。目を固定脚機の「白菊」に向ける。知られている「白菊」の殆どは「オレオ」部分が剥き出しになった、シンプルだが長い一本棒の何とも力細い構造である。これに乗員五名か八〇番の爆弾、ホントかどうか不明だが航空魚雷まで搭載可能とある。この鶴のような細く長い脚ではニワカに信じがたい。爆弾や魚雷などは着陸前に投棄することを前提にしているのだろうか。

「白菊」の初めのころは「九九式艦上爆撃機」のような「主脚覆」が付いていたが、元が低速で機上作業練習機の「白菊」には贅沢品だということで見る者を寒々とさせる前述の鶴脚になった。…「白菊」を生産していた九州飛行機という会社は「二式中間陸上練習機」も手掛けていたのだが、これの「主脚」は非常に短かく、例えるならアヒルのような脚である。…まあ、コレは低翼単葉の恩恵であるのだが。この機体も「白菊」並に多数量産されていれば「主脚覆」をムシリ取られていた可能性もあるのだが。「白菊」もイキナリ鶴の脚みたいな剥き出しではなく中間的な構造の「二式中間陸上練習機」のようにタイヤ側面のみが剥き出したのにして欲しかった…と筆者は希望する。

…ハナシを元に戻すがココまで細く長い構造だとやはり、「紫電」や「彗星」のように脚が折れたりする事故が続発していたのだろうか。固定脚機の特権として「オレオ脚」の交換は非常に簡単だ。ボルト二本で固定してあるだけだ。「白菊」両主脚には「制動機附車輪」が標準装備されており、「方向舵踏棒」に備え付けられたペダルを踏み込むと油圧で制動が掛かるオナジミのシクミだ。これも我が国オナジミの油漏れが頻繁にあるので油は常に補充しろとあるし、またその折りに微量でも気泡を入れるなとあるが、これは自動車教習で習った「ベーパーロック現象」を防止する意味だ。チナミに制動方法はドラム方式である。

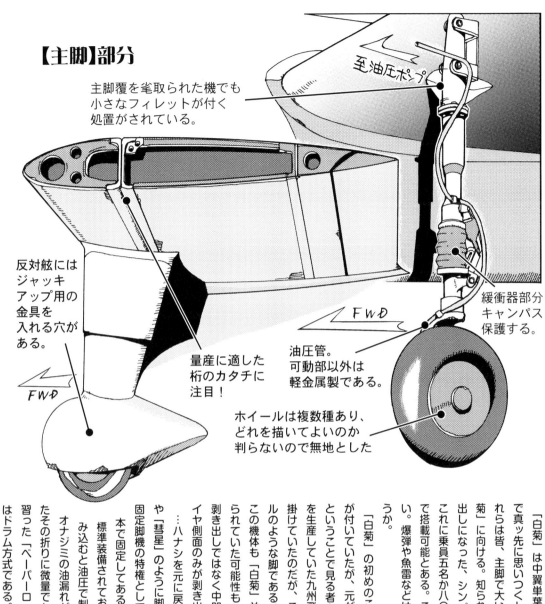

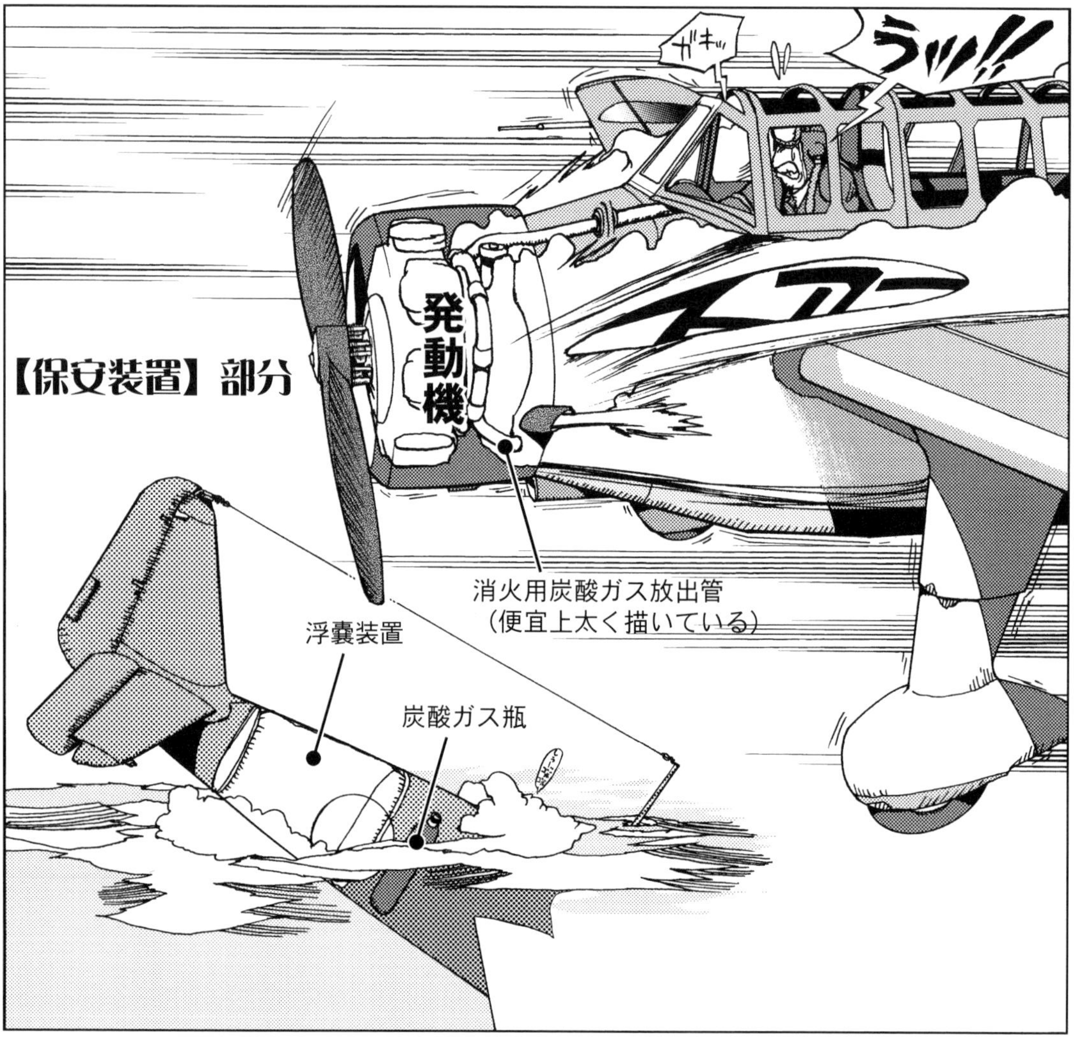
ガキッ
うッ!!
【保安装置】部分
発動機
消火用炭酸ガス放出管
（便宜上太く描いている）
浮嚢装置
炭酸ガス瓶

「白菊」における、あまり知られていない装備で大掛かりなのは「消火装置」と「浮嚢装置」が挙げられる。共に第十三番肋材附近に設置された炭酸ガス瓶を使用するものである（二二〇気圧気蓄器）。「消火装置」から述べるが、操縦席の計器盤右にある「引手」をえいッとばかりに手前に引くと、「ホーデン索」が滑車を介し後方に設置された炭酸ガス瓶管制弁が開放、放出された「炭酸ガス」は「ホーデン索」に平行して設置されている直径八ミリのアルミ管を溯り、操縦座席下をかいくぐり更に防火壁をも貫き、クランクケースにコイル状に巻かれた放出管より勢いよく噴射され消火されるシクミである。コレは「消火装置」としては一般的で『防弾装置も消火装置も無い』と高らかに謳われた零戦にすら設置されている装置だ。

さて「浮嚢装置」だが、不幸にして不時着水という緊急事態に見舞われた場合、救助が来るまで、もっと正確な言い方をすれば機内に標準装備されている救命筏を取り出しそれを膨らませる時間、機体が浮かんでいるようにする装置の総称だ。場所は十四番肋材から十七番肋材にかけて備え付けられ、その容量約七〇〇立方。恐らくゴム引きキャンパス地製だと推定されるが、これを膨らませるのは同乗の訓練生達が自慢の肺活量で入れかわり立ちかわり…という悲しき人海戦術ではなく、「消火装置」同様、操縦席右の「引手」を手前に…という方法であるが、肝心なのは同操縦席に設置の切替コックを「消火装置」から「浮嚢装置」にしておかないと何の意味もなくなってしまう。

余談ながら被弾や事故等で不幸にして発動機から出火した場合、数秒を経過し、本格的な燃えになってしまうと設置の消火装置ではもう手遅れだそうだ。『引手はドコだ！』とマゴマゴしていたり、引いても切り替えコックが「浮嚢装置」になっていたりしたら……『ハイ、そこまで。』の火達磨になってオシマイである。

厳しい世界のようだ、航空機界というのは。

〒空中線です。
→【昇降用扉】変遷図
マドなし
角マドアリ
小判型

【昇降用扉】部分

通常、単発機に搭乗する方法は風防からだが、「白菊」の場合は二系統ある。スナワチ風防からと、左舷に設けられた「昇降用扉」からの二つだ。風防は操縦員専用だが、左弦のは機上講習員らが使う。この「昇降用扉」のイメージは「一式陸攻」のように巨大で機体の内側に開くようなモノを考えガチであるが、「白菊」の胴体は大きいと云っても単発機なのだ。

そんな贅沢で巨大なのは無理だ。

形状は上図の通り、開き方は機外に開く。よって飛行中は開いたら最後、余程の怪力でない限り閉めるコトはマズ出来ないと考えるべきだが、しかし、そのサイズは九〇〇粍×五〇〇粍と小型で受風風圧も弱いので可能かも知れない。…扉寸法を掲示したが、この大きさでは潜るような格好でしか入れない。防寒仕立で、タダでさえごわごわした服装にカポックを付けてこの扉から潜り込むのは…正直小さいとも云える。…狭い入り口というと千利休が考案し愛した茶室のようなそんなイメージが「白菊」の「昇降用扉」にはあるように筆者には思えてならない。ハナシを扉の開き方に戻すが、これを内側に開く構造にしておけば万能機としての「白菊」の名声を更なる高みに達することが出来たのではないか…と、筆者は悔しい気持ちになる。

しかし、内側に開くようにする、ということはその分のクリアランスが必要で、その分の貨物を減らさないとイケナイというデメリットもあるし、摺動構造の扉にすればとも思うが…工作も大変であることは容易に想像出来る。滅多に発生しない任務をも想定し量産を阻むような微細工作導入より、単純な工作で多数機量産が善し…という判断の結果なのかもしれない。初期の「白菊」の扉は機体と同じく軽金属のデュラルミン（←誤字ではない）で構成されていたが、機上練習機には贅沢、ということになりベニヤ製になる。「白菊」自身、目立たない地味な機体ではあるが、注意するとこの「昇降用扉」は幾つかのバリエーションがあって中々楽しい。もしかすると、前述した形状の変化は、スナワチ材質の変化でもあるかも知れない。そう考えると中々と味があるではないか。尚、ドアノブは飛行方向に対して水平になるように設置、形状も涙滴構造になっている。

【発動機】部分

ここでは「白菊」の心臓と言うべき「天風二一型」発動機について述べたい。仰々しく始まったワリには、この発動機の資料というものが筆者宅には乏しく、細部を語れないのが全く歯切れが悪く申し訳ない。

ゴタクはこの程度にして、概略としては単列星型九シリンダー、当然空冷方式である。馬力は公称では四八〇馬力、離昇出力は五一五馬力となっている。重量は潤滑油等の液体を抜き取った状態で三一七・九キログラム。マニアックなハナシとしてシリンダーの点火順番は「一→三→五→七→九→二→四→六→八」となっているが、問題はどれが一番シリンダーなのか判らない点だ。これではオハナシにならない。発動機の世界は筆者の知人らは口を揃えて『奥深い』と言いきるが、筆者もそれを少なからず感じてはいるが悲しいかな、それを五臓六腑で味わうほど知識が無く、悔し涙が出る思いだ。

これら九シリンダーから勢いよく吐き出される排気は大戦末期の我が国航空機に多く見られる単排気管方式ではなく、集合管方式を採っている。チナミに左舷が四気筒集合、右舷が五気筒集合という分け方をしている。以下は筆者の個人的趣味と戯れ言で大変に恐縮だが、筆者好みの対象として航空機の排気管は単排気管、これに限る。しかしながら描くのはイロイロと障害があるので痛し痒しという感じだ。戦争がもう少し長引いていたら…「白菊」もこれらの例に倣い、単排気管にされていただろうか。…この、単排気管採用型「白菊」を是非見たかったものだなあと愚考しているが、それはあくまでも筆者の希望であって実際問題として単排気管が導入されてもこれの導入理由であるロケット推進効果などは低出力の「天風」発動機ではその恩恵は殆ど無いだろうし「機上作業練習機」が数節速度が向上しても意味がないようにも思えてくる。ただ、集合排気管は製造が面倒なので省略化というカタチでの単排気管導入はあり得るハナシだとも思うが如何だろうか。

蛇足ながらこの「天風」発動機は旧海軍屈指の、いや陸軍も含めて当時の我が国航空機搭載発動機中、最も完成された非常に稼働率の高い扱いやすいものだ。故障知らず…といったら当時の整備員の方に『あのな、それはオレ達の苦労から来る賜物だ』と怒られてしまいそうだが、シンプルに纏められたシリンダー数、無理のない余裕のある構造から来る発動機自身の持つ従順さという恩恵も大きいと思う。高信頼ということだけで搭載が決定された陸上哨戒機「東海」の例を見れば判っていただけると思う。…しかし四八〇馬力というのは…余りにのんびりしているように思えてならないが、これを『ヤレ、出力向上だ！』といじるとまた坂道を転げ下るように安定性が低下するだろう。

…当時、我が国の工業基盤はこの「天風」発動機くらいが満足に扱える分水嶺発動機だったのだろうか。そういう目でこの発動機をみると…涙で滲む思いだ。

右写真は、静岡県「牧之原コミュニティーセンター」に展示中の「天風」発動機。この発動機を一一型とする資料と二一型とする資料が混在し、正直どれが正しいのか判らない。この施設には他に「九三式中間練習機」のものとする車輪や懐かしい航空隊時鐘や航空隊看板、オマケにイヤな方にはトコトンイヤな想い出しかない精神注入棒もあり、こじんまりとはしているが中々面白い施設だ。筆者はまたトモダチを連れ立って行ってみたいと考えている。尚、今回は割愛するが、この写真の発動機には色々と逸話があるらしい。

《撮影・平成十一年…こがしゅうと》

「白菊」の風防周辺について述べたい。可動部分は天蓋中央部と最後尾回転部分の二箇所だ。動きは前者が軌条により前後し摺動《しゅうどう》し、後者は軸によって上に跳ね上がる形で回転する。注目すべき点は複座機風防の常識的構造である最後尾の回転開閉部分と天蓋最後尾共々も軌条で摺動する…と云うものがコト「白菊」はそれが無い。…この理由だが、この部分に後部旋回機銃が付かない為だ。旋回機銃は後部胴体上面に設置された「機銃取付口」にしか設置できない。恐らくこの跳ね上げ回転部分を使うのは教官か教員で、「機銃取付口」に設置された旋回機銃を扱う訓練生をここから恐い顔と伝声管を通じて発せられる罵声の為に使ったハズである。尚、この回転部分の枠構成は判っているだけで三種類ある。…問題はドレが初期型なのかという具体的情報が無く全く、心苦しい限りなのだが。

遮風板に使われる硝子《ガラス》だが、戦闘を目的とした我が国航空機は薄いながらも「防弾硝子」の使用が普通だ。「防弾硝子」と云っても弾丸を弾くという性質のモノではない。初期の「零戦」等に使用された薄いモノは被弾の折り、硝子がコナゴナに飛び散らないように薄い硝子をゼラチン等を挟み込んで接着した合わせ硝子だ。なのでゲンミツには安全硝子と呼称すべきだろうか。真の「防弾硝子」と呼べるシロモノは「雷電」や「秋水」のような分厚いモノに対してだけ…と、ハナシが脇道にズレたが「白菊」に使用された硝子は通常の磨硝子を使っているようだ。これを「機上作業練習機」ということで差別ととるか、合理化ととるかは判断を任せることにする。他の「天蓋」部分や曲面部分に関しては恐らくプレキシガラスだと推定される。転覆時に操縦員の頭を守る為に「保護柱」があり当然、痛いので「頭部当布団」が付く。

尚、風防下に小さい空気取り入れ用の口があるがこれは「座席通風装置」である。左弦は主翼上の胴体に、右弦は主翼下に設置される…が、実は本作を描くにあたり、勘違いをして逆に描いているカットがいくつかある。見つけて笑ってくださると幸甚である。

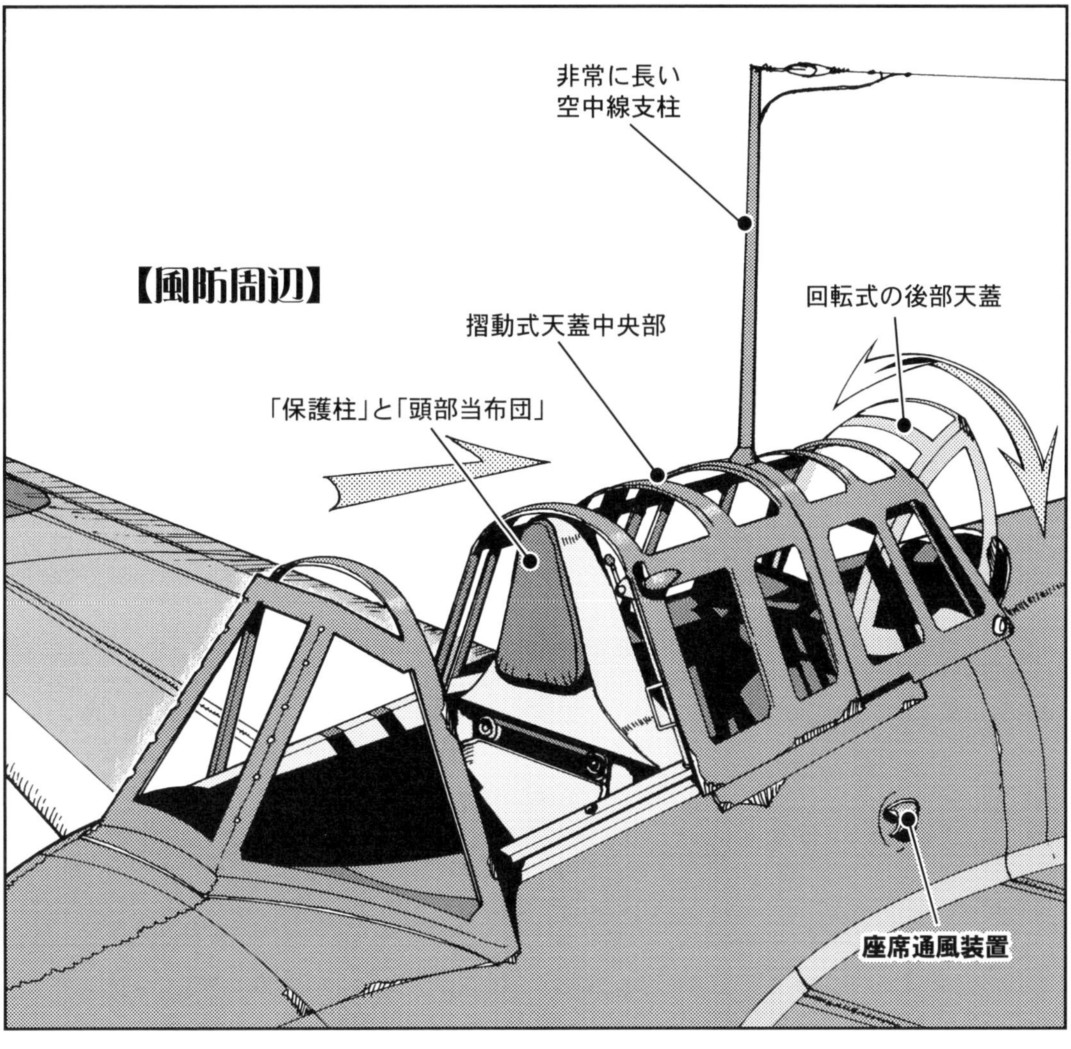

【風防周辺】
非常に長い
空中線支柱
回転式の後部天蓋
摺動式天蓋中央部
「保護柱」と「頭部当布団」
座席通風装置

【まとめ】

このページでは「白菊」の【まとめ】として「白菊」の発展性などを述べたい。結論から先に述べると地味この上ない「白菊」であるが、非常に発展性のある機体であった。金魚やフナのように、腹が下に突き出た、お世辞にもスマートな胴体ではないが、その恩恵で操縦員以外の人間四人を機内収容させ各種機上作業が出来、オマケにドコにどうやって搭載するかは全くの不明で推測の枠を出ないが、八〇キログラムの爆弾か、もしくは航空魚雷の搭載が可能だ。

…じゃ、これを敵機動部隊に差し向けようというのは愚の骨頂でしかないが、これらを使えば対潜哨戒飛行、船団護衛、軽貨物輸送、要人連絡…と挙げれば発展可能性がどんどんと出る。作中でも述べたが胴体中央の「昇降口」の形状をもう少し大きくすれば航空用発動機なども輸送出来ただろうし、この「白菊」こそ『万能機だ！』と大きな声で叫ぶのは少々勇気が必要だが、少なくともその候補には挙がることに間違いはない。そう信じている。ワタクシ事で恐縮であるが商業誌編集部にて『今度、世界の万能機特集をするが、何か候補はあるか』との問いに「銀河」とこの「白菊」を、特に「白菊」を強力に推挙したが……乾いた笑いで流されてしまった。まだまだ筆者の修業と鍛練が足らぬようだと実感したッ！

最後に当時、「白菊」を使った海軍の数字的情報を述べて終わりにしたい。

「機上作業練習機」という、副次目的航空機である「白菊」だからということも当然含まれるだろうが、敗戦時、国内に稼働機として残ったのは（海軍機に限る）「九三式中間練習機」、各種「零戦」、「紫電・紫電改」に次いで「白菊」という順位だった。前述の通り一度の出撃で過半数が未帰還になる攻撃任務に使われたワケではないのが一番大きいと推察出来るが、各種二次任務で重宝されたから多数量産されたからではないだろうか。もっと言えば純粋に「機上作業練習機」として配属された「白菊」は思っているよりも少ないのでは、とさえ思う。

間違いなく「白菊」は海軍に愛されていた。対潜哨戒にも活躍するその雄姿に気を良くした海軍はこれを本格的に対潜哨戒機にすることを決意する。具体的には胴体を大型化、それに伴い軽金属の使用中止、木製機とし、更に特徴的な長い脚を引き込み方式に…とまるで「強風」から「紫電」のような大手術になっただろうが、その後に「南海」と銘々される予定…と、このヒトコトで「白菊」は十分に瞑することが出来るだろう。少なくとも筆者はそう考えている。

【白菊詳報】《終》

特撰の使われ方

とくせんのつかわれかた

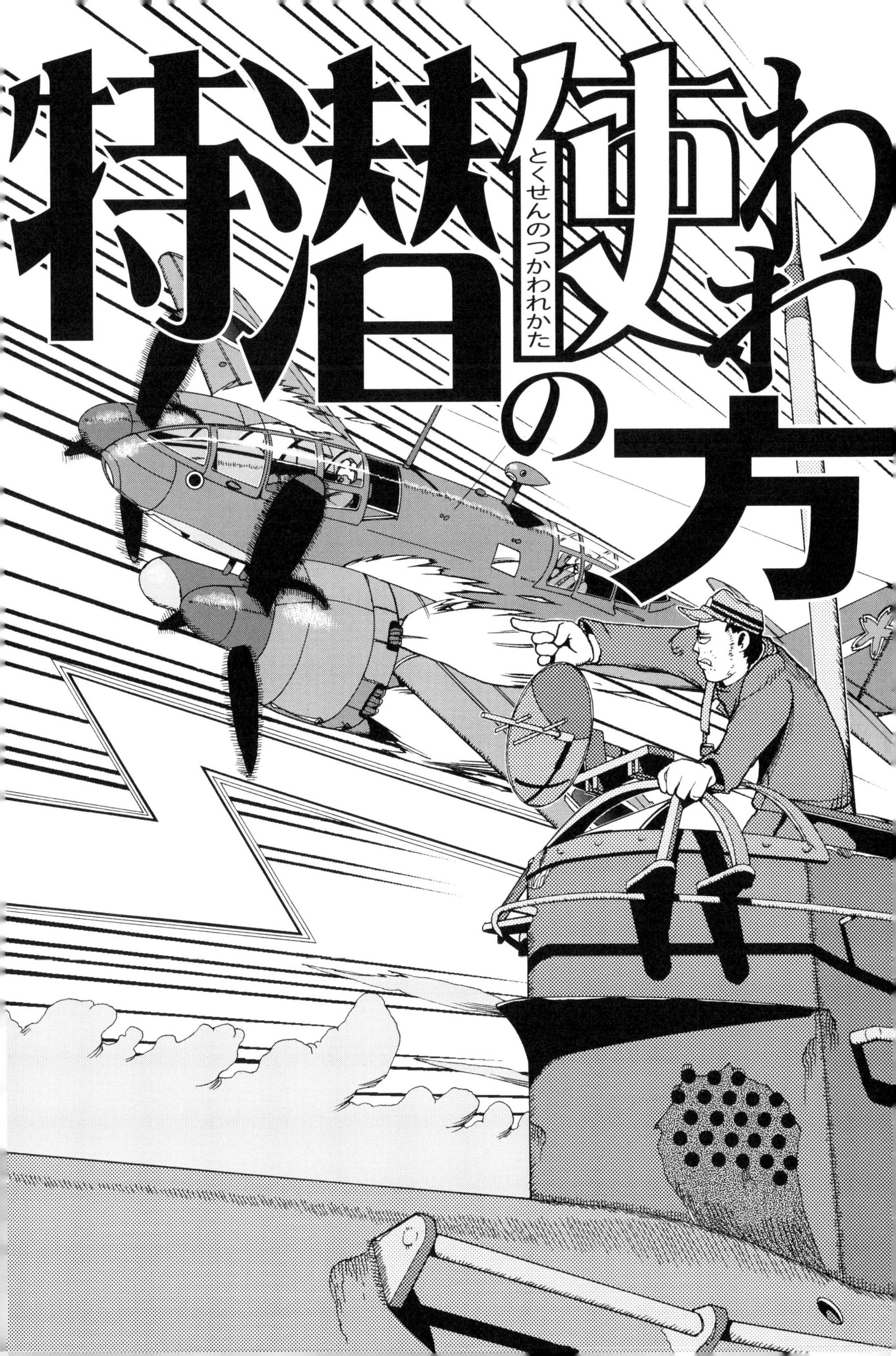

特替の使われ方
オープニング
サブ兄さぁん ユガさんが、今回陸軍機を描くそうですよぉ
ハハハ
…
しんしていり♥
フンッ、どうせ何かの間違いで貰った商業誌の仕事で…
描いたから資料が揃ったついでに決まっているッ
なッ
オレ様はそういうエセ人間が大嫌いだッ 何れ天罰が下されるハズだッ
あはは、天罰、天罰ぅ
…うう、ううう

…機長殿、鮎飛川機長殿ッ
大戦末期、本土・硫黄島中間点海域…巡航高度
どうしました？友釣
すぅッ
今、電波標的『鯉』からの信号、感度下がりましたッ…連中の直上に達します
『鯉』にはいつも助けられるね。死ぬ前に一度は直接御礼を述べたいね…
ビリビリッ
すみません、自分の航法が下手で。
いおうとう
本土(チバ)
友釣。そう自分を責めてはいけません
私達陸軍は皆洋上航法は不慣れです。その為の彼等ですから
…とはいえ敵前で電波を出すのは…まさに命懸け…
ん…
海のコイと空のアユ

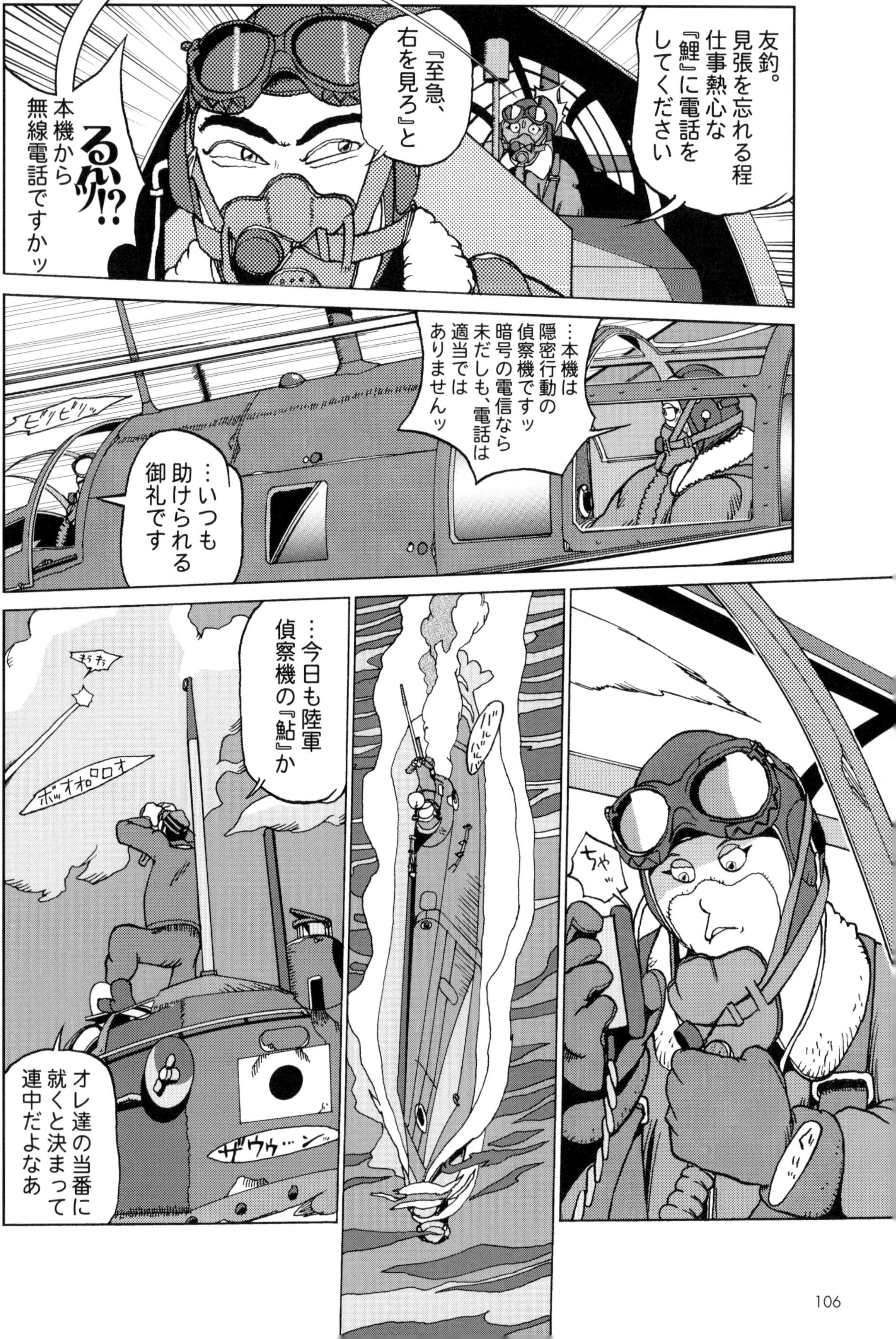
友釣。見張を忘れる程仕事熱心な『鯉』に電話をしてください
『至急、右を見ろ』と
るいッ!?
本機から無線電話ですかッ
…本機は隠密行動の偵察機ですッ暗号の電信なら未だしも、電話は適当ではありませんッ
ビリビリッ
…いつも助けられる御礼です
ちゃ
ぐい
バルバル
…今日も陸軍偵察機の『鮎』か
キラキラ
ボッオオロロオ
ザウゥ…ン
オレ達の当番に就くと決まって連中だよなあ

ハハハ、あのリクグンの『鮎』はどんなツラしてんのかねえ
バルバル
鯉路艇長、その『鮎』から電話です
ヌッ
電話ア?
盛んに『右を見ろ』と言っていますが、何かの暗号ですか?
右ぃ?そんな暗号なんかよ
うあ!ッ

ハハハ、ばーか。気づかれないようにエンジン絞って飛んで来たのは褒めてやるぜ！
SHIT
だがな、射撃の腕前は零点だあね！
オレ達は極端に小さい「甲標的」だ。それに気付かず普通の潜水艦として照準したな、バカめ
尤もこんな洋上に「甲標的」が出向くとは普通は思わんがね
鯉路艇長、潜りますか？
オレ達無視してリクグンの方にイッちまった
あんな素人に貴重な圧搾空気を使えるかっていうんだ。
…それに潜ったら…よ
…電波を出せないからですか
バーカ
潜ったら
暑イだろ
いや、潜らねえ。オレ達に二撃をするタマじゃねえ
相手の下手で助かったぜ。いずれにせよあのリクグンはイキなことをしてくれるじゃねえか
テメエらの身を危険に晒してまでも連絡してくれるなんてよ

よーし、これで仕事の半分は終わった。残りはあのリクグンの帰投電波を出すだけだ
一八〇度回頭、フネを硫黄島に向けろ。二時間後に電波を出すぞ
「蛟龍」ッ一八〇度回頭ーッ
ヨーソロォ
「蛟龍」ッ真方位ヒトーロクマルーー
やい、アンマシコーリュウコーリュウいうなッてんだ
えッ折角来月から
本艇型は「蛟龍」と名称を賜るのでその練習にと思って…
ケッこんなチッポケなフネに大層な『龍』なんか付けるなってんだ
ザウウウ…ッ
…何かよ、今日の艇長機嫌悪いな。どうしたんだろう
ああ？知らないのか？艇長の名前は『鯉路』だろ
認識用にこのフネに鯉の塗装を皆でしたろ。あれは『鯉は滝を昇って龍になる』という故事に準えて立身出世を願かけしたらしいんだ
てやんでえ中身を伴わねえ出世でえ
…そしたら「丁型的」が「蛟龍」になるという内示を貰ってガックリ…という有り様よ
ピッピ
お

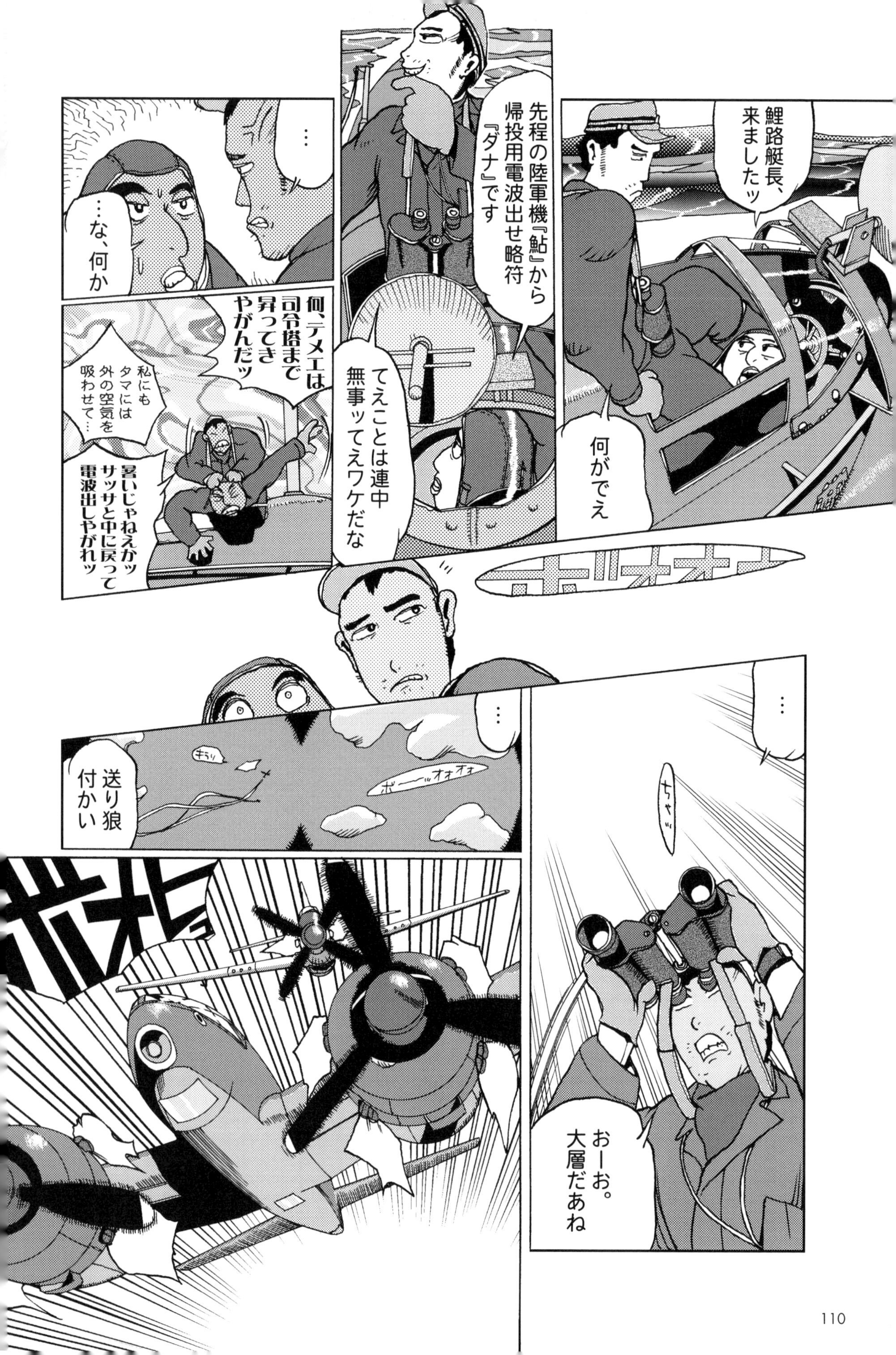
鯉路艇長、来ましたッ
何がでえ
先程の陸軍機『鮎』から帰投用電波出せ略符『ダナ』です
てえことは連中無事ッてえワケだな
…
…な、何か
何、テメエは司令塔まで昇ってきやがんだッ
私にもタマには外の空気を吸わせて…
暑いじゃねえかッサッサと中に戻って電波出しやがれッ
…
おーお。大層だあね
…
送り狼付かい

ヨイ
ヘアッ!
へへえ、巧く
躱《かわ》すもんだあ
ねえ
艇長、私にも
見せてくださいッ
ブォオオウゥ
ん?
キラッ キラッ
薬莢ッ!?
うッ!
るんッ!?
キィィィン
コイツァ礼を
言わんとなッ
リクグンに
打電だ

最後の敵、諦めたようでありますッ
帰ります、帰りますッ!
今日のは淡泊なのか、しつこいのか判らないヤツラだったね
おッ
ニッ
鮎飛川機長殿。下の『鯉』から本機に電信です…読みますッ!
…只今ノ操縦、見事ナリ良キモノ見物セリ
海デ一風呂浴ビレモセリ…
この後半は何かの暗号でありますか?
…続きがあります。
其レヲ肴ニ貴公ラト酒席、設ケタシ。本日電話感謝、『鯉』
…連中下で高見の見物かぁ
変なヤツは海軍にも居るものだね、友釣
…出来れば連中との酒宴は出来るだけ先になることを祈りたいものだね
…全くです、
鮎飛川機長殿

…
艇長ォあんな私的電文送信してよいんですかね
それよりテメーは何でまた上がってくるんだよ
オレ達の仕事は電波を出すことだッ文句あんのかッ
ひッ!
ドスッ
よーし、任務完遂!オレ達も父島にケエるぞ
オォッ
風呂と酒と足を延ばして寝れるってんだ
むッ!
艇長ッ父島の司令部から緊急電ですッ
…
…
ぺらり

全員聞けーッ
帰投は御預けだ。本艇はあと二日、この海域に留まる
えッ、それでは本「蛟龍」、モトイ本艇は父島までの燃料と食料・水が無くなってしまいます
風蓮、コウリュウ言うな、バーカ。心配するなってんだ。輸送的《てき》がこっちに来るってよ
…まさか、先ほどの電文への罰でしょうか
ビリッ
バーカ。怖いこと言うなってんだ
…この敵前での電波出任務は何度もこなして来たけどよ、延長というのは初めてだよな
ヒソヒソ
オレ達ペアーの命を何だと思っているんだろな、海軍はよ。陸軍に行けば良かったぜ
おッオレ達よりも航空兵の方が大事ってコトだろ
ゴンッ
イテェッ
艇長ォそんな身も蓋も無いコトを。ホラ罰ですよ
この前みたいに失神しないでくださいよ
…オイ、金堂。硫黄島って今大変なことになっているんだろう
シッ
うう、痛ぇッ。だから中は嫌いなんでぇ
ゴットンゴットン
それとオレ達の延長配置とは何か関係があるのか?
スタン
…実はな艇長は言わなかったが二日後に来る一機を案内するのが延長のワケらしい
ワザワザオレ達ペアーを名指しで?…確かにオレ達が一番正確に仕事するからなあ

…来た
うう、体中痛いよ
オレは布団で寝たいよ
早く来いよ、案内機さんよ
ああ、冷えたラムネが飲みたい
…二日後、予定時刻。
モア〜ッ
…バンクしているから味方だが
え、何でこんなに低空で来るんでい
その塗装ッま、まさか
特別機って………!
オイッ全員外へ出ろ
司令塔に並べ
…
何だ何だ？

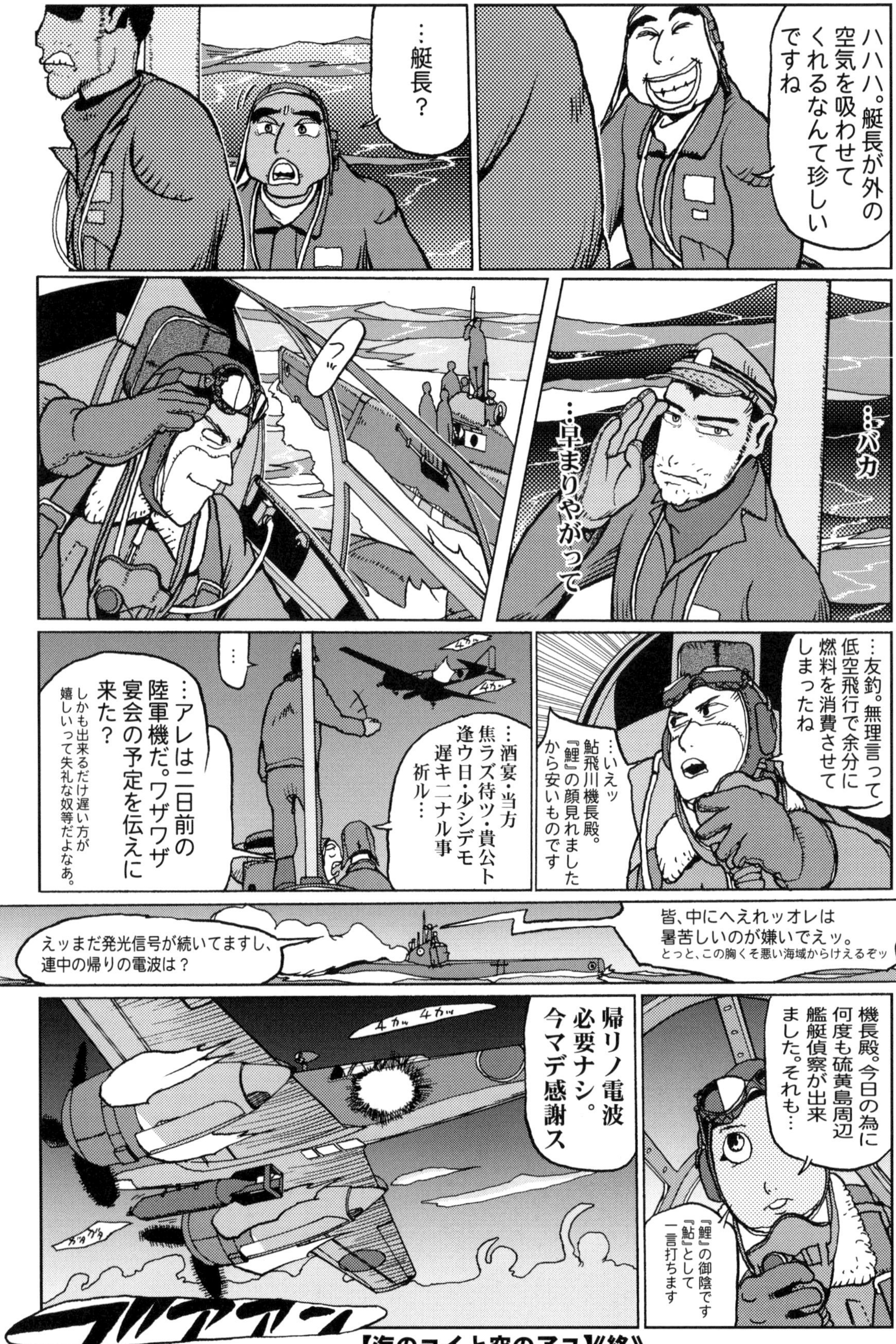
ハハハ。艇長が外の空気を吸わせてくれるなんて珍しいですね
…艇長？
…バカ
…早まりやがって
…友釣。無理言って低空飛行で余分に燃料を消費させてしまったね
…いえッ 鮎飛川機長殿。『鯉』の顔見れましたから安いものです
…酒宴・当方焦ラズ待ツ・貴公ト逢ウ日・少シデモ遅キ二ナル事祈ル…
…
…アレは二日前の陸軍機だ。ワザワザ宴会の予定を伝えに来た？
しかも出来るだけ遅い方が嬉しいって失礼な奴等だよなあ。
皆、中にへえれッオレは暑苦しいのが嫌いでえッ。
とっと、この胸くそ悪い海域からけえるぞッ
えッまだ発光信号が続いてますし、連中の帰りの電波は？
機長殿。今日の為に何度も硫黄島周辺艦艇偵察が出来ました。それも…
『鯉』の御陰です 『鮎』として一言打ちます
帰リノ電波必要ナシ。今マデ感謝ス

一〇〇式司偵の詳細は166ページを参照。

【海のコイと空のアユ】《終》

【的の画記《てきのがき》】

本作は、先の大戦で我が日本海軍が秘密裏に開発・製造し、当時の世間にも国民にも「特殊潜航艇」と公示された「甲標的」シリーズ中、まさしく『大量生産』というコトバが相応しい数が量産された「蛟龍《こうりゅう》」たる「甲標的丁型」のサワリだけを駆け足で述べるものである。例によって昭和〇〇年に〇〇氏が…という開発経緯や、また〇〇方面にて実戦に参加、赫奕たる戦果…的な報告記述もしない。

これまた例のごとく、いつもの通り、タダタダ「甲標的丁型」（以下、「丁型」と称する）の、しかも船体構成を可能な限り直線的にした後期型と称された型だけを述べることにする。これは資料がある／無いという問題ではなく、単に筆者の直線的デザイン好きから来るシュミに因るトコロが大であるし、また開発経緯やその他のことを述べないのは本書より秀逸且つ詳細な文献が市販されているので重複を避ける意味もある。

だから『丁型ハ・コウイウ風ニ・ナッテイル』という入門の意味と、これは甚《はなは》だ私的なものなのだが、筆者が調べた「丁型」における形状確認の意味も含め本作を纏《まと》めた次第であり、言換えれば本書は筆者の「丁型」備忘録だ。

思えば筆者が文字が読めるようになってから今日までずっと、ずっと「特殊潜航艇」という物体に脳の大部分を占められて来た。

それは苦痛や因縁という負の意味ではなく、機能美から来る羨望・心酔、そして無駄なモノを一切削ぎ取って残った危険なまでの鋭利な精悍さ…等々、述べればキリがない、要は好きなのだ。

筆者から言わせれば「特殊潜航艇」を透して見ると「大和」のようなデカイだけのグンカンも皆、霞んで見える。

ゴタクはコレくらいにして、ではここから「丁型」の全体像について述べたい。部位の詳細図は作中後部に用意したのでそちらをご覧になってくださると幸甚だが、ここではざっとウワベのウワベだけを述べることにする。

排水量は五九・三トン、全長は二六・二五メートル。

描いた本人がいうのもナンだが潜航艇というよりも野球に使うバットのようだ。

上に「特殊」という冠文字が付くのも理解出来るというものだ。

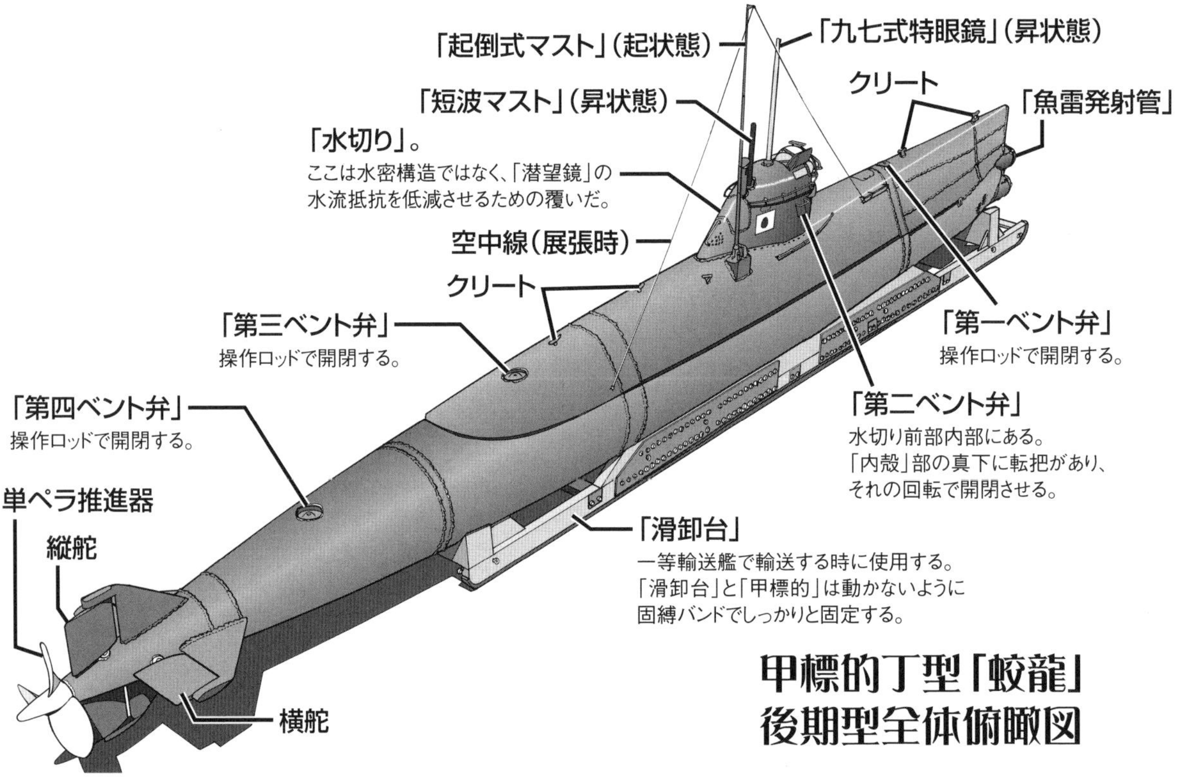
「起倒式マスト」（起状態）
「九七式特眼鏡」（昇状態）
「短波マスト」（昇状態）
クリート
「魚雷発射管」
「水切り」。
ここは水密構造ではなく、「潜望鏡」の
水流抵抗を低減させるための覆いだ。
空中線（展張時）
クリート
「第三ベント弁」
操作ロッドで開閉する。
「第一ベント弁」
操作ロッドで開閉する。
「第四ベント弁」
操作ロッドで開閉する。
「第二ベント弁」
水切り前部内部にある。
「内殻」部の真下に転把があり、
それの回転で開閉させる。
単ペラ推進器
縦舵
「滑卸台」
一等輸送艦で輸送する時に使用する。
「滑卸台」と「甲標的」は動かないように
固縛バンドでしっかりと固定する。
横舵

甲標的丁型「蛟龍」後期型全体俯瞰図

…しかし改めてみると何と細いのだろう。

だが小さいとは思わない。現在の広島県江田島には、真珠湾より奇跡的に里帰りした「甲標的」が一箇、野外展示されているのだが、筆者はこの「的」（特潜関係者は甲標的を略称して「てき」と口語する）をみて前述の『細いとは思うが小さいとは思わない』という気持ちを強くもった。同時期、海外に存在した、このテの潜航艇達は「丁型」よりも遥かに小さい。

オマケにずんぐりしている。それはそれでカッコ良いのだが、やはり「丁型」の研ぎ澄ましたような『危険なまでの鋭利さ』は見て取れない。

「丁型」を初めとする「甲標的」系は魚に例えるならサンマやイワシだ。…魚に例えると余り強そうに見えないのではあるが。更に細い「甲標的甲型」はダツやタチウオに見える。それもそうか。「甲型」から脈々と受け継ぐ『魚雷二発が発射可能な、ニンゲンサマが乗る大型の魚雷』というコンセプトがひしひしと感じ伝わって来る容姿だからだ。

「丁型」に至り、それまでの型よりもかなり大きくなることにより、それまでの「甲標的」系にはなかったものが「丁型」にはイロイロとゾクゾクと付加されたり設置された。

代表的なモノは名称だ。

今までの「甲標的」達は味気無い「甲型」というような進化形式を表す十干の順番で示す型番だけであったが、コト「丁型」に至り、「蛟龍」という固有の名称を賜った。

コレの意味だが『池や沼に棲息するとされる小型の龍』…の意だそうだが、名付けた方には悪いが筆者はあまり「蛟龍」という名称はピンと来ない。「蛟龍」と称するくらいなら「丁型」と味気なく表現してもらったほうが無機質に多数量産されているサマが伝わる感じがする。

もう少し後に量産が開始される特殊潜航艇の中に「海龍」というのがあるが、こちらと名称とトレードした方がよりお互いがシックリくるような気がする…という気持ちを抱くのは筆者だけだろうか。それでは次ページから「丁型」の細部を述べて行きたい。

「丁型」唯一無二の兵装が、艇首部分に装填された直径四十五糎《センチ》魚雷二発だ。「甲型」の頃は秘密兵器扱いの為、量産された数も多くはなく、したがって魚雷も潜水艦用直径五十三糎「九五式酸素魚雷」を更に四十五糎に小型化した「九七式酸素魚雷」を用いていた。タダでさえ複雑で精密機械の「九三式酸素魚雷」を潜水艦搭載の為に小型化した「九五式酸素魚雷」を更に更に小型化したのだ。こんなスゴいのが多く作れるワケがない。

事実、「甲標的」の数が次第に増えていくと同時に「九七式酸素魚雷」が不足になってきた。そこで「九一式航空魚雷」をこれに充てることになった。流用しただけなら名称も「九一式航空魚雷」のままのハズだがこれを「二式魚雷」とした。…恐らく飛行中の航空機から投下、海面に叩きつけられても破壊しない強度は「甲標的」用には必要ないということで各種部品・構造を簡略化したモノ…と推定される。当然、「酸素魚雷」ではないので気持ちの良い程に元気な航跡を残す。

「九七式酸素魚雷」がフンダンに量産されていればそれに越したことはないが所詮は消耗品なのだ。当たるか当たらないかの標的を狙う時、高級品だからと躊躇《ちゅうちょ》するよりも『基地に帰れば予備は沢山ある』と積極的に発射出来る方が遥かに有用だと筆者は考えるからだ。この海軍の決断は正しいと思う。しかし、この「二式魚雷」ですら数が足らなくなり艇首に炸薬をくくりつけ体当たり特攻用「甲標的」も実験された。「丁型」に限らず数ある「甲標的」の謎のヒトツとして発射管先端に取り付けられた御椀《おわん》状の覆《おおい》だ。「甲型」のモノは鹵獲された折りに相手国が鮮明な写真を残しているので構造や材質、着脱方法なども推測できるのだが、コト「蛟龍」のは全く資料が無い。筆者がいつも描くのは完全なる想像であることを断っておく。

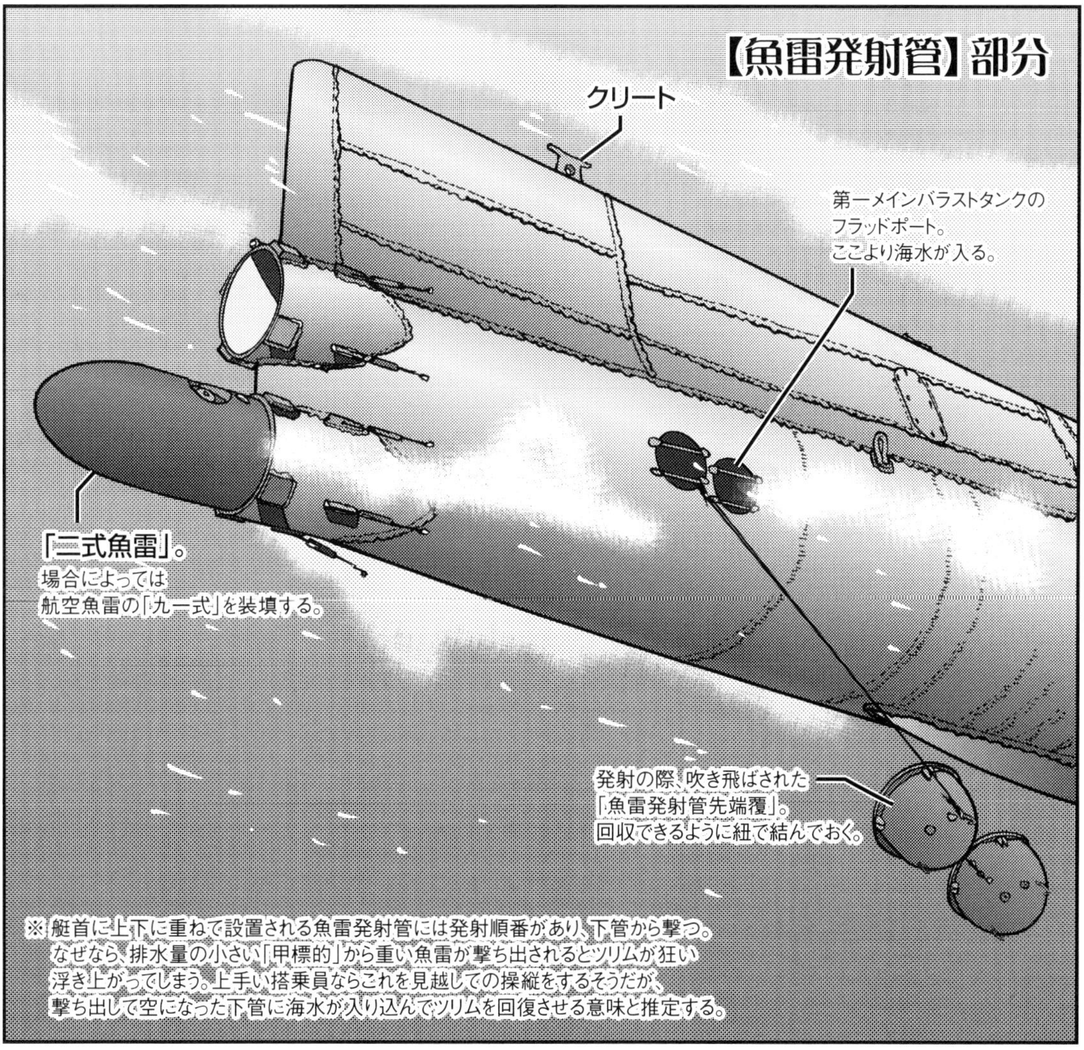
【魚雷発射管】部分
クリート
第一メインバラストタンクのフラッドポート。ここより海水が入る。
「二式魚雷」。場合によっては航空魚雷の「九一式」を装填する。
発射の際、吹き飛ばされた「魚雷発射管先端覆」。回収できるように紐で結んでおく。

※艇首に上下に重ねて設置される魚雷発射管には発射順番があり、下管から撃つ。なぜなら、排水量の小さい「甲標的」から重い魚雷が撃ち出されるとツリムが狂い浮き上がってしまう。上手い搭乗員ならこれを見越しての操縦をするそうだが、撃ち出しで空になった下管に海水が入り込んでツリムを回復させる意味と推定する。

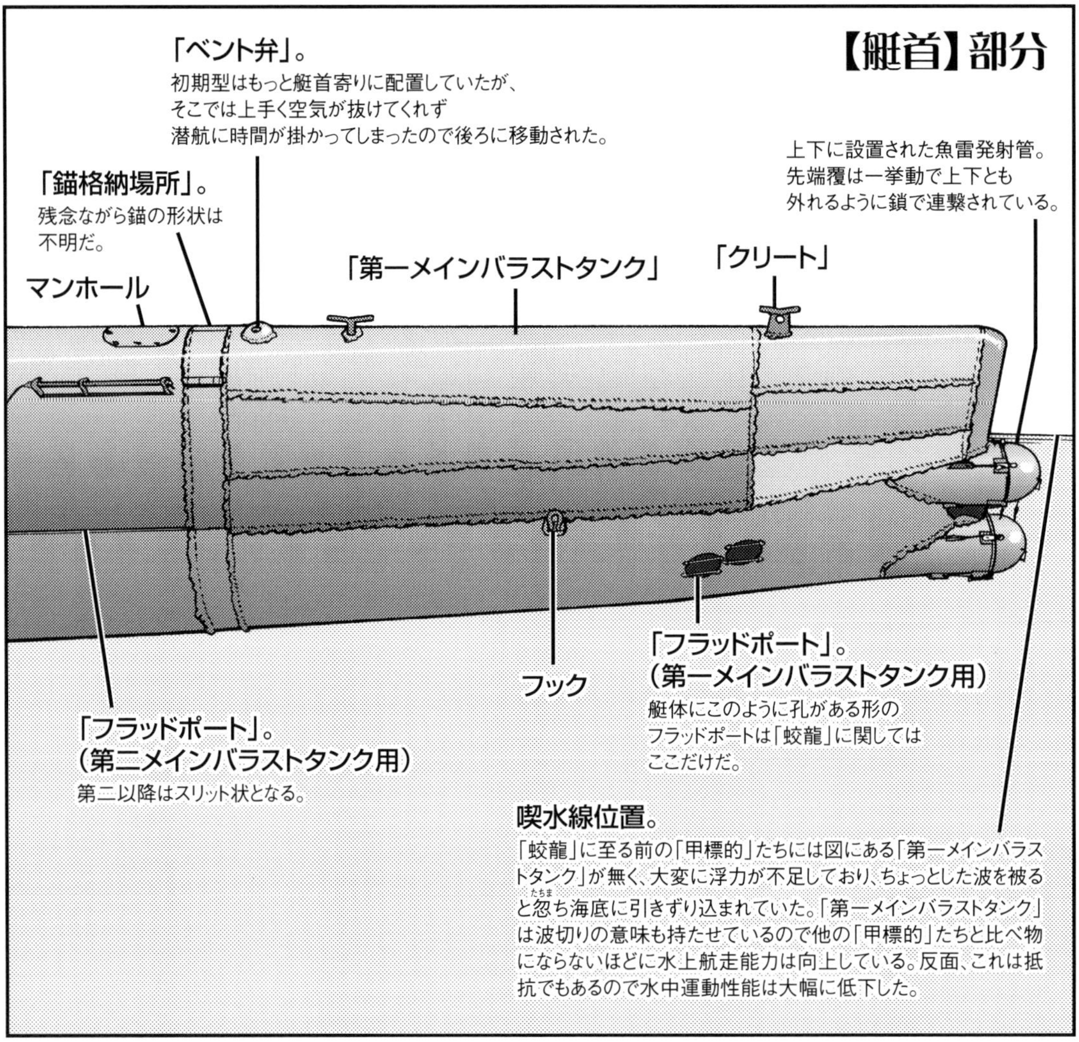
【艇首】部分
「ベント弁」。
初期型はもっと艇首寄りに配置していたが、
そこでは上手く空気が抜けてくれず
潜航に時間が掛かってしまったので後ろに移動された。
「錨格納場所」。
残念ながら錨の形状は
不明だ。
マンホール
「第一メインバラストタンク」
「クリート」
上下に設置された魚雷発射管。
先端覆は一挙動で上下とも
外れるように鎖で連繋されている。
フック
「フラッドポート」。
（第一メインバラストタンク用）
艇体にこのように孔がある形の
フラッドポートは「蛟龍」に関しては
ここだけだ。
「フラッドポート」。
（第二メインバラストタンク用）
第二以降はスリット状となる。
喫水線位置。
「蛟龍」に至る前の「甲標的」たちには図にある「第一メインバラストタンク」が無く、大変に浮力が不足しており、ちょっとした波を被ると忽《たちま》ち海底に引きずり込まれていた。「第一メインバラストタンク」は波切りの意味も持たせているので他の「甲標的」たちと比べ物にならないほどに水上航走能力は向上している。反面、これは抵抗でもあるので水中運動性能は大幅に低下した。

ここでは「第一メインバラストタンク」について述べたい。「丁型」は「甲標的甲型」に代表される初期型とは大きく異なる運用を課せられたものだ。

「甲型」等の初期型は周知の通り、艦隊決戦直前に解き放つ文字通り人間魚雷をコンセプトにしていたが、時代と共にそれは変化し、気づけば通常の潜水艦と同じ運用になっていた。この運用に対しそれまでの「甲標的」では海原を長時間航行するには余りに余りに浮力が不足していた。当時に高性能かつ小型の「水中充電装置」（スノーケル）があればもっと別の進化が期待できたが当時はそんなものも、またそういう発想もなかった。そこで「丁型」に進化する段階で水中運動性能を多少犠牲にしても浮上航行が安心して行えるよう胴体上部に覆い被さるように三区画に区切られた「メインバラストタンク」が設置された。

しかし、上図のような形状に至るまでにはここの形状は少なくとも一度、変更をされている。「丁型」の試作／初期型と称されるモノは先端に行くほど上縁が垂れ下がる曲線形状をもっていたが後期型は上図のような艇首上縁部分はズバっと一直線の形状をしている。述べるまでもないが当然、筆者は後者の方が好きだ。こうなった理由だが工作が面倒だという点も大きいとは思うが、やはり少しでも浮力を稼ぐ為に直線で大きなモノにした…と考える方が正解に近いように筆者には思える。側面に丸い穴が二つあるがこれは「一番バラストタンク」と艇首燃料タンクへの注排水口だ。大型潜水艦などはここに弁があったりするが、そこは特殊潜航艇だ。そんな贅沢なモノは無い。でも安心して欲しい。コップを逆さまにして水に沈めても中に空気が残るという、あの理屈だ。頭頂部には当然「ベント弁」がつく。初期型と後期型とではベント弁の位置が違うというのも面白い。

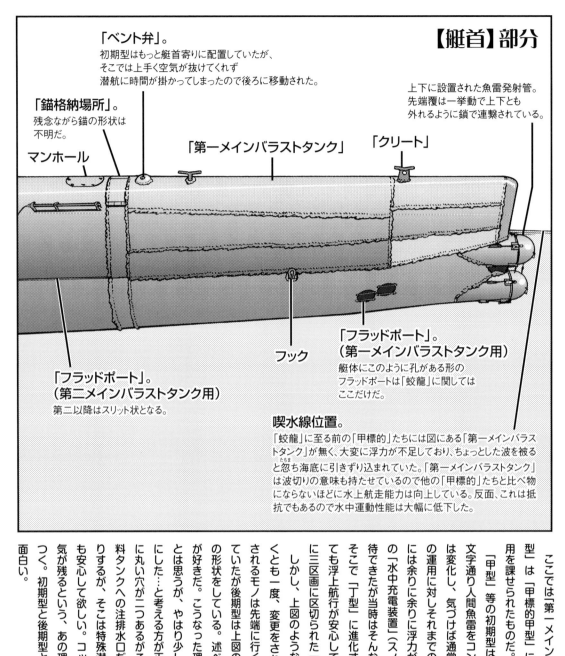

戦後世代が「セイル」と気安く呼んでいる部位をここで述べたい。

下図の通り流線形で立派なモノではあるが実は幅〇・八メートル、奥行き一メートル程の楕円筒形をした耐圧殻構造物の水中抵抗を低減させる為の波除けでしかない。したがって外側は非耐圧構造だ。もっと判り易く述べるのなら中の司令塔だけは水密だが外殻は潜航中、海水で満たされる。それまでの「甲標的」達も充分に流線形ではあったが頭頂部は包丁で切ったように平らであった。また前後の縁も直線的であって現在の潜水艦に似た構造でもあった。

トコロが、だ。「丁型」は違う。後縁部はなだらかに弧を描きつつ低くなる…という凝った構造をしている。当時の技術では「甲標的」に搭載出来るような小型の電探も水中探信儀も聴音機も無く、艇長がハッチから上半身を乗り出し首からぶら下げた重い七倍稜鏡双眼鏡で索敵／見張りをしていたが、ここに大波を喰らったら、間違いなくズブ濡れ。いや、艇長が濡れ鼠になるだけなら他の搭乗員達に笑われるくらいで済むが、問題は解放されたハッチから莫大な量の海水が艇内に入り込むとタダでさえ不足ぎみの予備浮力がタチマチ相殺《さい》され、沈没の憂き目に遭う。しかしながらこれを恐れて艇内に篭り特眼鏡だけによる索敵／見張りでは余りに視界が限られてしまう。

そこでこの頂部に航空機のようなプレキシガラス製の天蓋を設け、大波や荒天時でも存分に見張が出来るようにした。何度も繰り返すようで恐縮だが、ここは非防水区画だ。単に透明な屋根があるという程度なのだ。よって潜航中はここから水中景色を楽しむことなど出来ない。筆者は図面でしか確認をしていないのだが極初期「丁型」ではこの頂部天蓋透明構造は後部まで施されており、まさしく航空機のようであった。…この一見、画期的に見える天蓋、実際は余り活躍しなかったようで廃止してしまった「丁型」もある。冷静に考えればそうか。水滴が外も内も付くのだ。これでは視界は最悪だった…に違いない。

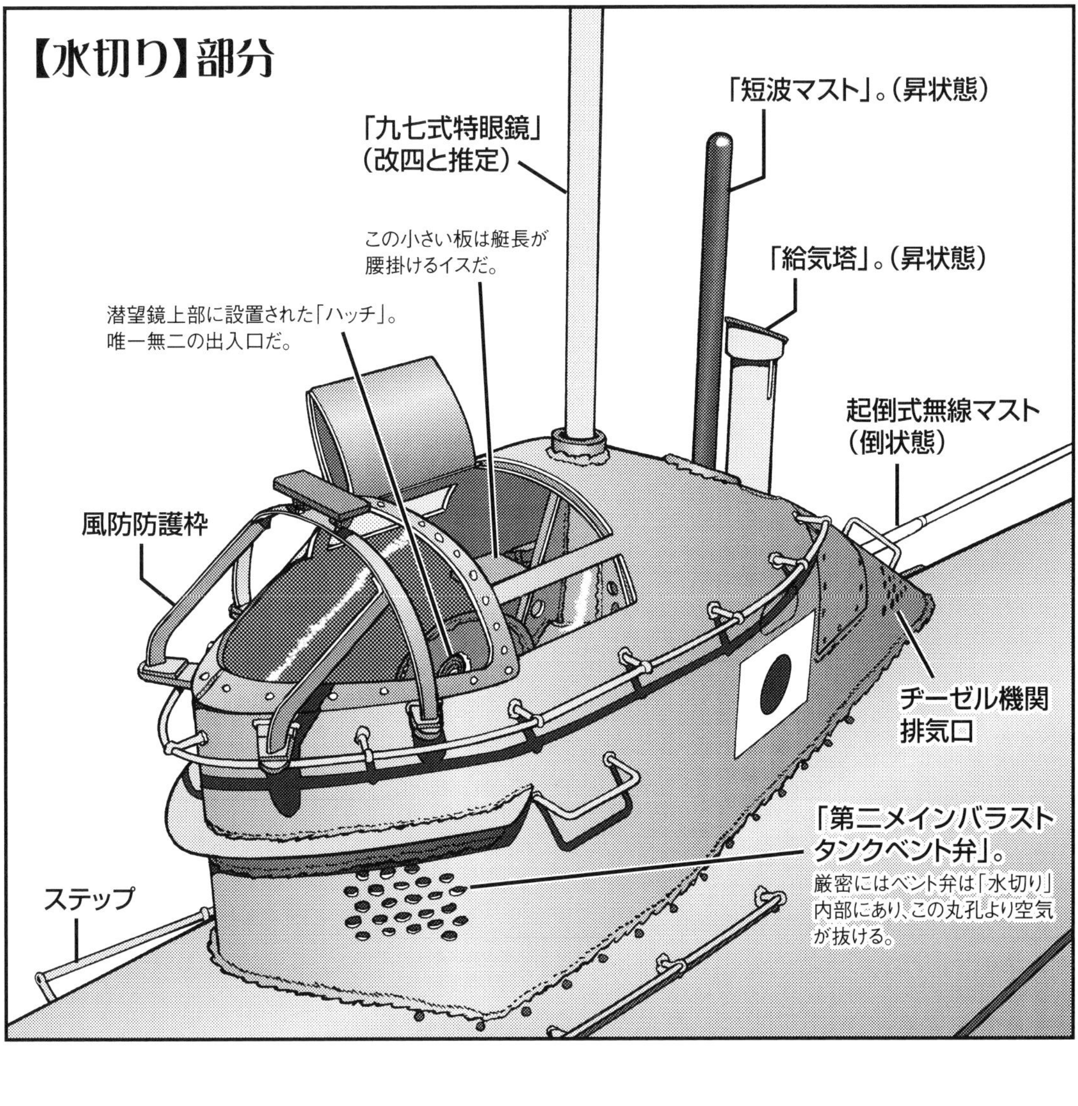
【水切り】部分
「短波マスト」。(昇状態)
「九七式特眼鏡」
(改四と推定)
この小さい板は艇長が
腰掛けるイスだ。
「給気塔」。(昇状態)
潜望鏡上部に設置された「ハッチ」。
唯一無二の出入口だ。
起倒式無線マスト
(倒状態)
風防防護枠
ヂーゼル機関
排気口
「第二メインバラスト
タンクベント弁」。
厳密にはベント弁は「水切り」
内部にあり、この丸孔より空気
が抜ける。
ステップ

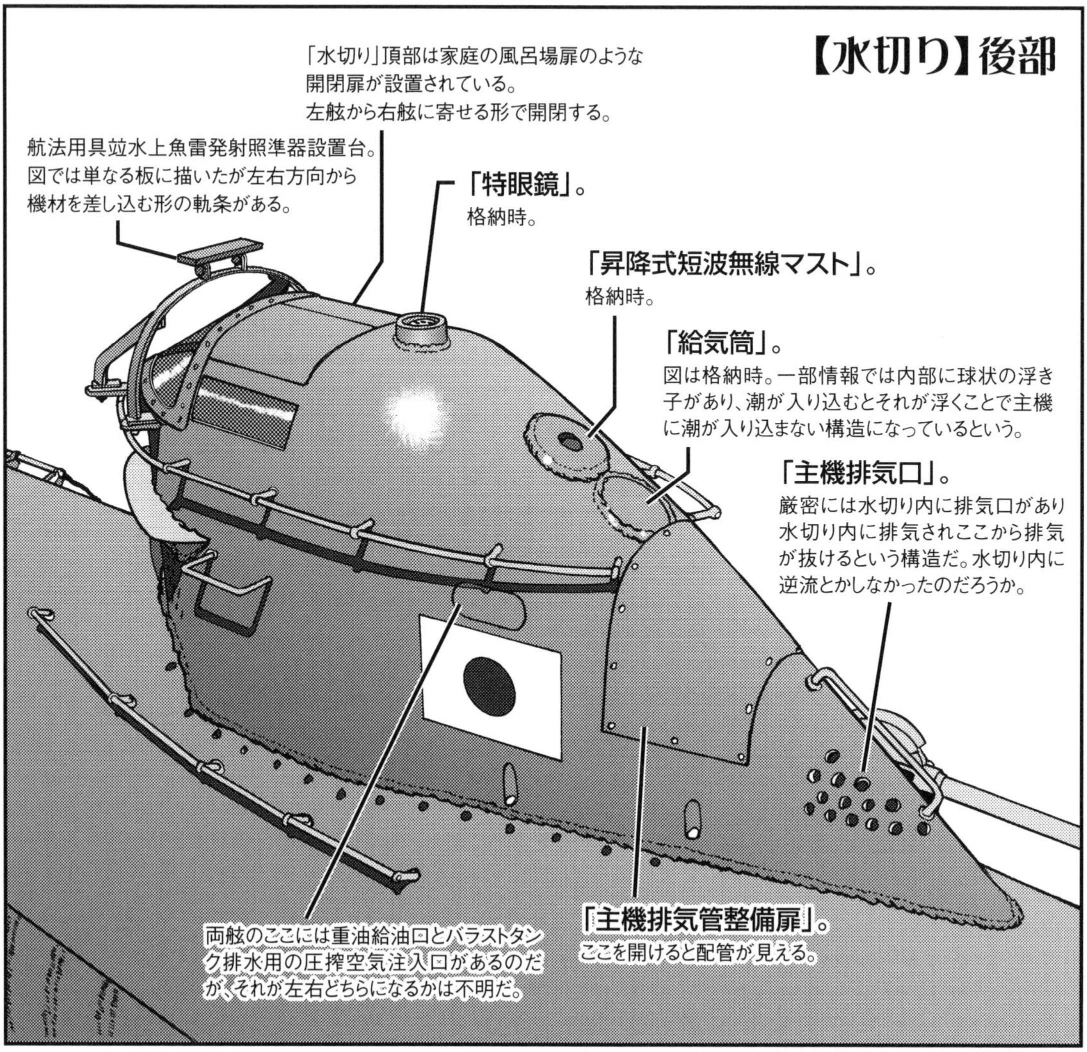
【水切り】後部
「水切り」頂部は家庭の風呂場扉のような
開閉扉が設置されている。
左舷から右舷に寄せる形で開閉する。
航法用具竝水上魚雷発射照準器設置台。
図では単なる板に描いたが左右方向から
機材を差し込む形の軌条がある。
「特眼鏡」。
格納時。
「昇降式短波無線マスト」。
格納時。
「給気筒」。
図は格納時。一部情報では内部に球状の浮き
子があり、潮が入り込むとそれが浮くことで主機
に潮が入り込まない構造になっているという。
「主機排気口」。
厳密には水切り内に排気口があり
水切り内に排気されここから排気
が抜けるという構造だ。水切り内に
逆流とかしなかったのだろうか。
両舷のここには重油給油口とバラストタン
ク排水用の圧搾空気注入口があるのだ
が、それが左右どちらになるかは不明だ。
「主機排気管整備扉」。
ここを開けると配管が見える。

この角度からのイラストレイテッドは何と流麗な形状をしているものだと思わず感心してしまう。何か生物の頭部を思い浮かべるナリをしていると感じる次第だ。

本物では「司令塔」上部を取り囲むようにぐるりとハンドレールが設置されるのだが本図イラストレイテッドでは省いたことをここに断っておく。

「司令塔」中心線には艇首方向より順に「九七式特眼鏡」、「昇降式短波無線マスト」（ダイポールアンテナ型）、「給排気筒」の順番で配置される。全部司令塔の中にすっぽりと格納されるのは…カッコよいではないか。

興味深いのは最後尾の「給排気筒」。先端は格納すると「司令塔覆」とツライチになるようなフタが頭頂部にはある。写真等で確認するとこの頭頂部のフタは可動するようである。便宜上「フタ」というコトバを用いたが、決してこれは防水性のある、という意味ではなく水流覆という意味だというコトも断っておく。

尚、筆者はずっと勘違いをしていたのだが、後端部の多数穴のある三角部分を、筆者はずっと「第三メインバラストタンク」ベント弁口かと思っていた。だが、当時「丁型」で訓練していた関係者に『内蔵ヂーゼル機関の排気口も兼ねているぞ』との御言葉を賜り、見識を新たにした次第である。

右舷船体外側中部に存在する「起倒式無線マスト」。全長は四・三メートルある。このマストは戦車に用いられるようなロッドアンテナではなく、マサにマスト。このマストを頂点に山形に空中線を展張する。…しかし、材質等の詳しき資料は無し。電波関係なので当然非誘導体を選んでいるとは思うが、末期の我が国は時折信じられないような設計を施すことがあるのでひょっとすると鉄パイプや軽金属のモノかも知れない。竹か、木材かもと思えるのだが…如何だろうか。（木ではなかった・関係者談）

マスト先端には輪がついており、その中を空中線が通り、起倒時はその輪の中を空中線がするすると通り…という簡単かつ確実な構造だ。よって倒している時は空中線はだらしなく艇外を弛《たる》んでいる。…余り良い方法だとは思わないのだが…簡易化の結果だろうか。起倒方法は当然手動である。このマストの有る位置は艇内では丁度、通信員の頭上になる。なので艇長からの指示で必死に頭上の把手をぐるぐると回転させ使用する。一部情報によると起こすのに百回近く把手を回転させないとダメだそうである。また関係者の談として把手は艇内にはなく、艇外で回転させ…ということも耳にした。これは初期「丁型」の装備かもしれない。何れも余り使われなかった装備のようだ。

しかしながら、この起倒式マストはナカナカ凝った造りである。以前は特に気にせず描いていたのだが、今回のカットを手掛けるにあたり改めて調査をしたトコロ、ウオームギアを用いており、起こした時に強力なチカラが掛かっても倒れぬよう可逆性がない構造になっている。回転の度に逆戻りをしない構造の留め金を用いるような構造にすればもっと簡単になりそうだが、音が出るので嫌ったのだろうか。そう考えると面白いではないか。尚、この部分をすっぽりと覆うカバーが付くとする資料もあることを述べておく。

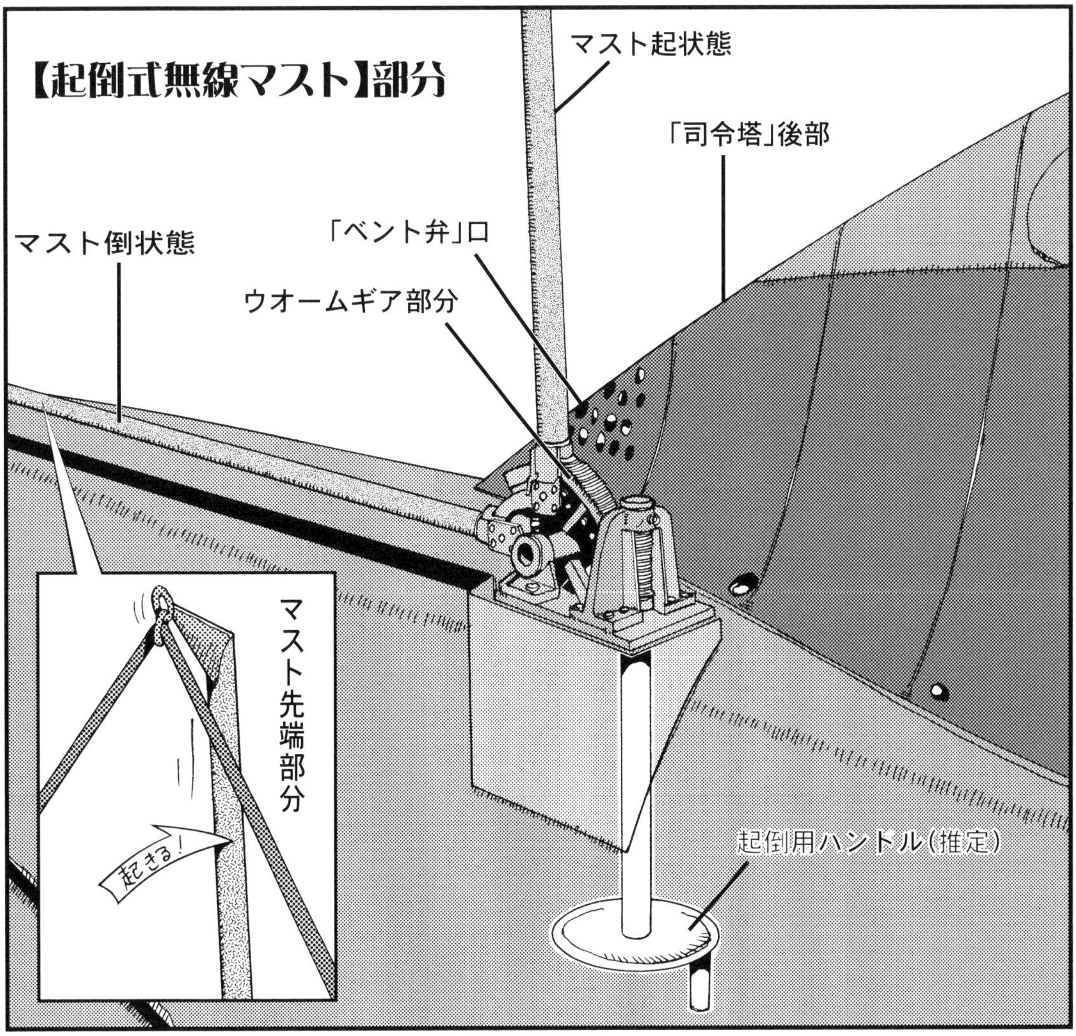
【起倒式無線マスト】部分
マスト起状態
「司令塔」後部
「ベント弁」口
マスト倒状態
ウオームギア部分
マスト先端部分
起きる！
起倒用ハンドル（推定）

【尾筐竝《ならびに》推進器部分】

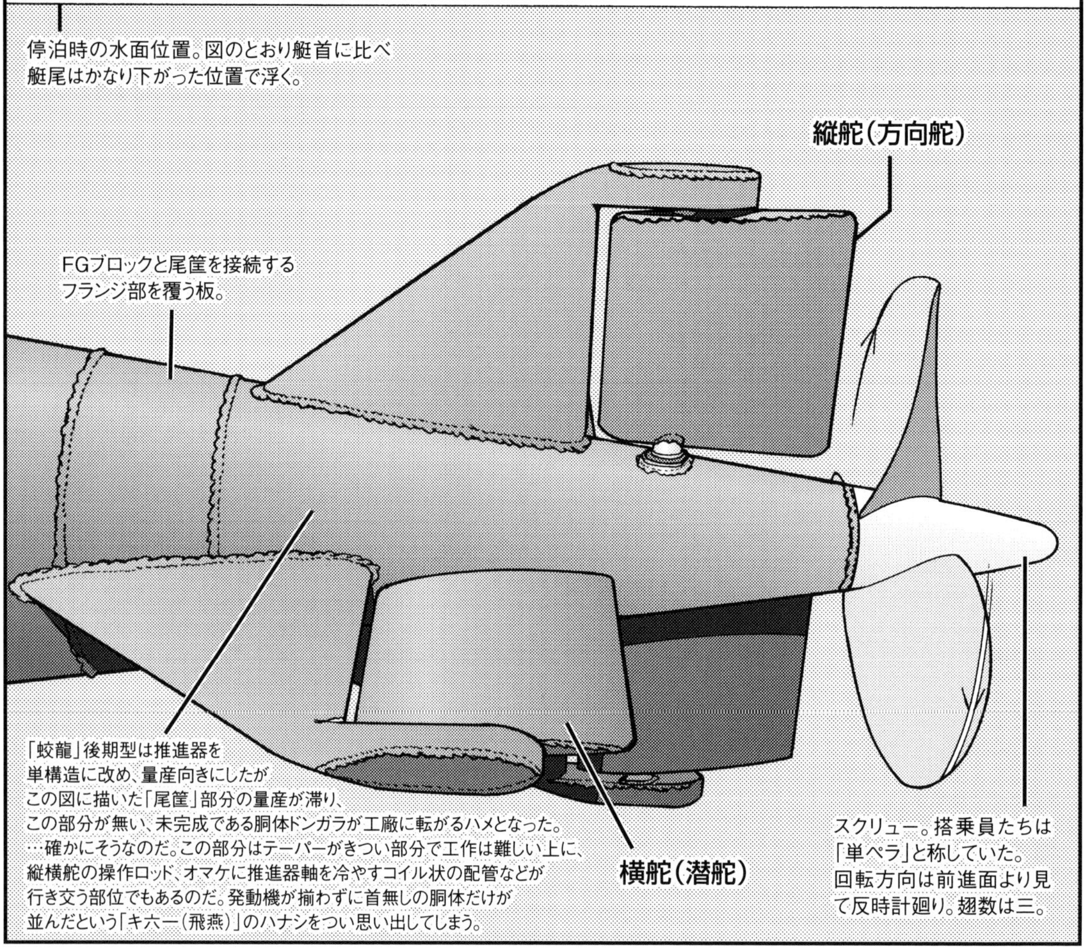
停泊時の水面位置。図のとおり艇首に比べ
艇尾はかなり下がった位置で浮く。
縦舵（方向舵）
FGブロックと尾筐を接続する
フランジ部を覆う板。
「蛟龍」後期型は推進器を
単構造に改め、量産向きにしたが
この図に描いた「尾筐」部分の量産が滞り、
この部分が無い、未完成である胴体ドンガラが工廠に転がるハメとなった。
…確かにそうなのだ。この部分はテーパーがきつい部分で工作は難しい上に、
縦横舵の操作ロッド、オマケに推進器軸を冷やすコイル状の配管などが
行き交う部位でもあるのだ。発動機が揃わずに首無しの胴体だけが
並んだという「キ六一（飛燕）」のハナシをつい思い出してしまう。
横舵（潜舵）
スクリュー。搭乗員たちは
「単ペラ」と称していた。
回転方向は前進面より見
て反時計廻り。翅数は三。

「丁型」は初／末期によって推進器形状が二種類に分かれる。初期型は連綿と代々「甲標的」に受け継がれた魚雷と同じ方式の二重反転推進器搭載型で、末期の「丁型」はシンプルな一重推進器との二つだ。後者の方を、当時「丁型」に搭乗し、訓練をしていた猛者達は愛着を込めて「単ペラ」と呼称している。筆者もツウぶってこの有り難い「単ペラ」という呼称を使わせてもらうことにする。余談ながら筆者は「丁型」搭乗員達多数に取材をしたが筆者の愛する「単ペラ的」搭乗経験者は…非常に少ない。

「単ペラ」は直径一・六メートル三翼のものを使う。回転方向は前進面から見て反時計回り。一方、二重反転型は四翼、直径一・二メートル程のを用いる。二重反転推進器の方が推進効率が良さそうに見えガチだが、あにはからんや。そうではない。効率は悪い。悪いのは推進効率だけではない。複雑に組み合ったギアーから発せられる致命的な大騒音、更には量産向きではない構造…等、得る物よりも失う物の方が多い。何故、このような二重のを導入したかの理由だが、強力な電動機を駆動させると魚雷のような何の突起物もない筒状物体では回転方向とは逆方向に回転してしまう現象、「カウンタートルク」が発生してしまう。ヘリコプター事故の映像をみると判るのだが、尾翼のローターがおかしくなり胴体が回転しつつ制御不能になるという、これに似たコトが「甲標的」にも起きる…とされてきた。

トコロが「単ペラ」にしても加速時にのみ、ぎゅッと推進器とは逆方向に軽く傾く程度で他は全く支障が無い事が判明、結果、上図のようなシンプルな形状に決着した。ただしペラの回転偏流で縦舵を〇度にしておいても勝手に左に曲がるという影響が出るのでこれを修正するために縦舵を三度程右にオフセットしてある。俗に云う「サイドスラスト」というヤツだ。

本書で扱う「九七式特眼鏡《とくがんきょう》改四」は「丁型的」で唯一無二、筆者が実物を目にした『兵器』である。平成十五年五月、広島県の海上自衛隊潜水艦資料室に展示してある「九七式特眼鏡改四」の実物と邂逅《かいこう》した（現在は非公開）。

実物を見るまでの印象は華奢なものをイメージしていたが、あにはからんや。非常に重く、頑丈なモノであった。倒れ、これの下敷きになったら間違いなく命を奪われる大きさと重量だった。少なくとも筆者は一人で持ち上げることは不可能な重さに感じた。冷静に考えればそうなのだ。水圧、水流抵抗がモロにかかる兵器なのだ。それ相応の強度が必要なワケだし、特に「甲標的」系は通常の潜水艦が採る水中で停止し魚雷発射という事が不可能。よって潜水航行中に用いる事になるので当然の構造なのかもしれない。

司令塔から飛び出る構造物の昇降は手動が基本だが、例外的にこの「特眼鏡」は電動を用いる。現在の潜水艦は粛音性を重視して昇降は油圧を用いるが、戦中は主力潜水艦の大部分が太いワイヤーを上に二本、下に一本縛り付けて昇降させる電動式だった。「甲標的」もそれに倣《なら》ってかは不明だが同方法を採用している。トニカク、人力では不可能な重さなのだ。必然的採用なのだ。主力潜水艦に搭載されている潜望鏡はある程度の上方視界を得られるように対物レンズが上方を向くように艦内から操作が出来るのだが、一応「特眼鏡」にもそれが出来る機能が備わっている。

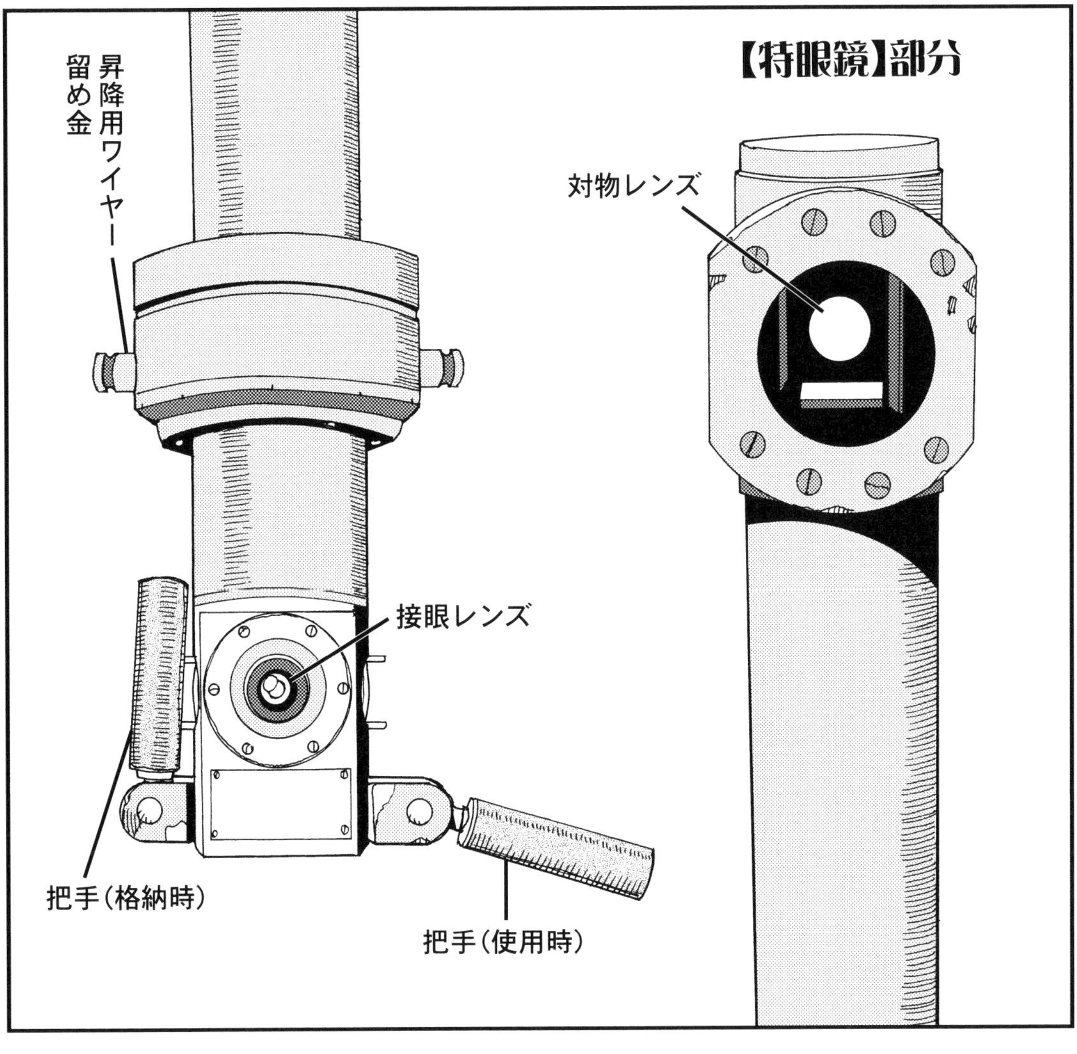
【特眼鏡】部分
昇降用ワイヤー留め金
対物レンズ
接眼レンズ
把手（格納時）
把手（使用時）

【「甲標的丁型」操縦室俯瞰図】

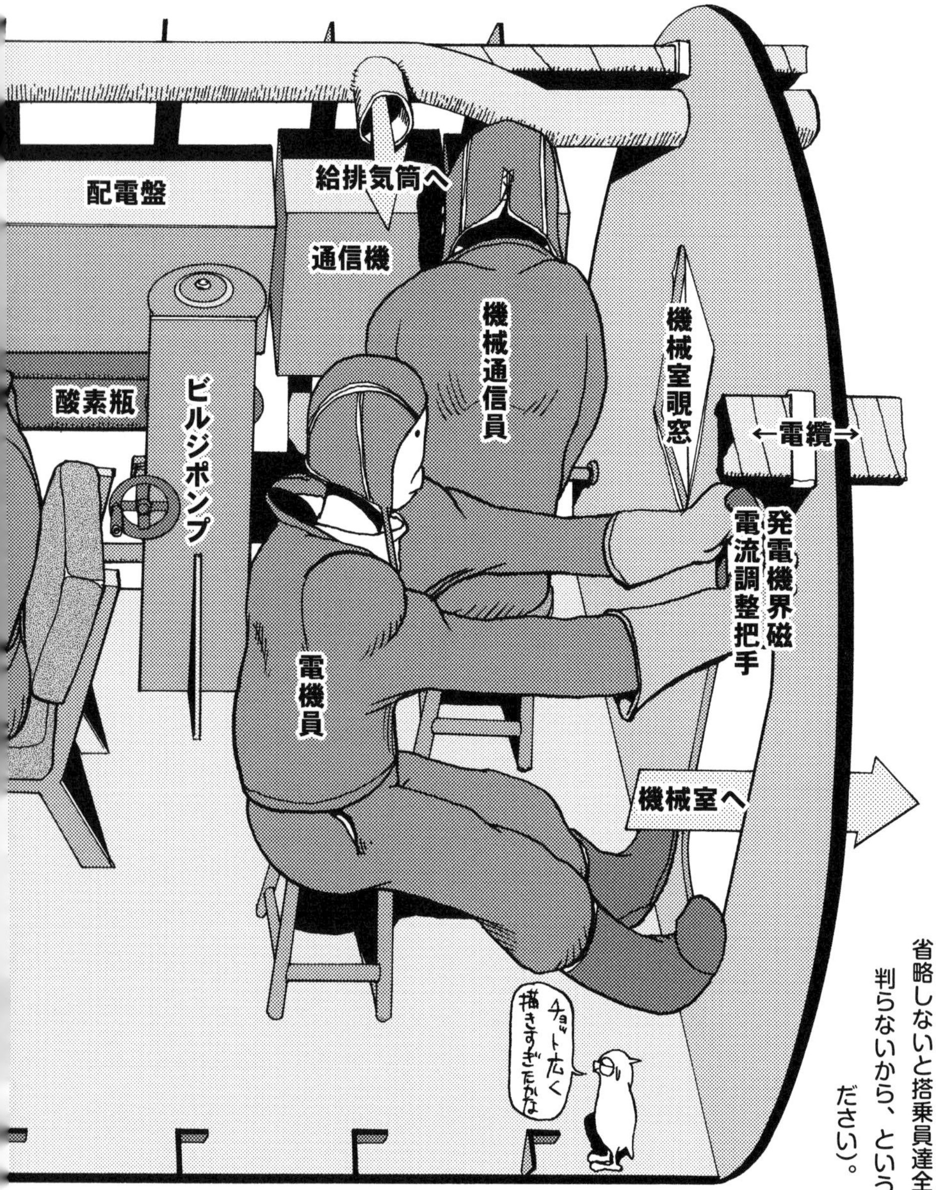
配電盤
給排気筒へ
通信機
機械通信員
機械室覗窓
酸素瓶
ビルジポンプ
←電纜→
発電機界磁電流調整把手
電機員
機械室へ
チョット広く描きすぎたかな

恐らく「甲標的丁型」操縦室イラストレイテッドを見開きで描いたのは筆者が世界初ではないだろうか。…正直、このカットを描くのにエラい手間が掛かった。八ページくらいの短編コミックを描くと同じくらいに時間を要した感すらある。

初めに断っておきたいのだが、このカットは筆者の想像図でしかない。オマケにアングル上、どうしても左舷に鈴なりに配置されていた各種配電盤を省略しないと搭乗員達全員を描けないので泣く泣く割愛をと、これは形状が判らないから、というワケでは決して無い（と、いうことにしておいてください）。

搭乗員達が飛行服を身に纏っているせいも、また円筒胴体ということもあってか、一見、爆撃機等、大型機の操縦室を思わせるような感さえするが実際はただ狭く、ただ息苦しい窓もない金属管でしかない。しかし、カイグンはこの狭い空間に五日も閉じ込めようとしていたのだ（…マ、筆者なら平気…かな?）。図では空間を多く描いてしまって広い錯覚があるが、直径二メートルを少し越える寸法があっても、床には左右「補助タンク」や「応急タンク」が配置され、室内の一番高い所でも搭乗員達は屈んででしか立つことはできないのだ。天井（円筒形だから壁も天井もないのだが）には均等間隔に肋材が、図では省いたが天井部には七つ程バルブ操作把手が突き出していて不意に立ち上がるとアタマが大変なコトになるのは想像に容《た》易《やす》い。唯一無二、何の支障もなく立ち上がることが出来る場所は特眼鏡が上下する部分の、艇長が収まる司令塔部分のみだ。ここと決して広い場所ではないのだが。

こうして図を眺めていると…「丁型」は五人乗

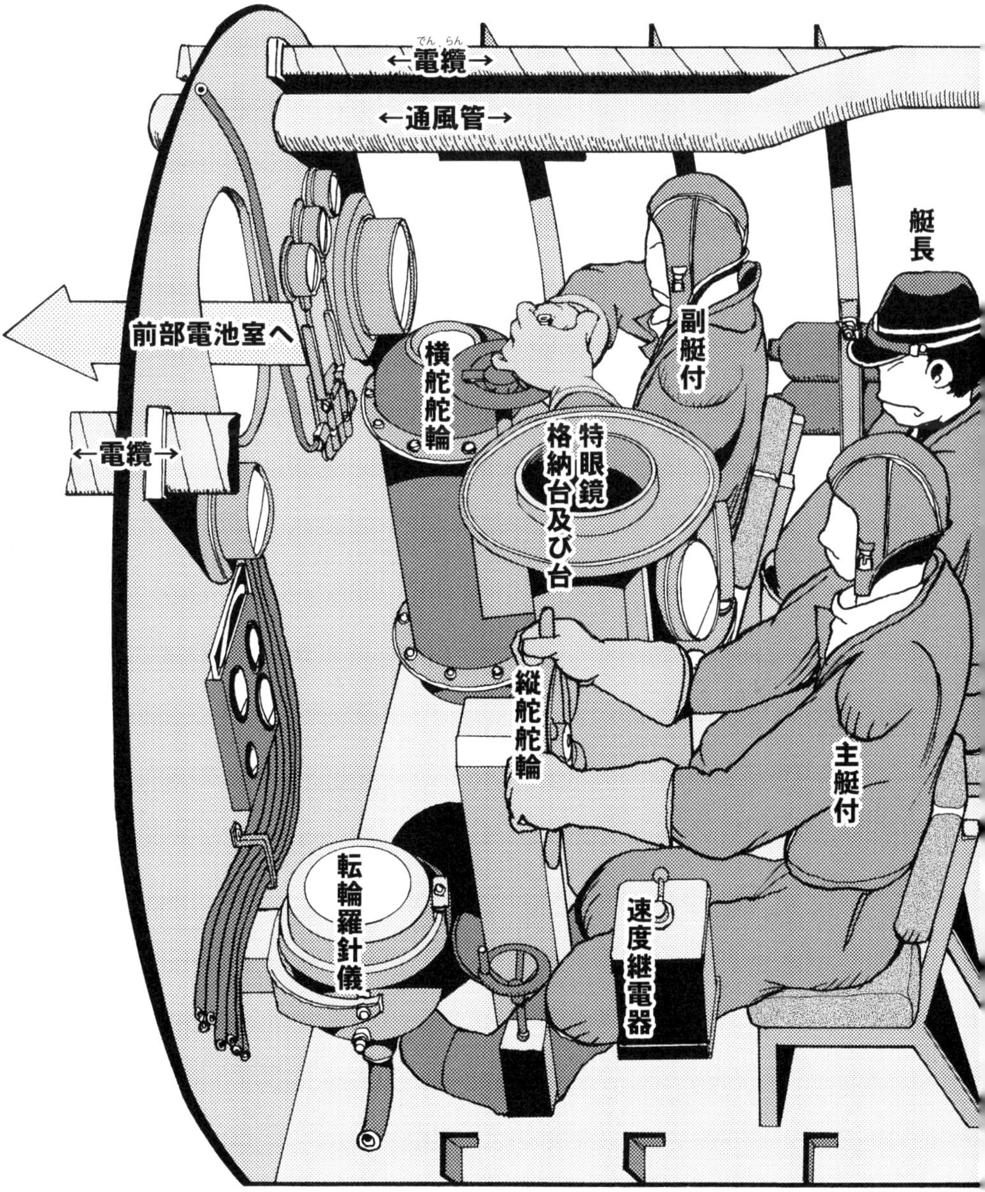
←電纜《でんらん》→
←通風管→
艇長
副艇付
前部電池室へ
横舵舵輪
特眼鏡格納台及び台
←電纜→
縦舵舵輪
主艇付
転輪羅針儀
速度継電器

りなのだ…と改めて理解する。さてその五人の役目だが、「艇長」は通常の潜水艦と同じ役職であるので詳しきことはそのテの文献を読んでもらいたいのだが、「主艇付」は速度と縦舵（左右方向）を操る。「副艇付」は横舵（上下方向）と艇長の命により魚雷発射を担当する。「機械電信員」は送・受信機オノオノ一台で一組の「海軍移動特用電信機改一」を担当、また隔壁を隔てた隣の機械室に大きく横たわる「五一号丁型内火機械」のヂーゼルをも担当する。この場合の「担当」というのは速度を艇長の命により出力を可変させるというモノではなく保守・点検等の手入れ、という意味だ。

残りの「電機員」だが巨大で膨大な数を搭載している蓄電池の世話と推進動力を発生させるモウタアや継電器の保守もする。…筆者の直感で恐縮だがこの「電機員」が一番、危険な仕事だと考える。チナミに「丁型」の操縦は「主艇付」一人で全てこなせるそうだ。尤も外が見れない空間での操艇はキケンだ。「主艇付」の視界は隔壁だけなのだから。艇長が外界をみて大声で指示しないといけないのだから。

尚、どの時点で…という点でと全く言い切れないのが非常に心苦しい限りではあるのだが、操縦室前後にある隔壁は、前後とも水密構造のタイプと後部隔壁のみ水密構造というタイプがある。後部のだけ確実に水密構造なのは、恐らく機械がウルサイいのと暑いからだと考える次第だ。

【まとめ】

例によりウワべだけ、しかも駆け足で述べた上にエラそうに【まとめ】とするのは全く心苦しい限りだが恥を忍んで以下に述べることにする。

以前の「甲標的」達と比べ、「丁型」は大幅に改設計され、かつ量産に適するよう合理化の苦労が随所に見て取れる。言い返せば如何にそれまでの「甲標的」達が量産に適さなかった構造をしていたかを伺い知る思いだ。艦隊決戦の花形兵器が時代と共に変化、局地沿岸防御用に生まれ変わったのだ。中身も外見も朱が入るのは当然だ。ありもしない艦隊決戦に見切りをつけ、要望に沿った変化を成し遂げるサマは見事だ。でも遅すぎた。確実に遅すぎた。

この作品集で取り上げた「甲標的丁型」たる「蛟龍型特殊潜航艇」後期型は遅くとも昭和十九年の正月には登場していなければならなかった兵器のひとつだと筆者は強く思う。また沿岸防御用にしてはかなり大型に思えてならない。海外の豆潜水艇をみれば「丁型」の半分くらいの全長と排水量にまとめているからだ。沿岸防御用ならこの程度で良いのだ。やはり魚雷発射管を艇内に組み入れる、通常潜水艦並のデザインでは船体は長く大きくなってしまう。艇内に発射管を収め、更に小さくしろというのは、ドダイ無理なハナシだ。もしこれを断行するとしたら、二十一世紀の今日に開発された高性能小型蓄電池でも導入しない限り無理だ。船体が大きいから馬力が必要になる、よって多数の蓄電池も必要、だから船体も大きくなる…という悪循環だ。「海龍」のような使い捨て発射管を横に抱く方式か独軍豆潜のような長時間魚雷が海水に浸かっても消耗品だからお構いなしという割り切った手段を採用しない限りは小さいサイズには纏まらない。

『あのクソ狭い「丁型」が大型すぎるとは何だ。』…と関係者各位からお叱りのお言葉を賜りそうだが、カエルの子はカエル、魚雷の子は魚雷なのだ。艦隊決戦を目指していた兵器は使用目的が変化してもその影は常に大きく残るのだ。やはり帯に短し、襷《たすき》に長い「丁型」…ということなのだろうか。どうせならもう少し大きくして沿岸用ではなく近海用の小型潜水艦を目指して欲しかったと…と全く後知恵なことを「丁型」を見る度に強く思う次第である。

【的の画記】《終》

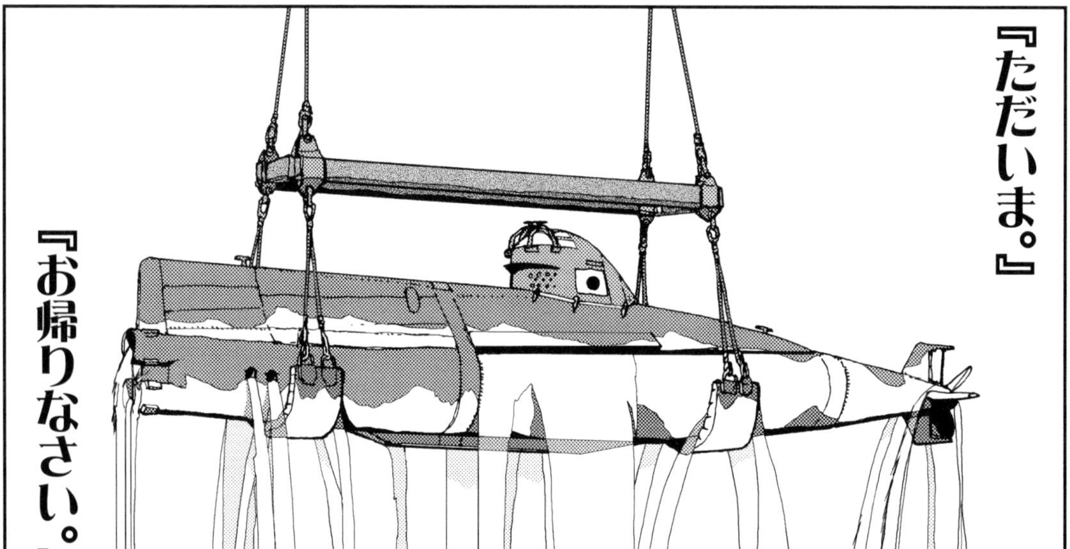

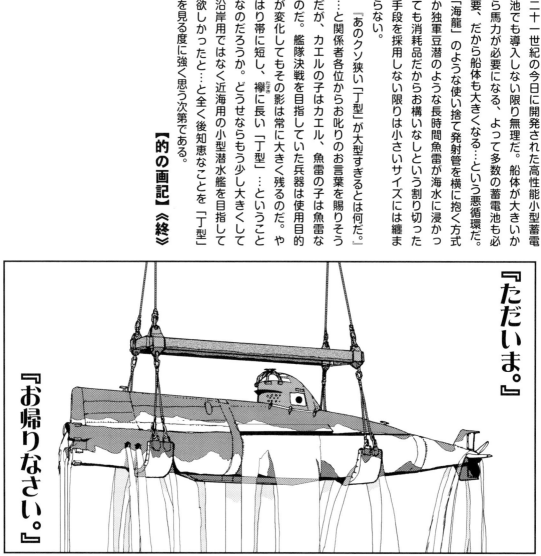

ミリタリー・クラシックス
MC☆あくしず
収録作品集

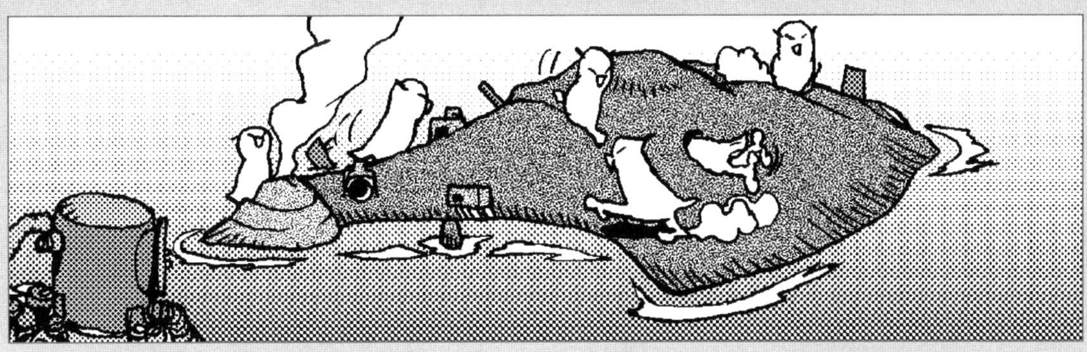

《 初出一覧 》

戦艦「比叡《ひえい》」	ミリタリー・クラシックスVol.11（2005年秋号）
「雲龍」型空母	ミリタリー・クラシックスVol.20（2008年冬号）
重巡洋艦「高雄」	ミリタリー・クラシックスVol.17（2007年春号）
駆逐艦「雪風」	ミリタリー・クラシックスVol.14（2006年夏号）
装甲艦ドイッチュラント級	ミリタリー・クラシックスVol.10（2005年夏号）
戦艦シャルンホルスト級	ミリタリー・クラシックスVol.13（2006年春号）
二式水上戦闘機、水上戦闘機「強風」	ミリタリー・クラシックスVol.15（2006年秋号）
一式陸上攻撃機	ミリタリー・クラシックスVol.19（2007年秋号）
三式戦闘機「飛燕」	ミリタリー・クラシックスVol.16（2007年冬号）
一〇〇式司令部偵察機	ミリタリー・クラシックスVol.18（2007年夏号）
九七式中戦車チハ	ミリタリー・クラシックスVol.12（2006年冬号）
硫黄島《いおうとう》・水際特火点見学	ミリタリー・クラシックスVol.15（2006年秋号）
萌えの味方識別装置	MC☆あくしずVol.5（2007年夏号）
萌えの自動消火装置	MC☆あくしずVol.6（2007年秋号）
チハ砲	MC☆あくしずVol.8（2008年春号）
独逸《ドイツ》式マムシ	MC☆あくしずVol.9（2008年夏号）

戦艦「比叡」

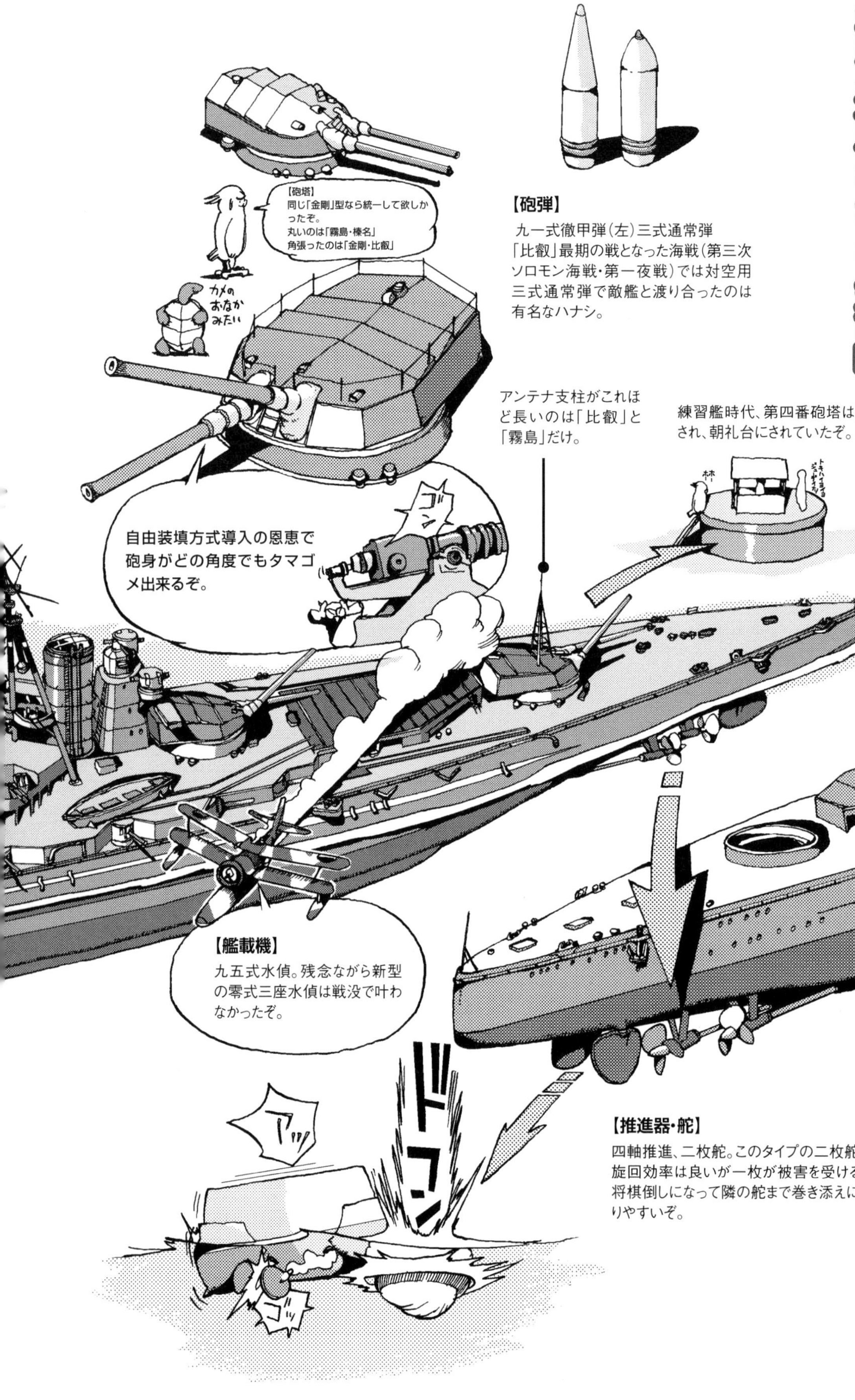

【砲塔】
同じ「金剛」型なら統一して欲しかったぞ。
丸いのは「霧島・榛名」
角張ったのは「金剛・比叡」
カメのおなかみたい
【砲弾】
九一式徹甲弾（左）三式通常弾
「比叡」最期の戦となった海戦（第三次ソロモン海戦・第一夜戦）では対空用三式通常弾で敵艦と渡り合ったのは有名なハナシ。
アンテナ支柱がこれほど長いのは「比叡」と「霧島」だけ。
練習艦時代、第四番砲塔は撤去され、朝礼台にされていたぞ。
自由装填方式導入の恩恵で砲身がどの角度でもタマゴメ出来るぞ。
ゴン
【艦載機】
九五式水偵。残念ながら新型の零式三座水偵は戦没で叶わなかったぞ。
【推進器・舵】
四軸推進、二枚舵。このタイプの二枚舵は旋回効率は良いが一枚が被害を受けると将棋倒しになって隣の舵まで巻き添えになりやすいぞ。
アッ
ドゴン
ゴッ

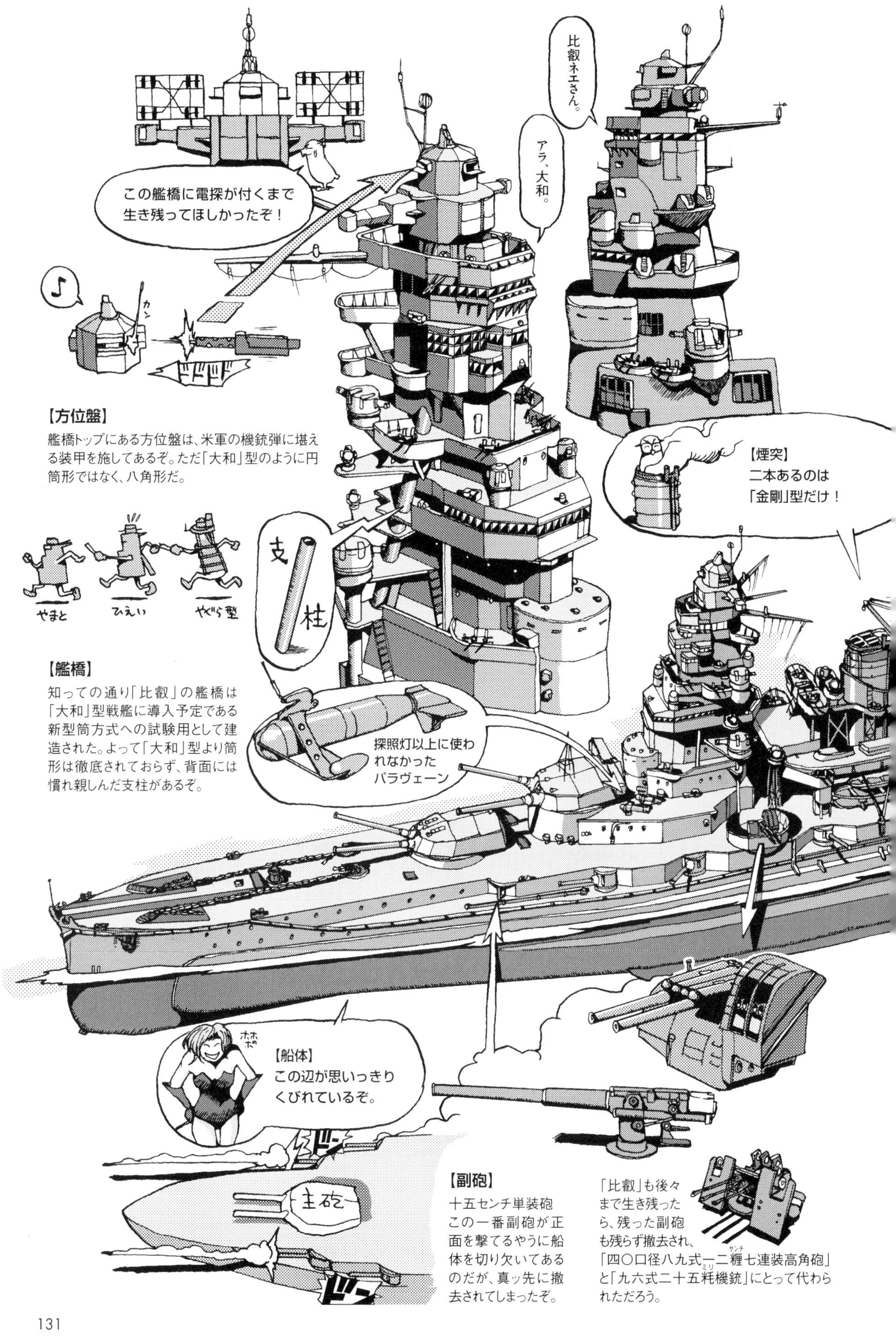
この艦橋に電探が付くまで
生き残ってほしかったぞ！
♪
カン
ドドドド
比叡ネエさん。
アラ、大和。
やまと
ひえい
やぐら型
支柱
探照灯以上に使われなかったパラヴェーン
【煙突】
二本あるのは
「金剛」型だけ！
ホホホ
【船体】
この辺が思いっきり
くびれているぞ。
ドン
主砲
ドン

【方位盤】
艦橋トップにある方位盤は、米軍の機銃弾に堪える装甲を施してあるぞ。ただ「大和」型のように円筒形ではなく、八角形だ。

【艦橋】
知っての通り「比叡」の艦橋は「大和」型戦艦に導入予定である新型筒方式への試験用として建造された。よって「大和」型より筒形は徹底されておらず、背面には慣れ親しんだ支柱があるぞ。

【副砲】
十五センチ単装砲
この一番副砲が正面を撃てるやうに船体を切り欠いてあるのだが、真ッ先に撤去されてしまったぞ。

「比叡」も後々まで生き残ったら、残った副砲も残らず撤去され、「四〇口径八九式一二糎《サンチ》七連装高角砲」と「九六式二十五粍《ミリ》機銃」にとって代わられただろう。

射撃しちゃうぞ!
今回は戦艦の射撃が何たるかを、オレ様がこの方位盤シミュレーターを使って説明してやるッ
プシッ
九八式射撃方位盤を参考に致しました。高さは二・四メートルあります
方位盤
指揮官席
旋回手用配置
動揺手用配置
射手用配置
大砲を撃つには他にも色々必要なモノがあるが今回はこの方位盤だけに絞るッ
あの、サブ兄さん
指揮官役と射手役旋回手役の仕事は何となく判るのですが、動揺手って何ですか?
それとこの機械は戦艦のドコにあるのですか?
ウムッ良い質問だ。マリンくん
ココ
ココだ。戦艦の一番高い所だ
御質問の動揺手について述べる前に
オレ様は射撃システムについて述べねばなるまいッ
方位盤
諸元
ココは射撃盤
目標
移動
方位盤で照準した目標の諸元は射撃盤に送られる。ここでは弾が飛んで行く間に目標が移動する見越しを計算する機械だ
【基針】方位盤で計算された出力は指針となって表示される
受信器
ゴロゴロ
【追針】主砲の方向を示す指針。砲の操作員はひたすら基針を追って砲を旋回させる
そして受信器の二つの針が重なった時だけ…
ピタッ
発砲回路が形成され、その時だけ射手が引き金を操作すると…
引き金
20V
砲
受信器
通電して
めでたく発砲出来るッ
ドン

ユラ～
ユラ
しかし、
フネは浮いているため
常に揺れている。
そこで方位盤を
フネと逆に揺らして
射手が照準しやすいように
するのが動揺手の仕事だッ
ユラ
ユラ
ユラ
照準出来ない
ばかりか
…この動揺手が
下手だと
思いっきり
酔うぞ
オェェ
びちゃ
入金機
4人だから
ひぃふぅ
プシュ
よしッ
早速実戦だ
お金
かかる
んだ
実戦？
実践では？
あッ
目標
捕捉
巧く
照準でき
ないです
動揺手、シメるぞ
ぐるぐる
ひぃッ
照準
ヨシッ、
撃て
アレッ
故障？
言い忘れていた。
このシミュレーターは
時間内に照準出来ないと
自爆するようになっている
これが実戦だよ、
マリンくん
非常口
ギッ
ええッ
フ～ッ
スッとした
プシュ
…というような
アトラクションを
作って
ください
町田市
武蔵ミュージアム
失せろッ

「雲龍」型空母

【艦尾】

「葛城」は改「飛龍」型と称されるが「飛龍」と「葛城」は舵の形状がまるで違うぞ。舵だけみれば遥かに「蒼龍」に近いぞ。

【起倒式起重機】

普段は飛行甲板に収納されているが水上機の収納、補給物資の積込などに大活躍だぞ。起こすのに三分程かかるぞ。

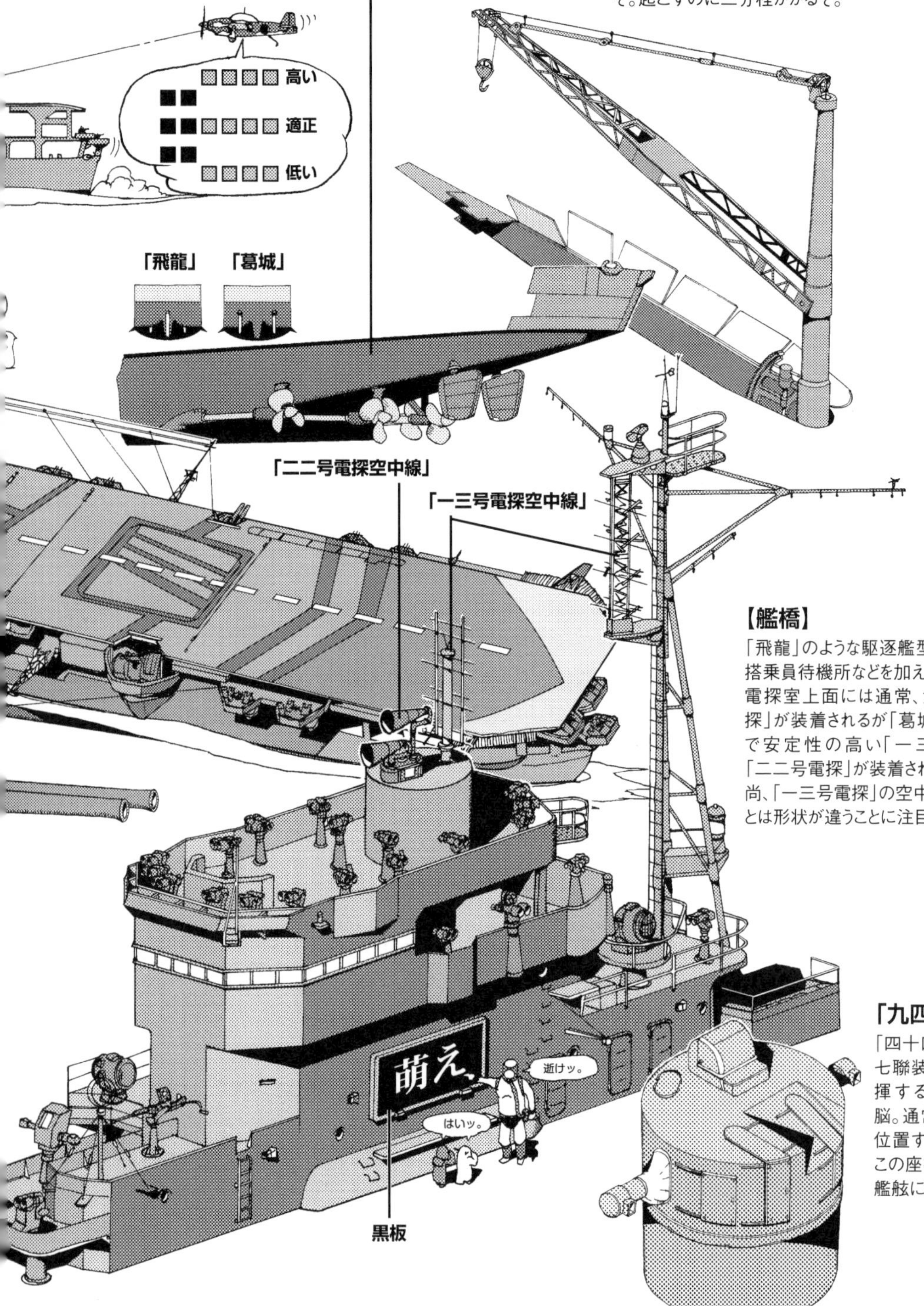

高い
適正
低い
「飛龍」
「葛城」
「二二号電探空中線」
「一三号電探空中線」
萌え
逝けッ。
はいッ。
黒板

【艦橋】

「飛龍」のような駆逐艦型艦橋から卒業して搭乗員待機所などを加えて大型になったぞ。電探室上面には通常、大型の「二一号電探」が装着されるが「葛城」に限っては小型で安定性の高い「一三号電探」と重い「二二号電探」が装着されているぞ。
尚、「一三号電探」の空中線は信号檣のものとは形状が違うことに注目!

「九四式高射装置」

「四十口径八九式十二糎七聯装高角砲」を統括指揮する高角砲の目と頭脳。通常は艦橋のトップに位置するが「葛城」ではこの座を電探室に奪われ、艦舷に移動になったぞ。

「四十口径八九式十二糎七聯装高角砲」

「九六式二十五粍三聯装機銃」同様に「葛城」には防煙楯装着型の高角砲は搭載されないぞ。

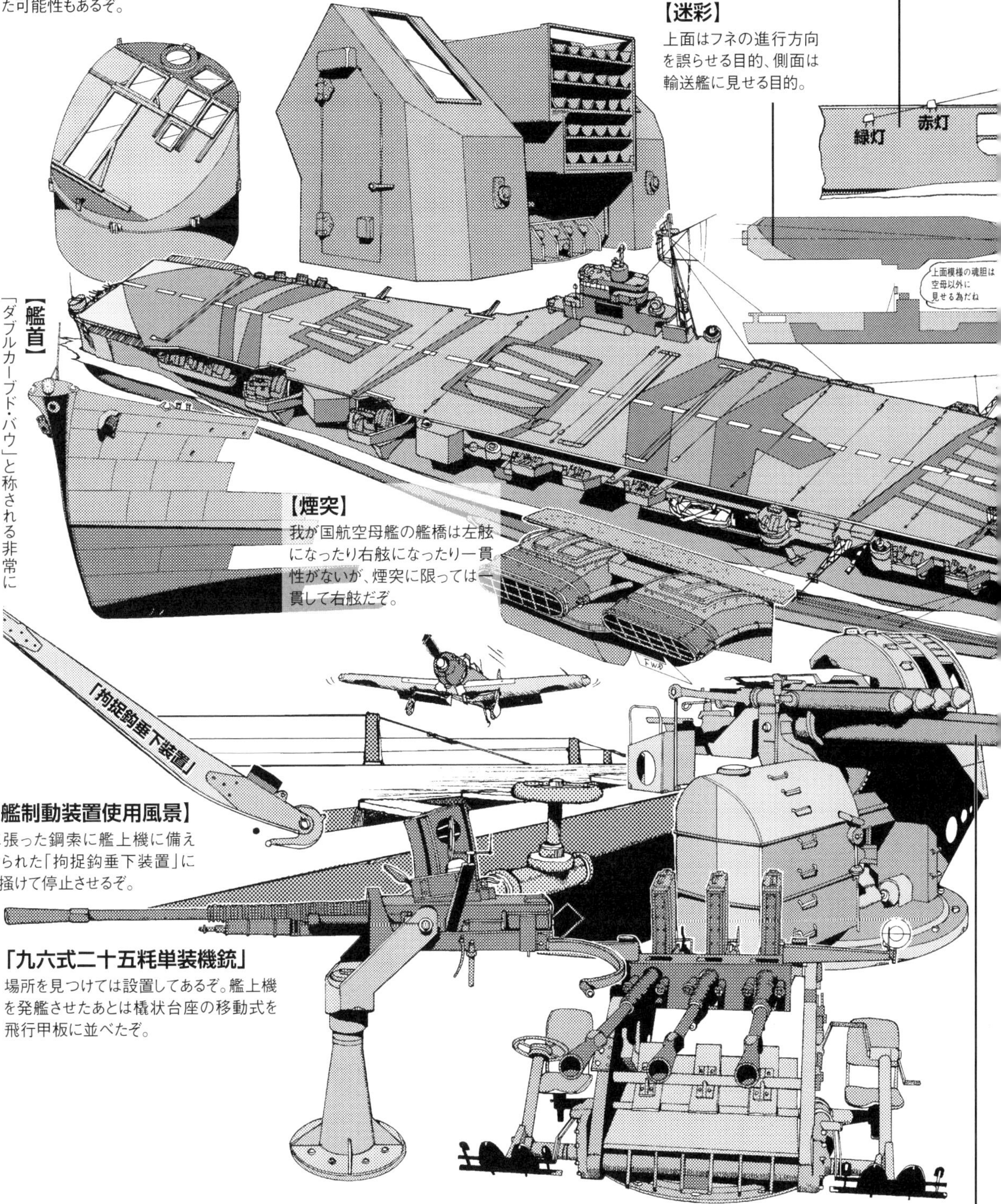
緑灯
赤灯
上面模様の魂胆は
空母以外に
見せる為だね
「拘捉鈎垂下装置」
FWD

「九五式機銃射撃装置」

「九六式二十五粍三聯装機銃」を統括指揮する機銃の目と頭脳。「十二糎二十八聯装噴進砲」には新型の「四式射撃装置」が使われた可能性もあるぞ。

「十二糎二十八聯装噴進砲」

次ページにて詳細あり!

【着艦指示灯】

難しい着艦を少しでも軽減させようと考え出されたシステムだぞ。横一本になるよう、機体を操ると進入角が適正だぞ。

【迷彩】

上面はフネの進行方向を誤らせる目的、側面は輸送艦に見せる目的。

【艦首】

「ダブルカーブド・バウ」と称される非常に凌波性の高い優秀なデザインだぞ。

【煙突】

我が国航空母艦の艦橋は左舷になったり右舷になったり一貫性がないが、煙突に限っては一貫して右舷だぞ。

【着艦制動装置使用風景】

横に張った鋼索に艦上機に備え付けられた「拘捉鈎垂下装置」に引っ掻けて停止させるぞ。

「九六式二十五粍単装機銃」

場所を見つけては設置してあるぞ。艦上機を発艦させたあとは橇状台座の移動式を飛行甲板に並べたぞ。

「九六式二十五粍三聯装機銃」

初期は図のような形状であったが、「葛城」等の後期型では左右の操作要員を保護する為に防弾板が装着されたぞ。尚、「雲龍」では煙突より後方の「九六式二十五粍三聯装機銃」には防煙楯があったが、「葛城」では簡易化と視界向上のためこれは装着されなかったぞ。

航空母艦の守護砲

盛大に撃ち上げているけどこんなに煙の出る対空火器なんかあったかなあ？
ねー、ユガさん。
ウムッ。良いトコロに気付いたな、マリンくんッ。
空母にはサマザマな対空兵器が搭載してあったッ。
プシッ
中でも際立っているのは末期空母にだけ搭載を許された秘密兵器であるッ。
それがッ
「十二糎《サンチ》二十八聯装噴進砲」だッ
キラーン
…聞いたぞッ。キサマこのテーマ、他社の雑誌でやったそうだなッ。
だらん
グググ。気のせいです、サブ兄さん。
では気を取り直して「十二糎二十八聯装噴進砲」がどんなものかを述べる前に、空母のどの辺に搭載してあったのかをこのオープンセットを使ってッ
理解してくれッ。
「雲龍」型空母噴進砲搭載状況上面図
この辺。
わーいスゴいや。
「十二糎二十八聯装噴進砲」
射撃指揮装置
尾道にあるという「雲龍」型空母オープンセット（もちろんウソ）
射撃指揮装置位置

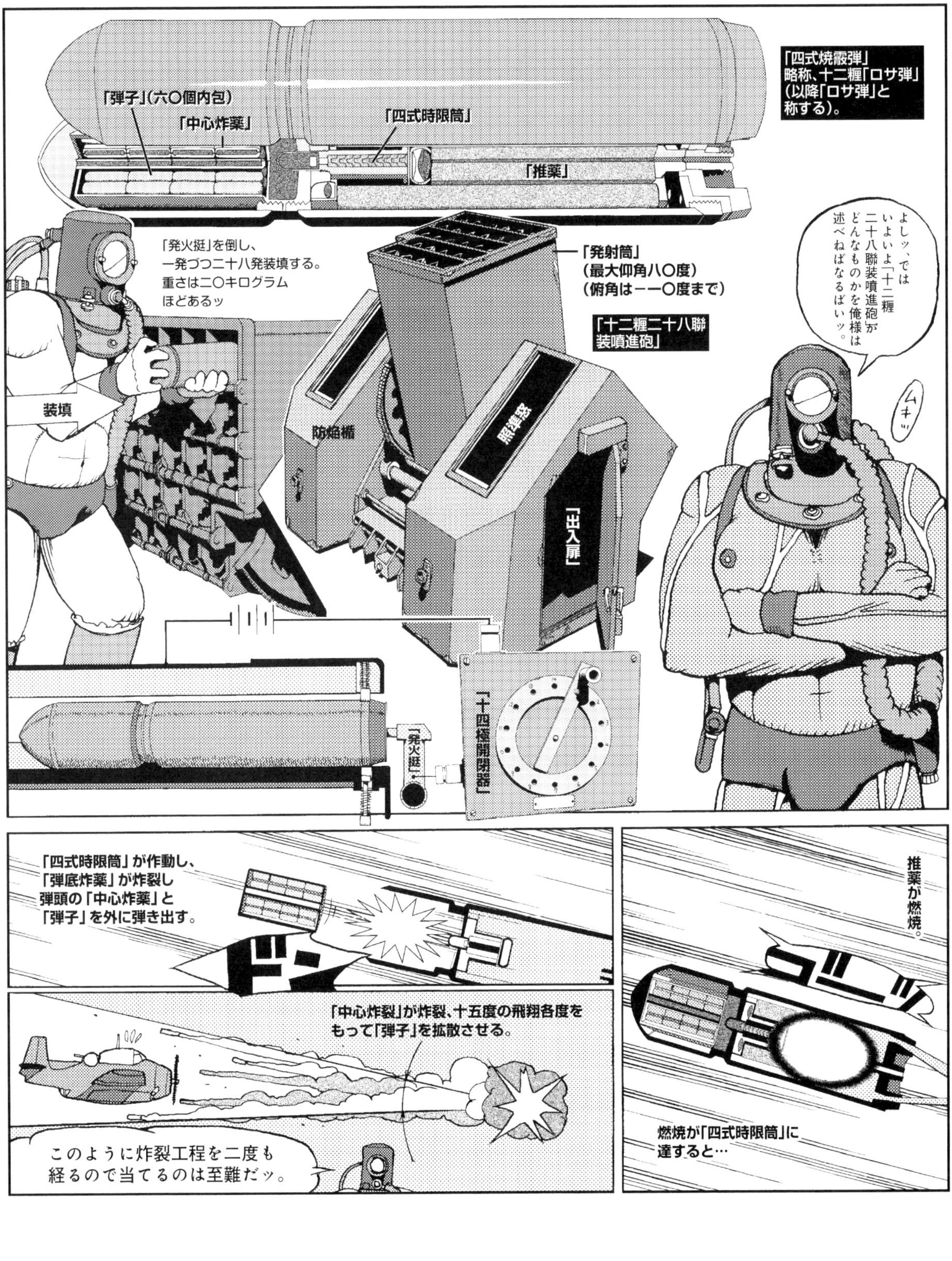

「四式焼霰弾」
略称、十二糎「ロサ弾」
(以降「ロサ弾」と
称する)。
「弾子」(六〇個内包)
「中心炸薬」
「四式時限筒」
「推薬」
よしッ、では
いよいよ「十二糎
二十八聯装噴進砲」が
どんなものかを俺様は
述べねばなるばいッ。
ムキッ
「発射筒」
(最大仰角八〇度)
(俯角は一一〇度まで)
「十二糎二十八聯
装噴進砲」
「発火挺」を倒し、
一発づつ二十八発装填する。
重さは二〇キログラム
ほどあるッ
装填
防焔楯
照準器
「出入扉」
「発火挺」
「十四極開閉器」
推薬が燃焼。
燃焼が「四式時限筒」に
達すると…
「四式時限筒」が作動し、
「弾底炸薬」が炸裂し
弾頭の「中心炸薬」と
「弾子」を外に弾き出す。
「中心炸裂」が炸裂、十五度の飛翔各度を
もって「弾子」を拡散させる。
このように炸裂工程を二度も
経るので当てるのは至難だッ。

対空兵器なのに視界は狭そうだなあ。
ウムッ。またしても良いところに気付いたなマリンくんッ。
実は楯の形は複数種類存在するッ。
前後のみ楯有り、横には無し。
前のみ楯有り。
楯無し。
何れも自らの発射火焔から身を守るためだッ。
「雲龍」型空母に限らず殆どの空母は左図のような配置だッ。
※注意 楯は前面のみ噴進砲
ウルイィーーン
あッ、敵機だ！廻せ！
このような状況で噴進砲を発砲すると…
照準よしッ！撃てッ！
ブーン
こうなるッ。
噴進弾は三メートルも炎を噴くのだッ。後に居た者はたまったモノではないッ。
それだけではないッ。初期の噴進弾は製造不良が多いッ。
点火すると弾体の溶接が裂けここから燃焼ガスが吹き出してしまって発射されないッ。
飛翔しないだけなら我慢できるがッ問題はそのまま「四式時限筒」が作動しッ
「四式時限筒」の時限薬は必ず引火するように凸凹を組み合わせているぞ。

砲身内で腔発しッ
パカン
反動で「ロサ弾」が後から飛び出しッ
跳ね返ってッ
ゴーン
後の隔壁に当たりッ
こうなるッ
よって全面を覆う「防焔楯」か、隔壁を設けるッ。
だとしたら剥き出しの射撃指揮装置はヤバそうですね。
何のための距離だッ 何のための風上配置だッ。
じゃ、試してみましょうか。
あッ これはセットだッ。風は吹いていないッ。
………
ヤバい！噴進砲はヤバい。
僕たちはもっとヤバい！
逃げる!!

重巡洋艦「高雄」

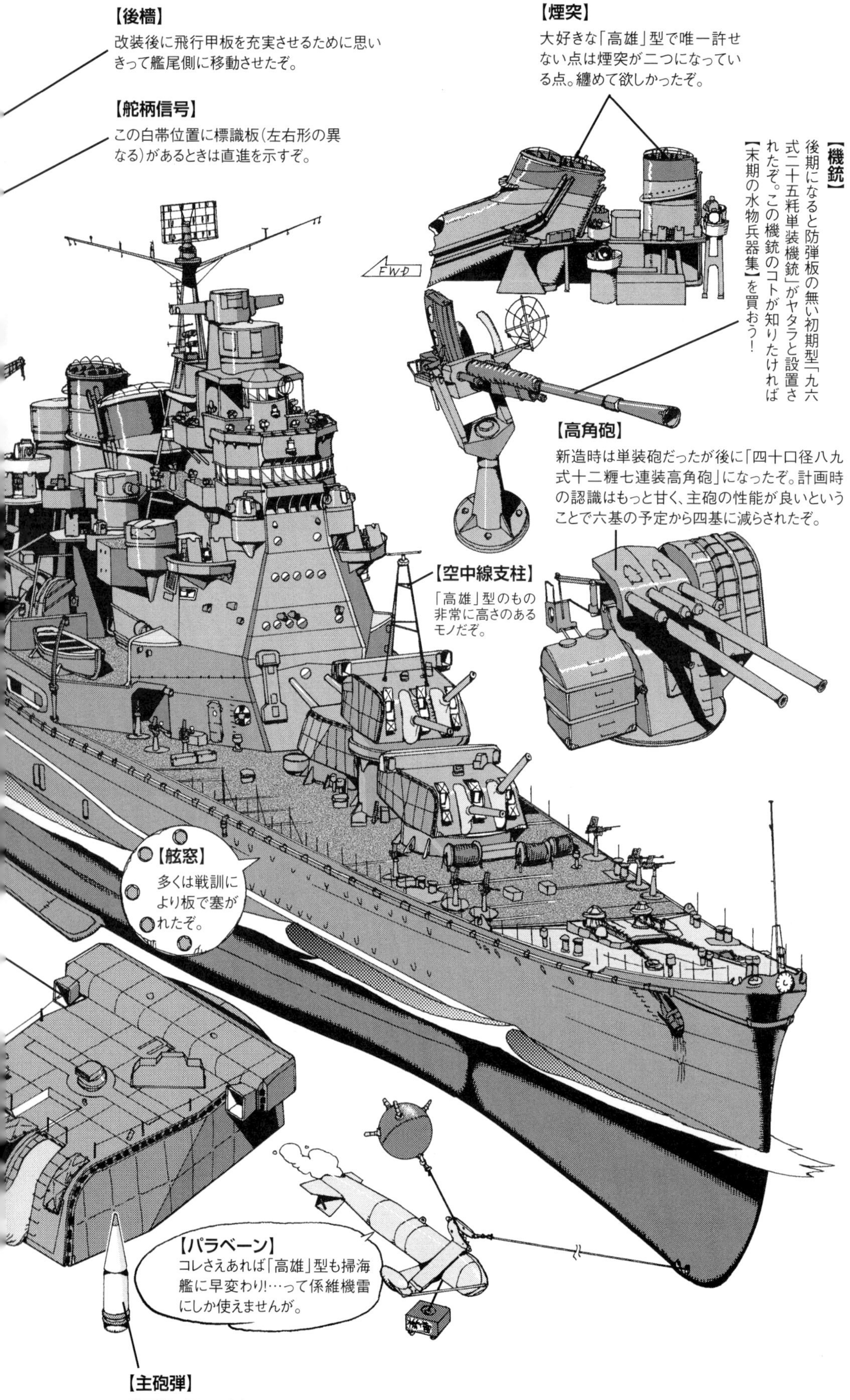

【後檣】
改装後に飛行甲板を充実させるために思いきって艦尾側に移動させたぞ。
【舵柄信号】
この白帯位置に標識板（左右形の異なる）があるときは直進を示すぞ。
【煙突】
大好きな「高雄」型で唯一許せない点は煙突が二つになっている点。纏めて欲しかったぞ。
【機銃】
後期になると防弾板の無い初期型「九六式二十五粍単装機銃」がヤタラと設置されたぞ。この機銃のコトが知りたければ【末期の水物兵器集】を買おう！
FWD
【高角砲】
新造時は単装砲だったが後に「四十口径八九式十二糎七連装高角砲」になったぞ。計画時の認識はもっと甘く、主砲の性能が良いということで六基の予定から四基に減らされたぞ。
【空中線支柱】
「高雄」型のもの非常に高さのあるモノだぞ。
【舷窓】
多くは戦訓により板で塞がれたぞ。
【パラベーン】
コレさえあれば「高雄」型も掃海艦に早変わり!…って係維機雷にしか使えませんが。
【主砲弾】
徹甲弾は「九一式」だけ!

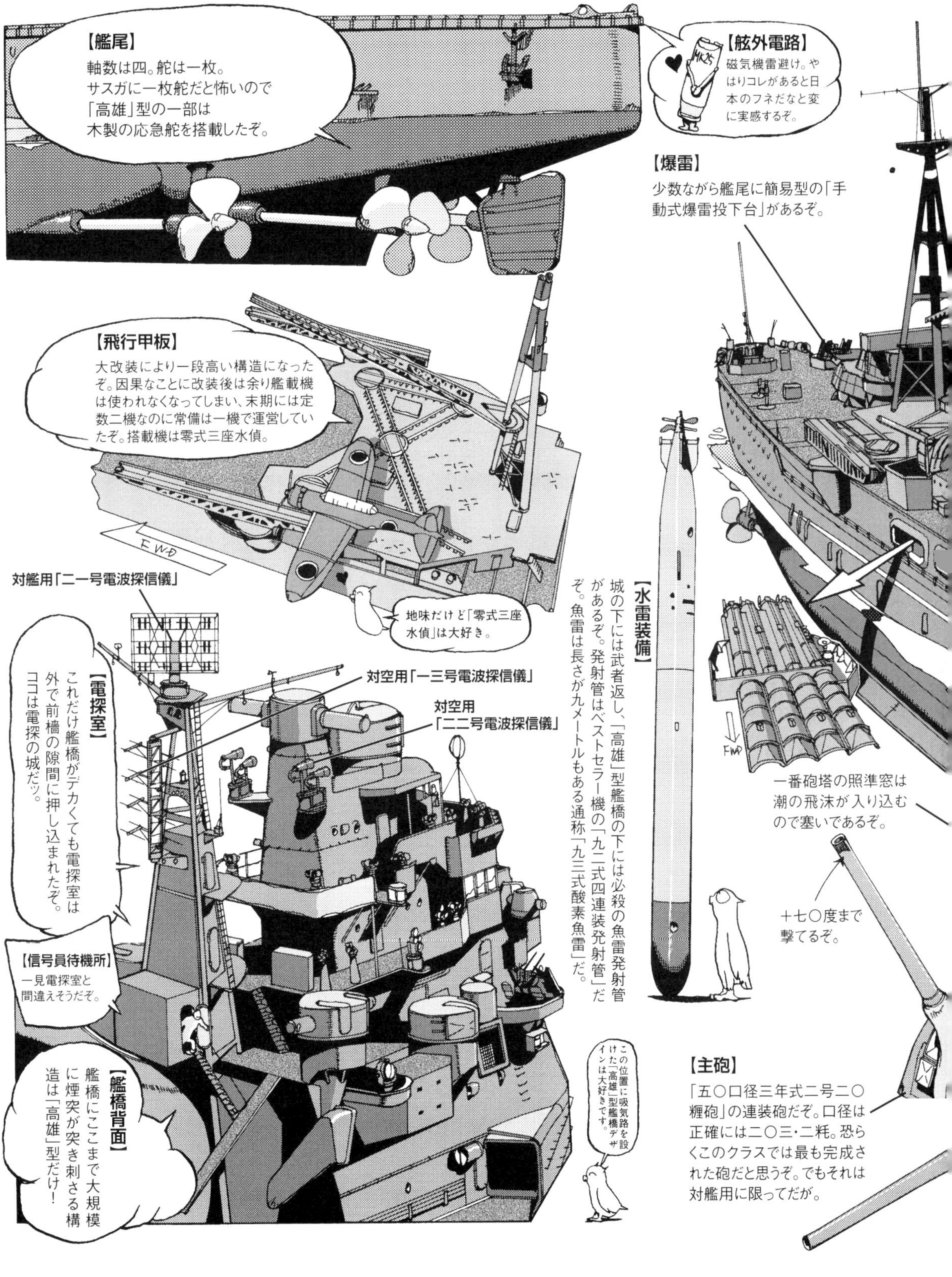
【艦尾】
軸数は四。舵は一枚。
サスガに一枚舵だと怖いので
「高雄」型の一部は
木製の応急舵を搭載したぞ。
【舷外電路】
磁気機雷避け。やはりコレがあると日本のフネだなと変に実感するぞ。
MK25
【爆雷】
少数ながら艦尾に簡易型の「手動式爆雷投下台」があるぞ。
【飛行甲板】
大改装により一段高い構造になったぞ。因果なことに改装後は余り艦載機は使われなくなってしまい、末期には定数二機なのに常備は一機で運営していたぞ。搭載機は零式三座水偵。
FWD
地味だけど「零式三座水偵」は大好き。
【水雷装備】
城の下には武者返し、「高雄」型艦橋の下には必殺の魚雷発射管があるぞ。発射管はベストセラー機の「九二式四連装発射管」だぞ。魚雷は長さが九メートルもある通称「九三式酸素魚雷」だ。
FWD
対艦用「二一号電波探信儀」
対空用「一三号電波探信儀」
対空用
「二二号電波探信儀」
【電探室】
これだけ艦橋がデカくても電探室は外で前橋の隙間に押し込まれたぞ。ココは電探の城だッ。
【信号員待機所】
一見電探室と間違えそうだぞ。
【艦橋背面】
艦橋にここまで大規模に煙突が突き刺さる構造は「高雄」型だけ!
この位置に吸気路を設けた「高雄」型艦橋デザインは大好きです。
一番砲塔の照準窓は潮の飛沫が入り込むので寒いであるぞ。
十七〇度まで撃てるぞ。
【主砲】
「五〇口径三年式二号二〇糎砲」の連装砲だぞ。口径は正確には二〇三・二粍。恐らくこのクラスでは最も完成された砲だと思うぞ。でもそれは対艦用に限ってだが。

艦橋の味
「一四式方位盤照準装置」
「六メートル測距儀」
「二二号電探」
今回は「高雄」型の艦橋を味わってみるッ。キーワードは「空気」だッ。
「測的所」
「遮風装置」
「一四式一・五メートル航海用測距塔」
「九一式高射装置」
「第一缶室吸気口」
「第一缶室吸気口」
「九六式二十五粍連装機銃」
〆切を大幅に破った罰。
わ〜い、キーワードだって。スゴいや。
「高雄」型の艦橋と云えばヤハリ、
一番スゴくて壮絶なのは「榛名」だけど。
ナウくて大型で形の整った遮風装置でしょう。
シャフウソウチって
ギッ
何かなあ？
ウムッ良い所に気付いたなマリンくんッ。遮風装置とはフネが進んで出来る風圧を巧く上方に導いて風の壁を作り…
風
風
風よけを作る装置だッ。コレで人や機器を強風から守ってくれるッ。長時間の見張りに影響を及ぼさないようにする有難いモノだッ。
ヤッパリ「高雄」型の艦橋はカッコいいよねえ〜。機能も良さそうだし何しろ御城みたいだし。
ハハハ大和よりカッコ良い!!
艦橋はその国の御城に似るという説もあるくらいですう。
待てッ、二人共ッ。
ギラリ

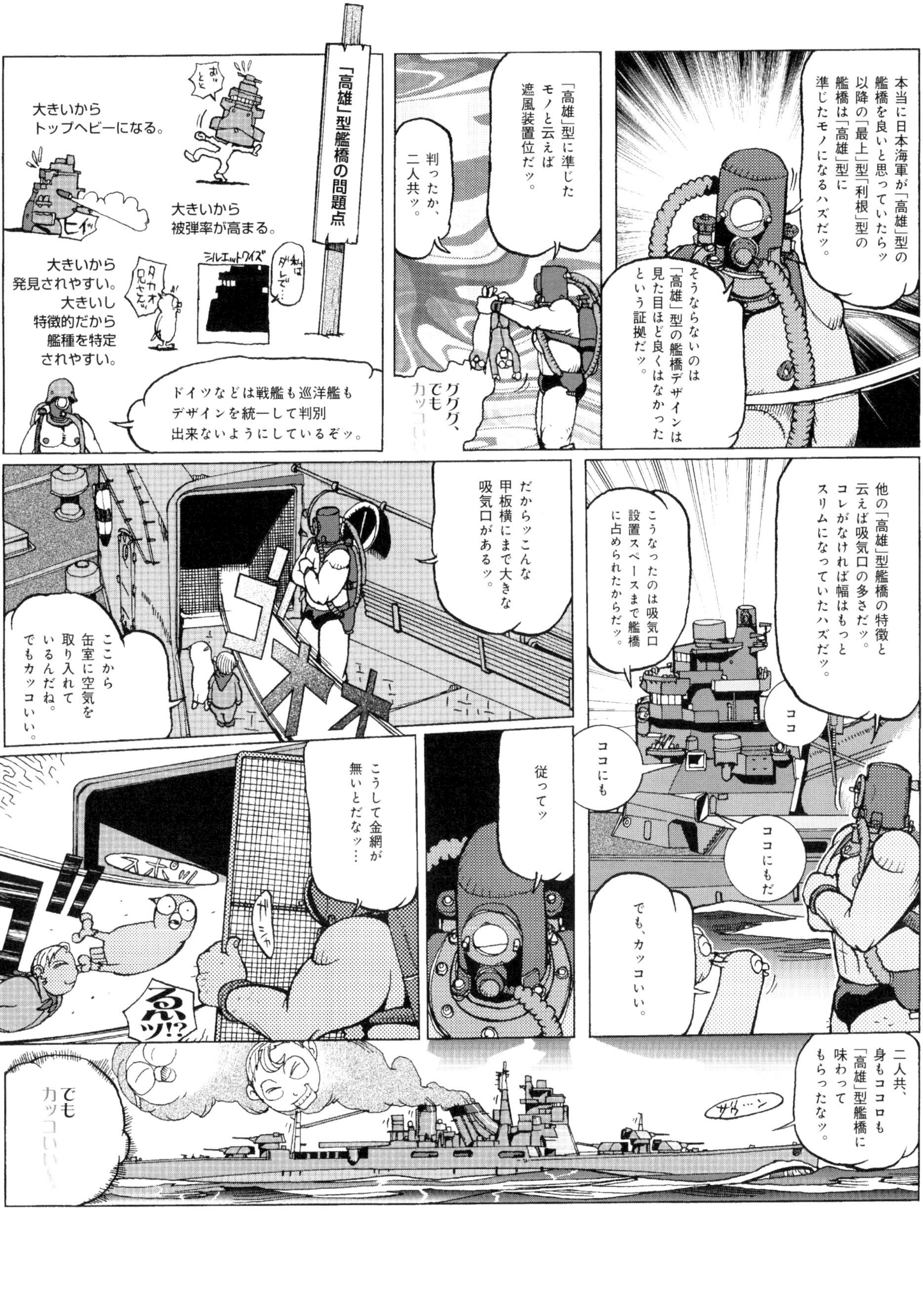

本当に日本海軍が「高雄」型の艦橋を良いと思っていたらッ以降の「最上」型「利根」型の艦橋は「高雄」型に準じたモノになるハズだッ。
そうならないのは「高雄」型の艦橋デザインは見た目ほど良くはなかったという証拠だッ。
「高雄」型に準じたモノと云えば遮風装置位だッ。
判ったか、二人共ッ。
でもカッコいい
「高雄」型艦橋の問題点
大きいからトップヘビーになる。
おっとと
大きいから被弾率が高まる。
ヒイッ
大きいから発見されやすい。大きいし特徴的だから艦種を特定されやすい。
シルエットワイズ
私はダレで…
タカオ兄さんッ
ドイツなどは戦艦も巡洋艦もデザインを統一して判別出来ないようにしているぞッ。
他の「高雄」型艦橋の特徴と云えば吸気口の多さだッ。コレがなければ幅はもっとスリムになっていたハズだッ。
こうなったのは吸気口設置スペースまで艦橋に占められたからだッ。
ココ
ココにも
ココにもだ
でも、カッコいい。
だからッこんな甲板横にまで大きな吸気口があるッ。
ここから缶室に空気を取り入れているんだね。でもカッコいい。
従ってッ
こうして金網が無いとだなッ…
ガシャ
スポッ
るんッ!?
二人共、身もココロも「高雄」型艦橋に味わってもらったなッ。
ザザ…ン
でもカッコいい

駆逐艦「雪風」

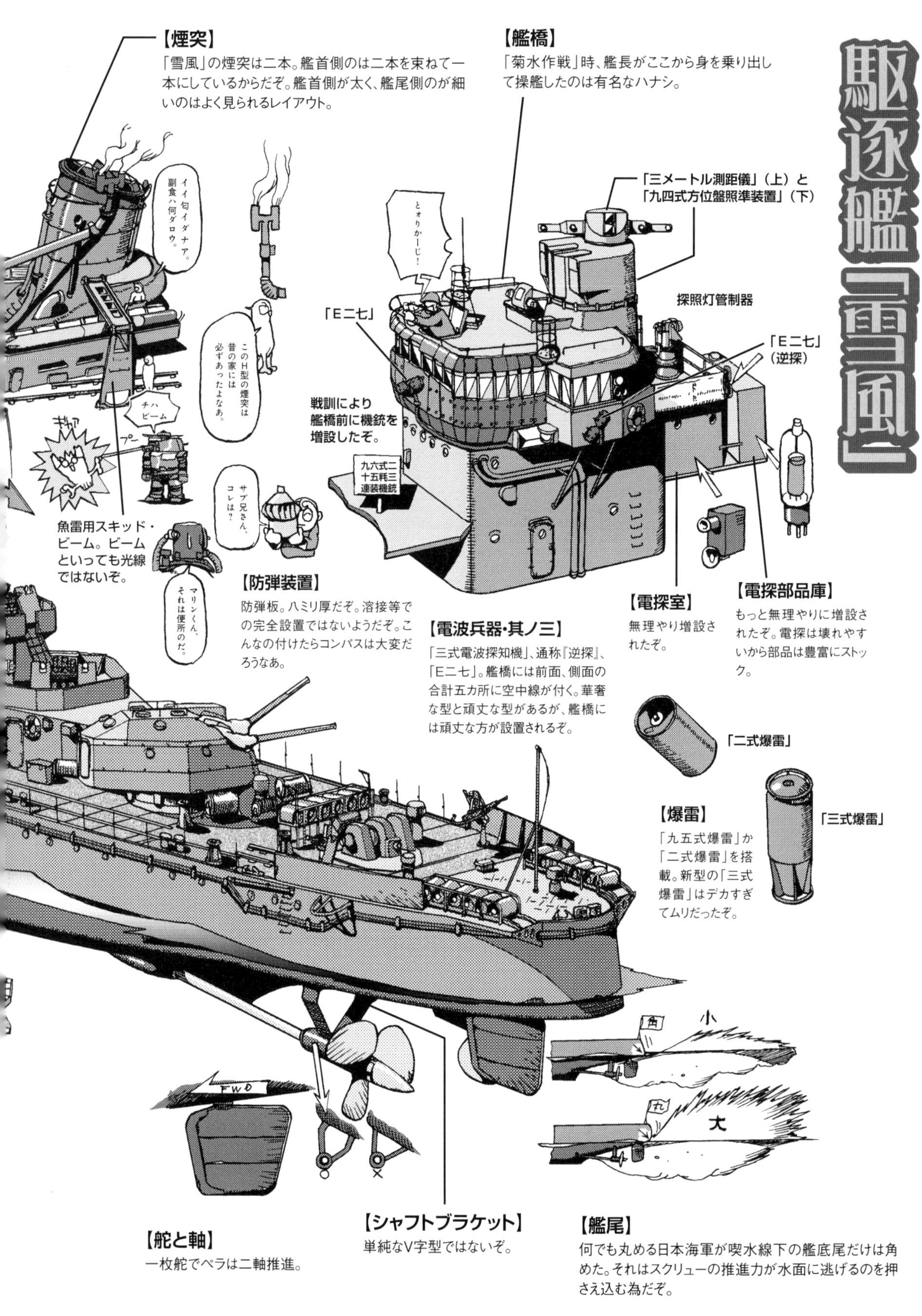
【煙突】
「雪風」の煙突は二本。艦首側のは二本を束ねて一本にしているからだぞ。艦首側が太く、艦尾側のが細いのはよく見られるレイアウト。
イイ匂イダナア。副食ハ何ダロウ。
このH型の煙突は昔の家には必ずあったよなあ。
ギャア
チハビーム
プー
魚雷用スキッド・ビーム。ビームといっても光線ではないぞ。
サブ兄さん、コレは？
マリンくん、それは便所のだ。
【防弾装置】
防弾板。ハミリ厚だぞ。溶接等での完全設置ではないようだぞ。こんなの付けたらコンパスは大変だろうなあ。
【艦橋】
「菊水作戦」時、艦長がここから身を乗り出して操艦したのは有名なハナシ。
とォりかーじ！
「三メートル測距儀」（上）と
「九四式方位盤照準装置」（下）
探照灯管制器
「E二七」
「E二七」（逆探）
戦訓により艦橋前に機銃を増設したぞ。
九六式二十五粍三連装機銃
【電探室】
無理やり増設されたぞ。
【電探部品庫】
もっと無理やりに増設されたぞ。電探は壊れやすいから部品は豊富にストック。
【電波兵器・其ノ三】
「三式電波探知機」、通称『逆探』、「E二七」。艦橋には前面、側面の合計五カ所に空中線が付く。華奢な型と頑丈な型があるが、艦橋には頑丈な方が設置されるぞ。
「二式爆雷」
「三式爆雷」
【爆雷】
「九五式爆雷」か「二式爆雷」を搭載。新型の「三式爆雷」はデカすぎてムリだったぞ。
FWD
小
角
大
丸
【舵と軸】
一枚舵でペラは二軸推進。
【シャフトブラケット】
単純なV字型ではないぞ。
【艦尾】
何でも丸める日本海軍が喫水線下の艦底尾だけは角めた。それはスクリューの推進力が水面に逃げるのを押さえ込む為だぞ。

【電波兵器・其ノ一】
対艦用二二号電探。「雪風」のは導波管に得体の知れない板がついているぞ。その意味は何だ!?。

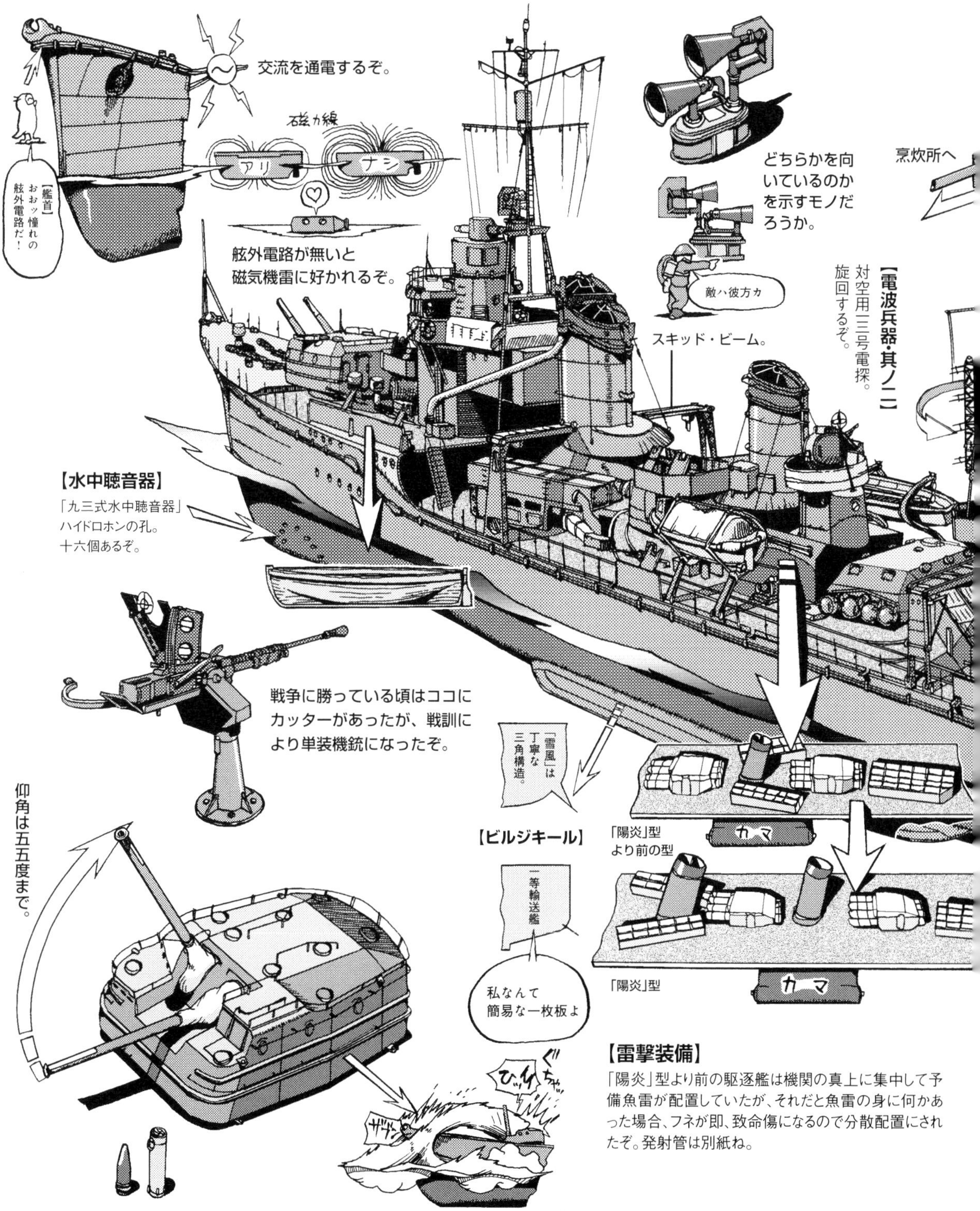

【艦首】おおッ憧れの舷外電路だ!
交流を通電するぞ。
磁力線
アリ
ナシ
舷外電路が無いと磁気機雷に好かれるぞ。
どちらかを向いているのかを示すモノだろうか。
敵ハ彼方カ
烹炊所へ
スキッド・ビーム。
戦争に勝っている頃はココにカッターがあったが、戦訓により単装機銃になったぞ。
「雪風」は丁寧な三角構造。
一等輸送艦
私なんて簡易な一枚板よ
「陽炎」型より前の型
カマ
「陽炎」型
カマ
仰角は五五度まで。

【電波兵器・其ノ二】
対空用一三号電探。旋回するぞ。

【水中聴音器】
「九三式水中聴音器」ハイドロホンの孔。十六個あるぞ。

【ビルジキール】

【雷撃装備】
「陽炎」型より前の駆逐艦は機関の真上に集中して予備魚雷が配置していたが、それだと魚雷の身に何かあった場合、フネが即、致命傷になるので分散配置にされたぞ。発射管は別紙ね。

楯の厚さは三ミリ程。波が頻繁に当たる艦首砲だけは補強したがそれでもヤバいぞ。

【砲塔】
砲弾と装薬が分離している上に仰角一〇度にまで戻さないと再装填出来ないぞ。だから対空射撃は諦めた仰角五五度まで。

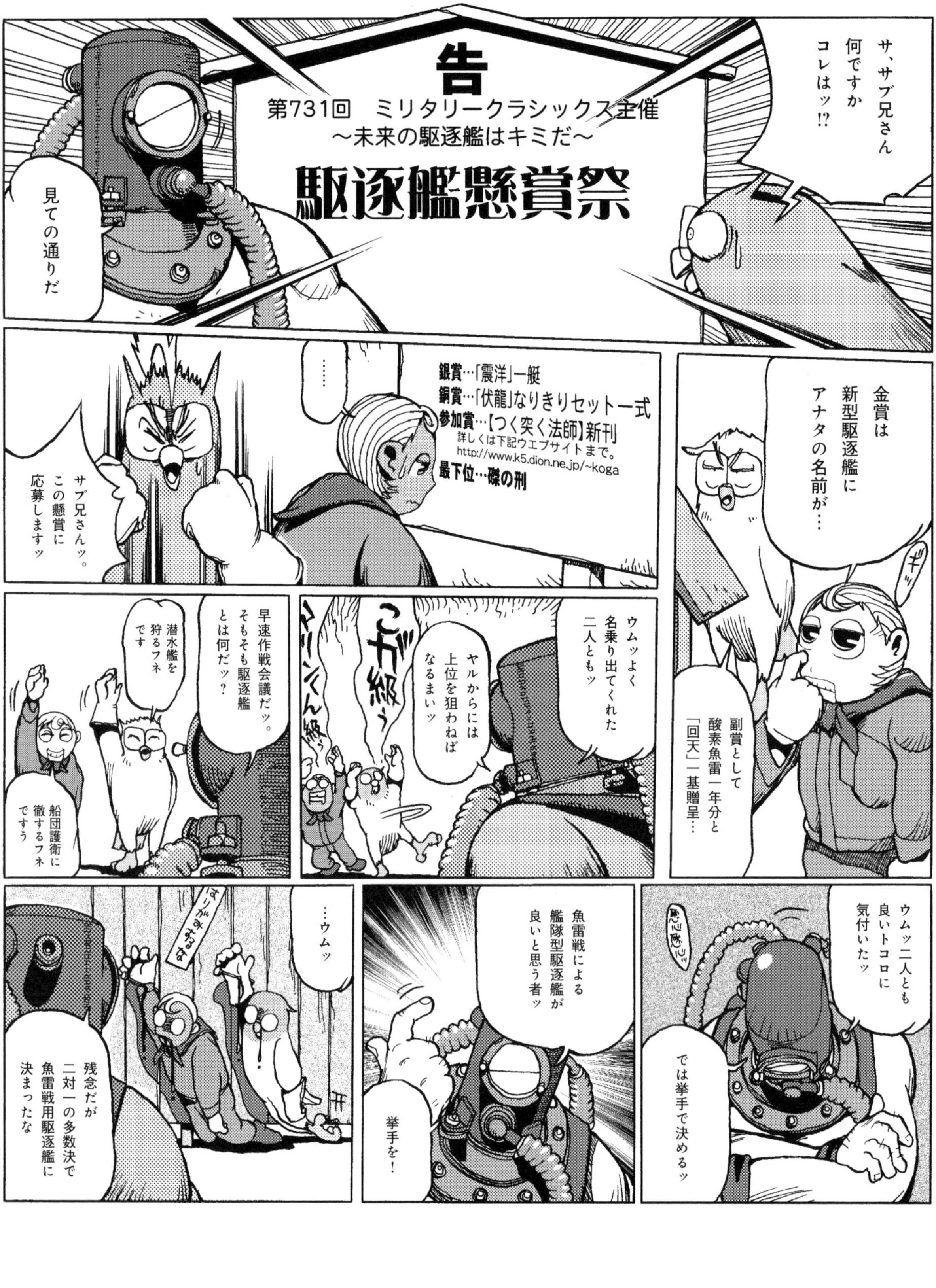
サ、サブ兄さん 何ですか コレはッ⁉
告
第731回　ミリタリークラシックス主催
～未来の駆逐艦はキミだ～
駆逐艦懸賞祭
見ての通りだ
金賞は 新型駆逐艦に アナタの名前が…
ギッ
副賞として 酸素魚雷一年分と 「回天」一基贈呈…
……
銀賞…「震洋」一艇
銅賞…「伏龍」なりきりセット一式
参加賞…【つく突く法師】新刊
詳しくは下記ウエブサイトまで。
http://www.k5.dion.ne.jp/~koga
最下位…磔の刑
サブ兄さんッ。この懸賞に応募しますッ
ウムッよく 名乗り出てくれた 二人ともッ
ヤルからには 上位を狙わねば なるまいッ
コガ級ぅ
リンくん級ぅ
早速作戦会議だッ。そもそも駆逐艦とは何だッ？
潜水艦を狩るフネです
船団護衛に徹するフネですぅ
ウムッ二人とも 良いトコロに 気付いたッ
では挙手で決めるッ
魚雷戦による 艦隊型駆逐艦が 良いと思う者ッ
挙手を！
…ウムッ
残念だが 二対一の多数決で 魚雷戦用駆逐艦に 決まったな

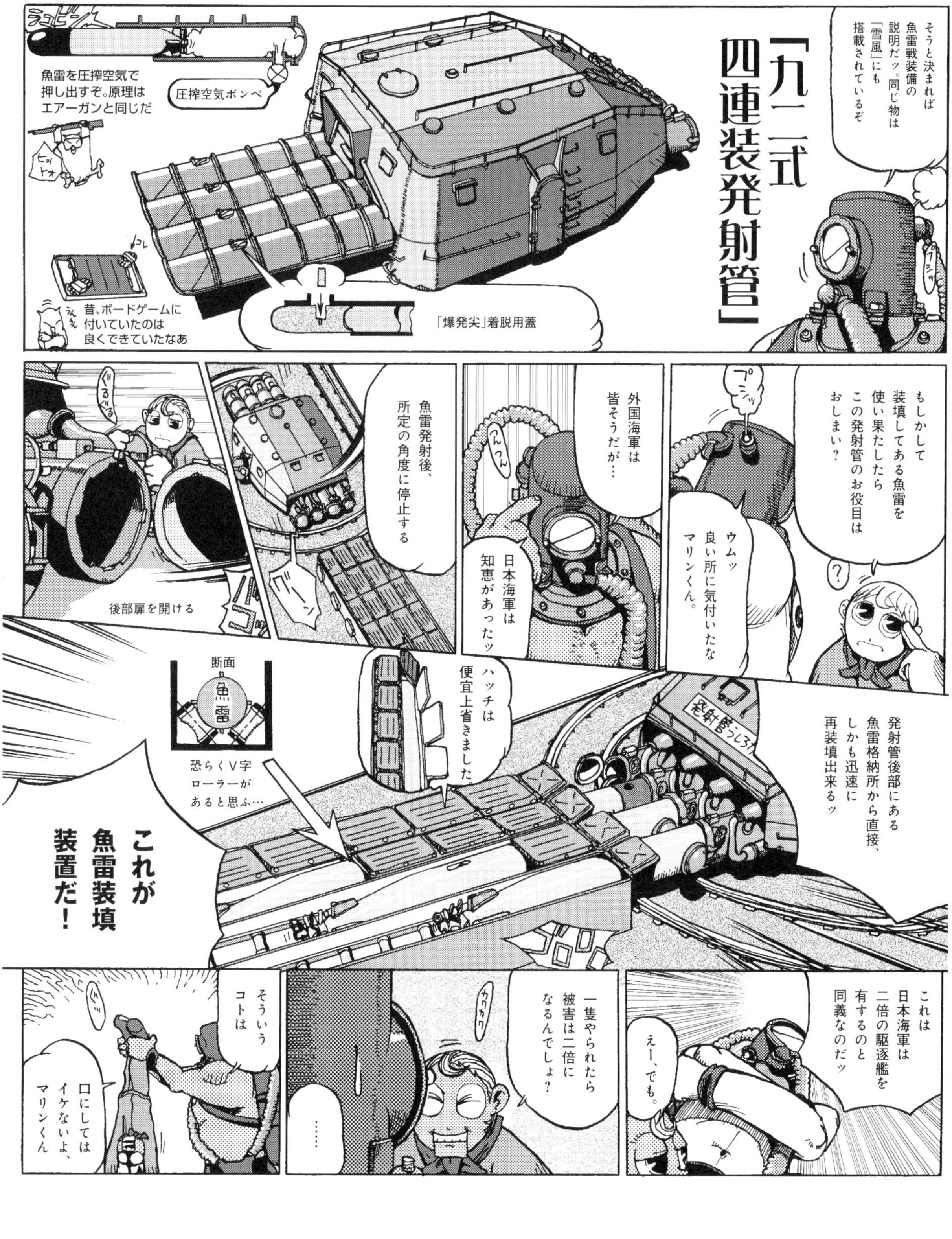
そうと決まれば魚雷戦装備の説明だッ。同じ物は「雪風」にも搭載されているぞ
「九二式四連装発射管」
魚雷を圧搾空気で押し出すぞ。原理はエアーガンと同じだ
圧搾空気ボンベ
コレ
昔、ボードゲームに付いていたのは良くできていたなあ
「爆発尖」着脱用蓋
もしかして装填してある魚雷を使い果たしたらこの発射管のお役目はおしまい?
?
ウムッ 良い所に気付いたなマリンくん。
外国海軍は皆そうだが…
日本海軍は知恵があったッ
魚雷発射後、所定の角度に停止する
後部扉を開ける
発射管後部にある魚雷格納所から直接、しかも迅速に再装填出来るッ
発射管うしろ
ハッチは便宜上省きました
断面
魚雷
恐らくV字ローラーがあると思ふ…
これが魚雷装填装置だ!
これは日本海軍は二倍の駆逐艦を有するのと同義なのだッ
えー、でも。
一隻やられたら被害は二倍になるんでしょ?
……
そういうコトは
口にしてはイケないよ、マリンくん

よしッ、次は中身の魚雷だッ。
弾頭は外せるぞ。フネによって違うが平時は取り外して艦内に格納されるぞ。
FWD
発停装置
水圧で倒れるとエンジンが始動するぞ
導子
魚雷
爆発尖
胴体の実際はこんなつるりとはしていない。穴だらけだぞ。
ココからエンジンの排気がされるぞ
スクリュー回転方向
「九三式酸素魚雷」
「雪風」に搭載されているよ。
サブ兄さん。横に付いている爆発尖ってなーに?
ウムッ
平たく言えば起爆スイッチだ
こんなの
ゑッ、先端には無いの!?
今時そんな婦女子の乳みたいなのを使っているかッ
何時の時代かッ
今の時代は慣性起爆装置がナウいのだッ
原理
電極
旧式の爆発尖
仮に魚雷が物凄い浅い角度で目標に当たったとする。
旧式の爆発尖の場合、尖が目標に当たる前に弾頭が目標に当たり、結果弾かれて…
相手のフネ断面
不発になってしまうッ
相手のフネ断面
その点、慣性式の場合はどの角度からの衝撃でも確実に爆発が期待出来る。
オイッ
そんなに乳が見たいかッ ホレッ
ぎゃあっ!!
よしッ
これで大体は判ったなッ。

ではこのオープンセットを使って良いアイデアを出せッ。
ハーイ
尾道にあるという駆逐艦ロケセット(ウソ)
探照灯位置
トコロでチハ兄さんは？
歩兵支援用アニキだから今回は出番なし？
先から居るぞ
………
ココだ
…ヤハリ、魚雷を多く発射出来るようにすべきだね。
ギッ
…というと？
魚雷装填装置の装填装置ッ
じゃッ、ボクは装填装置の装填装置の装填装置ッ。
や、やるなあ、マリンくんッ。
あッははは
ハハハ待てーッ
ゴロロロ
…で、出来たか
はいコレです。
何だこれはッ
工場。
魚雷工場。
ギッ
はぁッ
はぁッ
駆逐艦懸賞祭結果発表日
ビュウウウ
やはり、な

ドイッチュラント級装甲艦（ポケット戦艦）

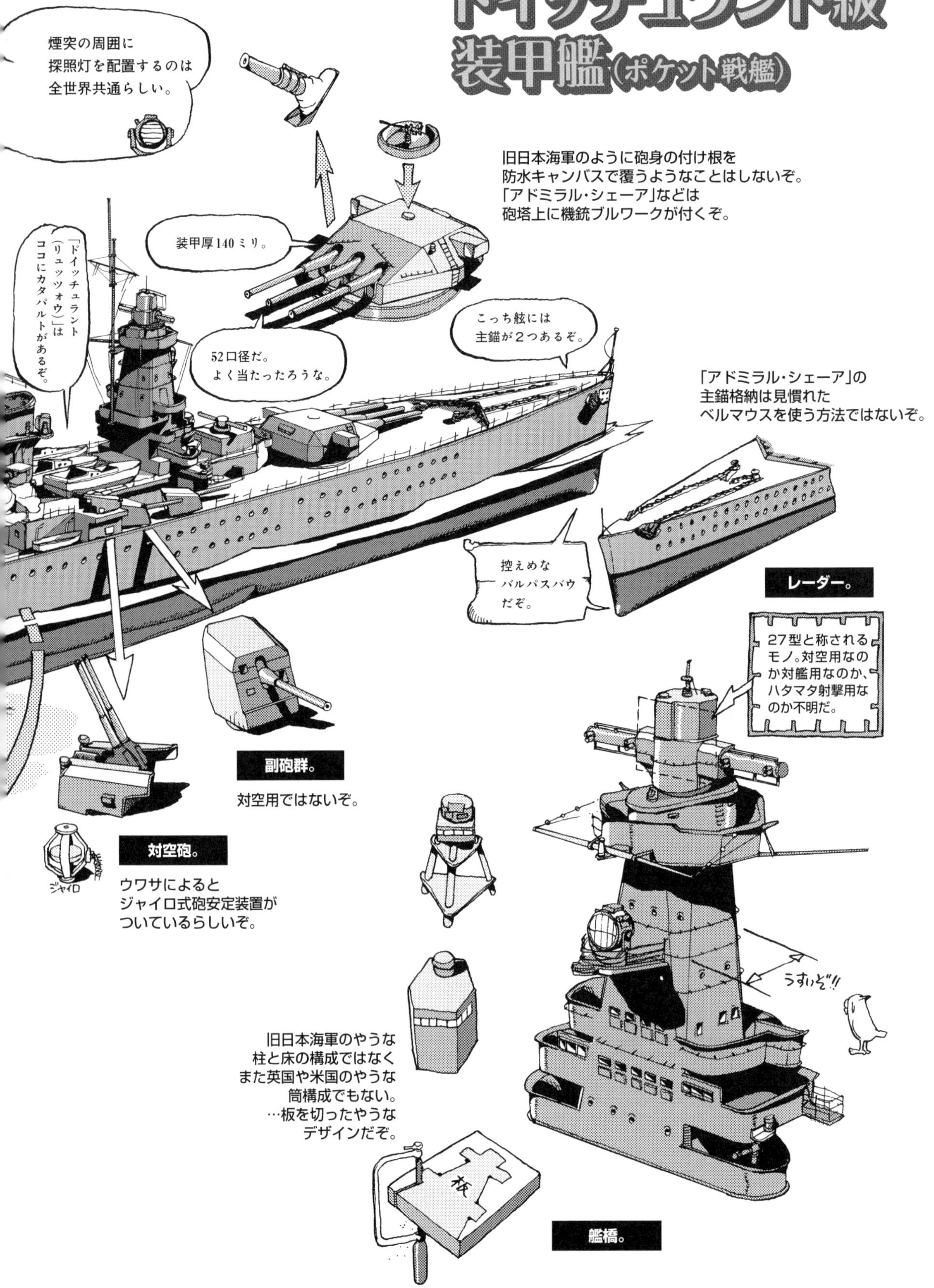

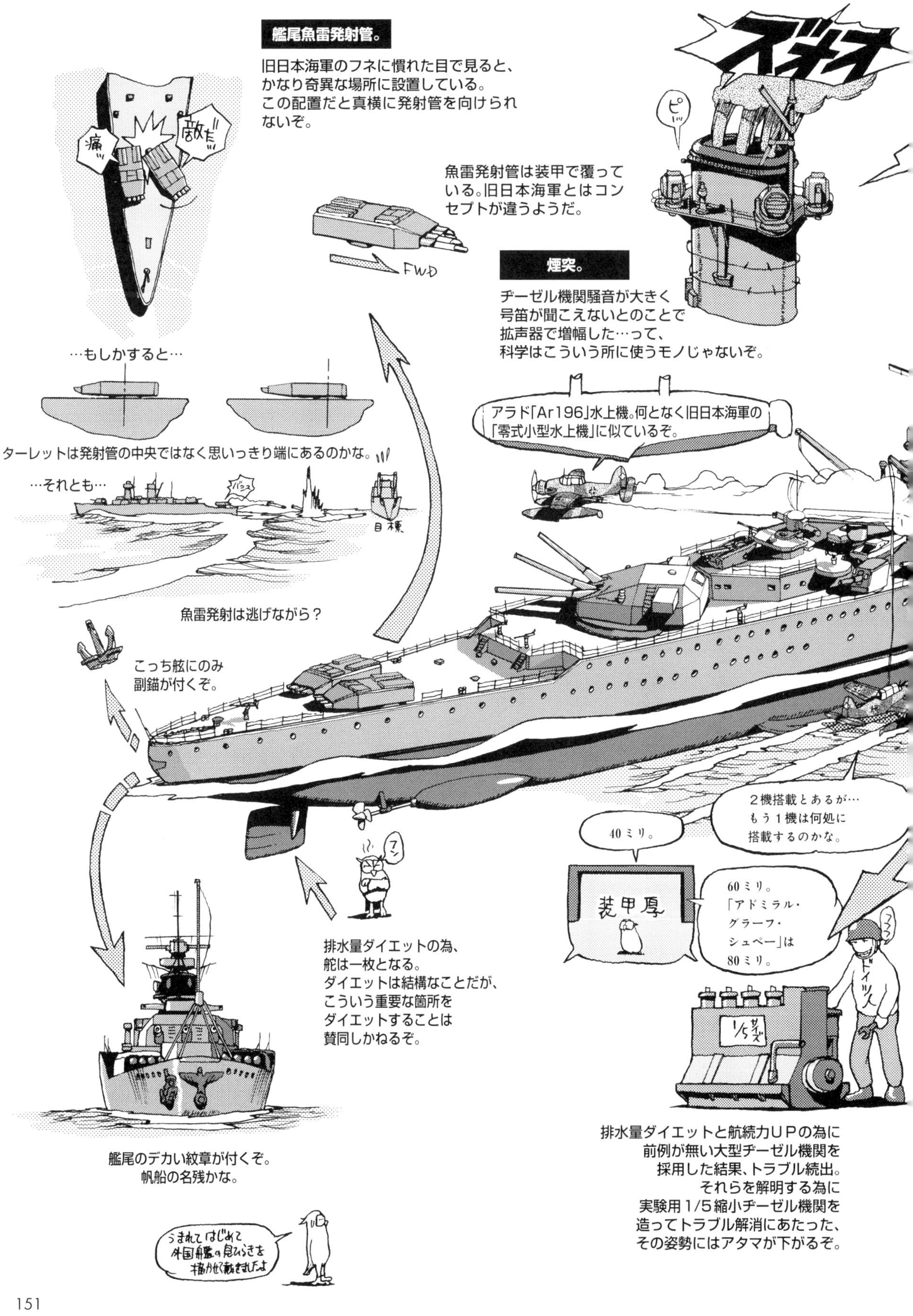
艦尾魚雷発射管。
旧日本海軍のフネに慣れた目で見ると、
かなり奇異な場所に設置している。
この配置だと真横に発射管を向けられ
ないぞ。
痛ッ
敵だ
魚雷発射管は装甲で覆って
いる。旧日本海軍とはコン
セプトが違うようだ。
FWD
ピッ
煙突。
ヂーゼル機関騒音が大きく
号笛が聞こえないとのことで
拡声器で増幅した…って、
科学はこういう所に使うモノじゃないぞ。
…もしかすると…
ターレットは発射管の中央ではなく思いっきり端にあるのかな。
…それとも…
バシュ
目標
魚雷発射は逃げながら？
アラド「Ar196」水上機。何となく旧日本海軍の
「零式小型水上機」に似ているぞ。
こっち舷にのみ
副錨が付くぞ。
2機搭載とあるが…
もう1機は何処に
搭載するのかな。
40ミリ。
フン
装甲厚
60ミリ。
「アドミラル・
グラーフ・
シュペー」は
80ミリ。
フフ
ドイツ人
1/5サイズ
排水量ダイエットの為、
舵は一枚となる。
ダイエットは結構なことだが、
こういう重要な箇所を
ダイエットすることは
賛同しかねるぞ。
艦尾のデカい紋章が付くぞ。
帆船の名残かな。
排水量ダイエットと航続力UPの為に
前例が無い大型ヂーゼル機関を
採用した結果、トラブル続出。
それらを解明する為に
実験用1/5縮小ヂーゼル機関を
造ってトラブル解消にあたった、
その姿勢にはアタマが下がるぞ。
うまれてはじめて
外国艦の見ひらきを
描かせて戴きましたよ

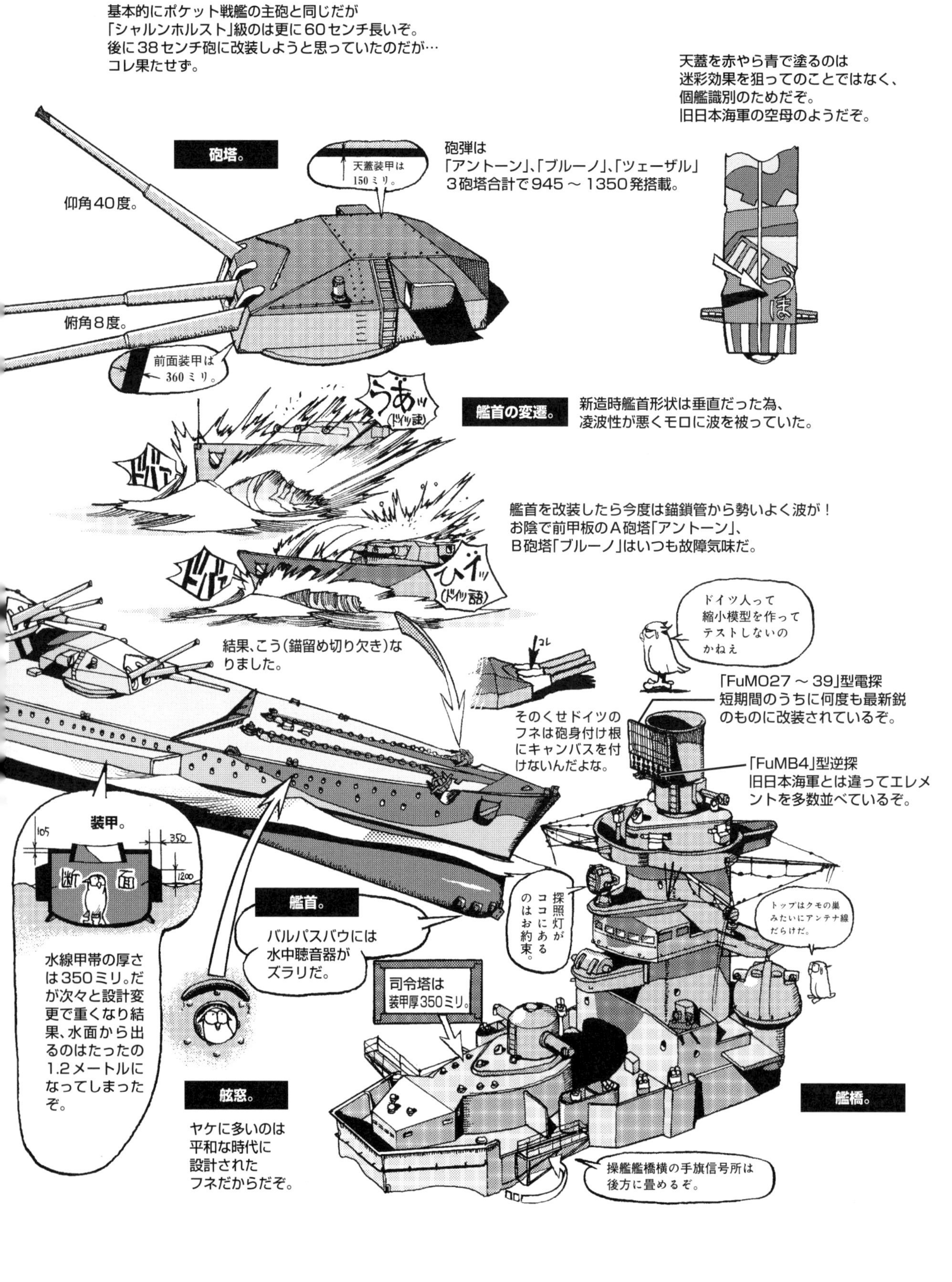
基本的にポケット戦艦の主砲と同じだが
「シャルンホルスト」級のは更に60センチ長いぞ。
後に38センチ砲に改装しようと思っていたのだが…
コレ果たせず。
砲塔。
天蓋装甲は
150ミリ。
砲弾は
「アントーン」、「ブルーノ」、「ツェーザル」
3砲塔合計で945 ～ 1350発搭載。
天蓋を赤やら青で塗るのは
迷彩効果を狙ってのことではなく、
個艦識別のためだぞ。
旧日本海軍の空母のようだぞ。
仰角40度。
俯角8度。
前面装甲は
360ミリ。
艦首の変遷。
新造時艦首形状は垂直だった為、
凌波性が悪くモロに波を被っていた。
ドバァ
うあ゛ッ
(ドイツ読)
艦首を改装したら今度は錨鎖管から勢いよく波が！
お陰で前甲板のA砲塔「アントーン」、
B砲塔「ブルーノ」はいつも故障気味だ。
ドバァ
ひイ゛ッ
(ドイツ語)
結果、こう(錨留め切り欠き)な
りました。
コレ
ドイツ人って
縮小模型を作って
テストしないの
かねえ
そのくせドイツの
フネは砲身付け根
にキャンバスを付
けないんだよな。
「FuMO27 ～ 39」型電探
短期間のうちに何度も最新鋭
のものに改装されているぞ。
「FuMB4」型逆探
旧日本海軍とは違ってエレメ
ントを多数並べているぞ。
装甲。
105
350
断
面
1200
水線甲帯の厚さ
は350ミリ。だ
が次々と設計変
更で重くなり結
果、水面から出
るのはたったの
1.2メートルに
なってしまった
ぞ。
艦首。
バルバスバウには
水中聴音器が
ズラリだ。
探照灯がココにあるのはお約束。
トップはクモの巣
みたいにアンテナ線
だらけだ。
司令塔は
装甲厚350ミリ。
舷窓。
ヤケに多いのは
平和な時代に
設計された
フネだからだぞ。
艦橋。
操艦艦橋横の手旗信号所は
後方に畳めるぞ。

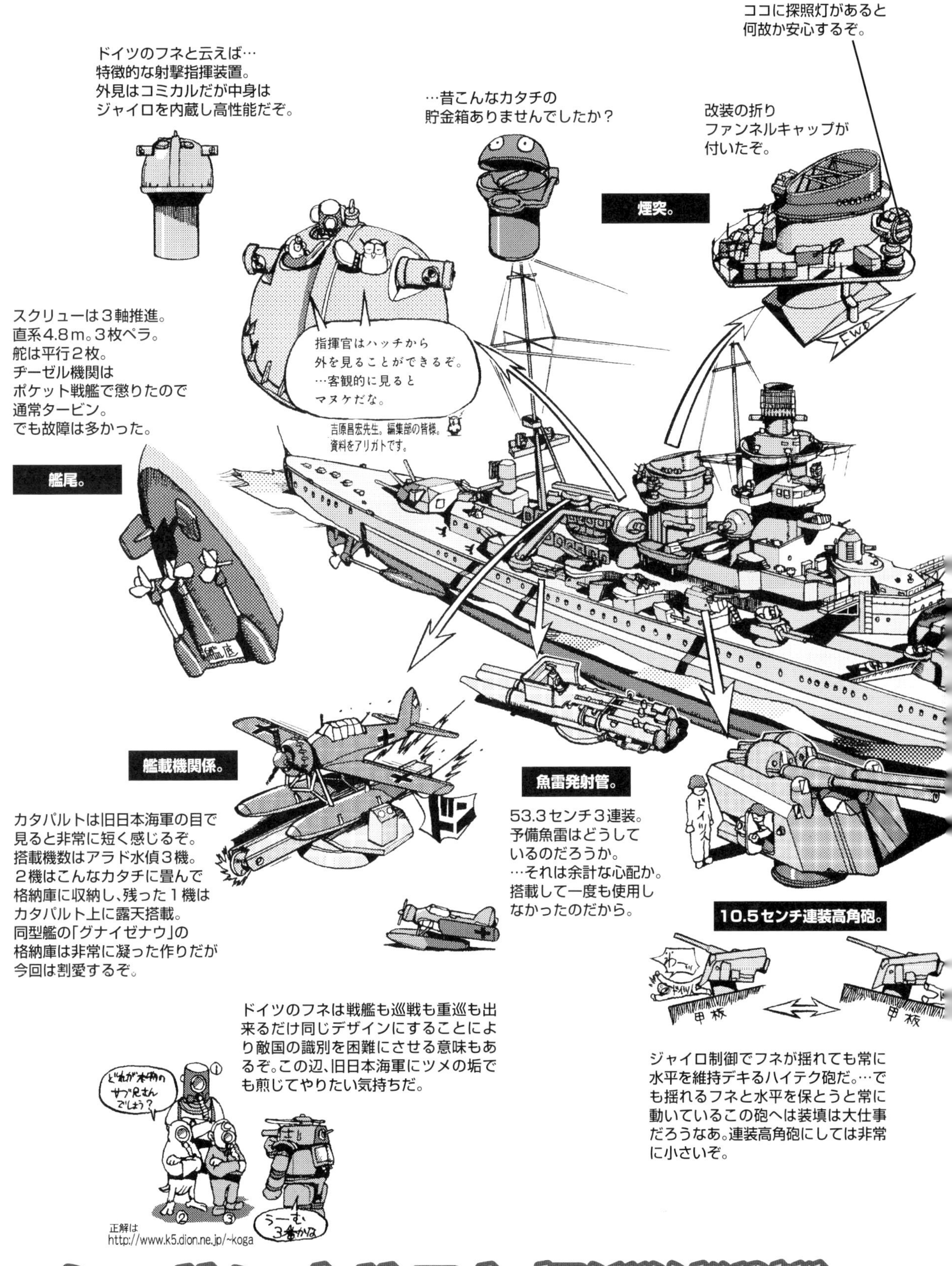
ドイツのフネと云えば…
特徴的な射撃指揮装置。
外見はコミカルだが中身は
ジャイロを内蔵し高性能だぞ。
…昔こんなカタチの
貯金箱ありませんでしたか？
ココに探照灯があると
何故か安心するぞ。
改装の折り
ファンネルキャップが
付いたぞ。
煙突。
スクリューは３軸推進。
直系4.8ｍ。３枚ペラ。
舵は平行２枚。
ヂーゼル機関は
ポケット戦艦で懲りたので
通常タービン。
でも故障は多かった。
指揮官はハッチから
外を見ることができるぞ。
…客観的に見ると
マヌケだな。
吉原昌宏先生。編集部の皆様。
資料をアリガトです。
艦尾。
艦底
艦載機関係。
カタパルトは旧日本海軍の目で
見ると非常に短く感じるぞ。
搭載機数はアラド水偵３機。
２機はこんなカタチに畳んで
格納庫に収納し、残った１機は
カタパルト上に露天搭載。
同型艦の「グナイゼナウ」の
格納庫は非常に凝った作りだが
今回は割愛するぞ。
魚雷発射管。
53.3センチ３連装。
予備魚雷はどうして
いるのだろうか。
…それは余計な心配か。
搭載して一度も使用し
なかったのだから。
10.5センチ連装高角砲。
甲板
甲板
ジャイロ制御でフネが揺れても常に
水平を維持デキるハイテク砲だ。…で
も揺れるフネと水平を保とうと常に
動いているこの砲へは装填は大仕事
だろうなあ。連装高角砲にしては非常
に小さいぞ。
ドイツのフネは戦艦も巡戦も重巡も出
来るだけ同じデザインにすることによ
り敵国の識別を困難にさせる意味もあ
るぞ。この辺、旧日本海軍にツメの垢で
も煎じてやりたい気持ちだ。
どれが本物の
サブ兄さん
でしょう？
うーむ
３番かな
正解は
http://www.k5.dion.ne.jp/~koga

シャルンホルスト級巡洋戦艦

二式水上戦闘機

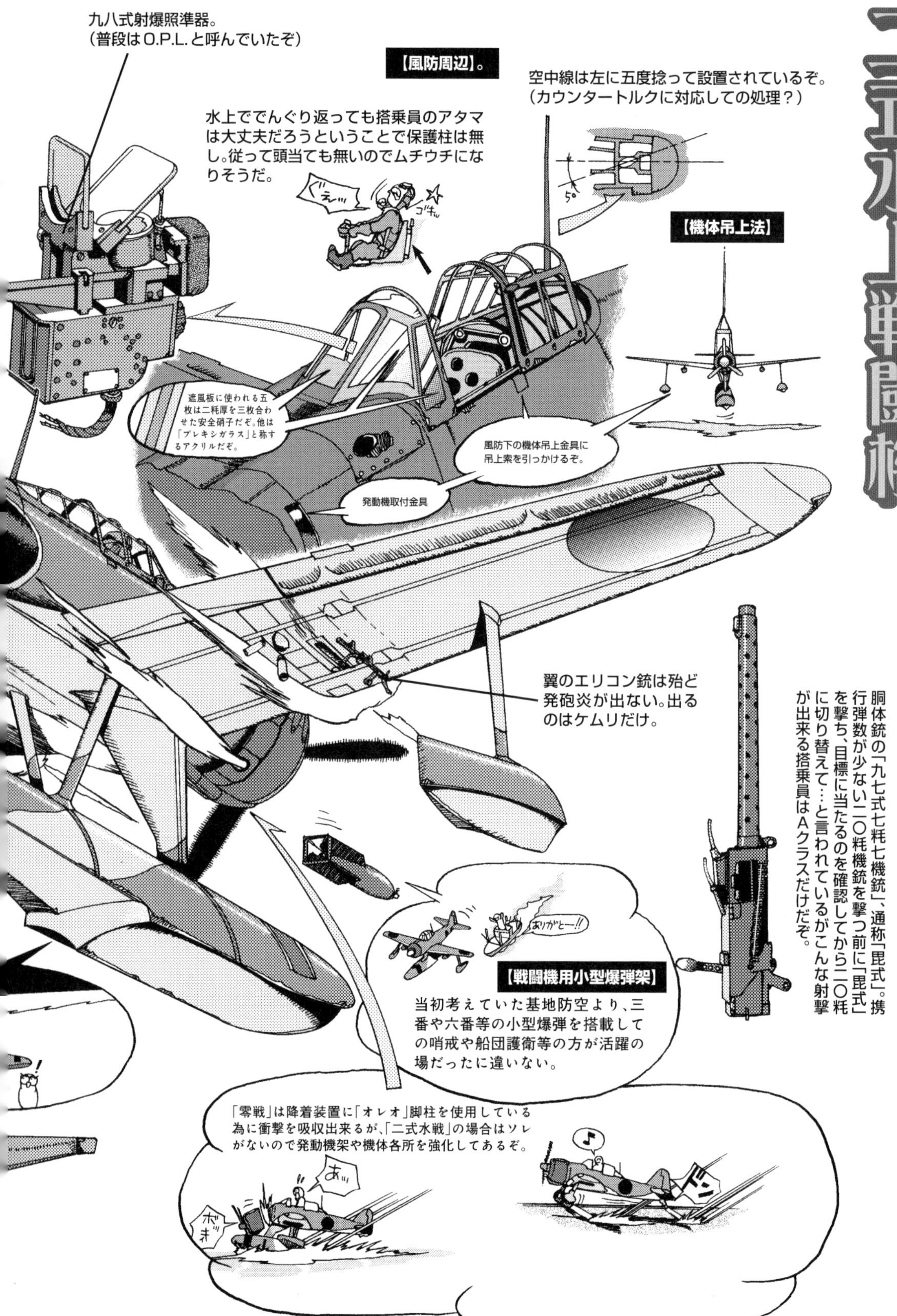
九八式射爆照準器。
（普段はO.P.L.と呼んでいたぞ）
【風防周辺】。
空中線は左に五度捻って設置されているぞ。
（カウンタートルクに対応しての処理？）
水上ででんぐり返っても搭乗員のアタマは大丈夫だろうということで保護柱は無し。従って頭当ても無いのでムチウチになりそうだ。
【機体吊上法】
遮風板に使われる五枚は二粍厚を三枚合わせた安全硝子だぞ。他は「プレキシガラス」と称するアクリルだぞ。
風防下の機体吊上金具に吊上索を引っかけるぞ。
発動機取付金具
翼のエリコン銃は殆ど発砲炎が出ない。出るのはケムリだけ。
胴体銃の「九七式七粍七機銃」、通称「毘式」。携行弾数が少ない二〇粍機銃を撃つ前に「毘式」を撃ち、目標に当たるのを確認してから二〇粍に切り替えて…と言われているがこんな射撃が出来る搭乗員はAクラスだけだぞ。
【戦闘機用小型爆弾架】
当初考えていた基地防空より、三番や六番等の小型爆弾を搭載しての哨戒や船団護衛等の方が活躍の場だったに違いない。
「零戦」は降着装置に「オレオ」脚柱を使用している為に衝撃を吸収出来るが、「二式水戦」の場合はソレがないので発動機架や機体各所を強化してあるぞ。

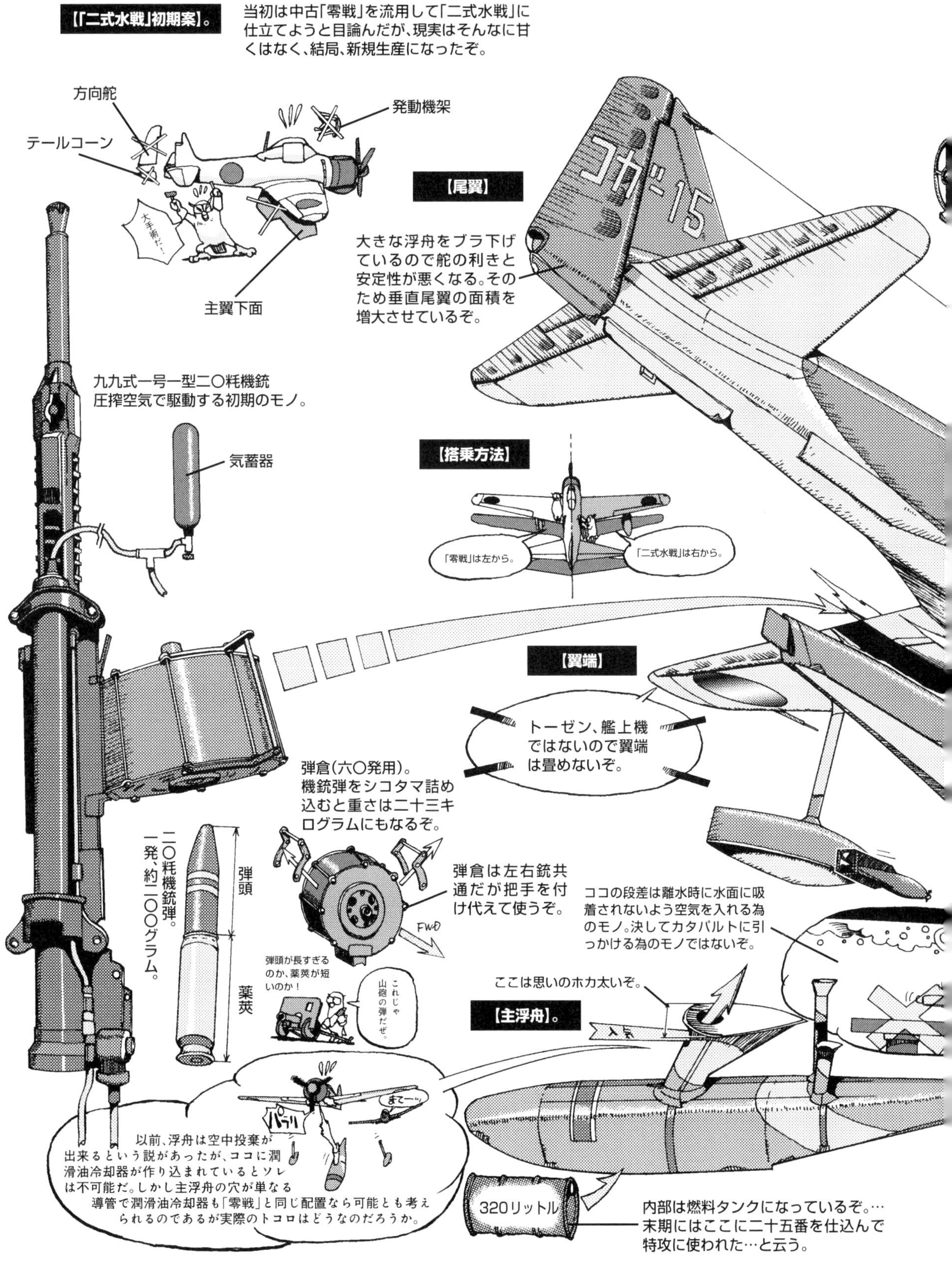
【「二式水戦」初期案】。
当初は中古「零戦」を流用して「二式水戦」に仕立てようと目論んだが、現実はそんなに甘くはなく、結局、新規生産になったぞ。
方向舵
テールコーン
発動機架
主翼下面
大手術だ…！
【尾翼】
大きな浮舟をブラ下げているので舵の利きと安定性が悪くなる。そのため垂直尾翼の面積を増大させているぞ。
コカ゛-15
九九式一号一型二〇粍機銃
圧搾空気で駆動する初期のモノ。
気蓄器
【搭乗方法】
「零戦」は左から。
「二式水戦」は右から。
【翼端】
トーゼン、艦上機ではないので翼端は畳めないぞ。
弾倉(六〇発用)。
機銃弾をシコタマ詰め込むと重さは二十三キログラムにもなるぞ。
二〇粍機銃弾。
一発、約二〇〇グラム。
弾頭
薬莢
弾倉は左右銃共通だが把手を付け代えて使うぞ。
FWD
弾頭が長すぎるのか、薬莢が短いのか！
これじゃ山砲の弾だぜ。
ココの段差は離水時に水面に吸着されないよう空気を入れる為のモノ。決してカタパルトに引っかける為のモノではないぞ。
ここは思いのホカ太いぞ。
【主浮舟】。
パラリ
まてーッ
以前、浮舟は空中投棄が出来るという説があったが、ココに潤滑冷却器が作り込まれているとソレは不可能だ。しかし主浮舟の穴が単なる導管で潤滑油冷却器も「零戦」と同じ配置なら可能とも考えられるのであるが実際のトコロはどうなのだろうか。
320リットル
内部は燃料タンクになっているぞ。…末期にはここに二十五番を仕込んで特攻に使われた…と云う。

強風《きょうふう》の顛末《てんまつ》
二人とも注目ッ。
「強風」を「紫電改」並にナウくしよう!
…ムリです、サブ兄さん。
何だッ、そのやる気のない返事はッ!
オレ様はそんなふうに育てた覚えはないぞッ
…ググググ
「強風」の細部をよく見ろッ
良いトコロの固まりだッ。
前が二本後ろが一本という斬新な支柱レイアウトから判るように恐らく世界一洗練された浮舟ッ!
胴体にゃ七糎七どころか二〇糎だってヨユーだッ
巨大な発動機を収める日本機離れした太い胴体ッ!
見たことも無い傾斜角を持つ垂直尾翼ッ!!
…浮舟以外は足を引っ張る要素かと。
貴様らにはこれらの良さが判らんのかッ
ボクどうすればナウくなるか良いこと思いついちゃったよ。

「強風」は浮舟は細いからバランスが悪いんですぅ。だから……
浮舟を胴体に合わせて太くすれ…
モコモコ
次ッ、貴様だッ。
え、ゑッ。
調べによると貴様は太めの女性が好きなんだってなッ。
うぅ、許してください刑事さん。
おなかが蛇腹《じゃばら》みたいな女性は大好きです。
太めフェチの貴様ならッ
「強風」をよりナウく出来るハズだッ
では「強風」の子孫である「紫電改」を水上戦闘機にし「強風改」と命名すれば忽《たちま》ち大人気に。
保護柱撤去
垂直尾翼面積増大
オオッ「零戦」が「二式水戦」になった故事に倣ってかッ。
誰が「紫電改」を持ってこいと言ったかッ。オレ様はそういうハナシのすげ替えは好きではないッ。
ギュッ
だらん
サブ兄さん。ボクもっと良いこと考えちゃった。
「強風」を水上戦闘機でなくしちゃえばいいんですぅ。
マリンくん。それでは「紫電」の辿った道と同じではないのかッ？
…「紫電」というより寧ろ「雷電」かッ。
寧ろ細めの「バッファロー」戦闘機ですな。
これならフィンランドでは人気が出そうですぅ。

一式陸上攻撃機

機首と電探の変遷

二二型が登場するあたりから電探が装備され始めたぞ。空中線は機首と胴体側面に付く。同じ「H-六型」電探でも空中線の形状に差がある。カタチだけで見ると二二型のが一番好きだが、性能を考えると二四型のが優れているぞ。

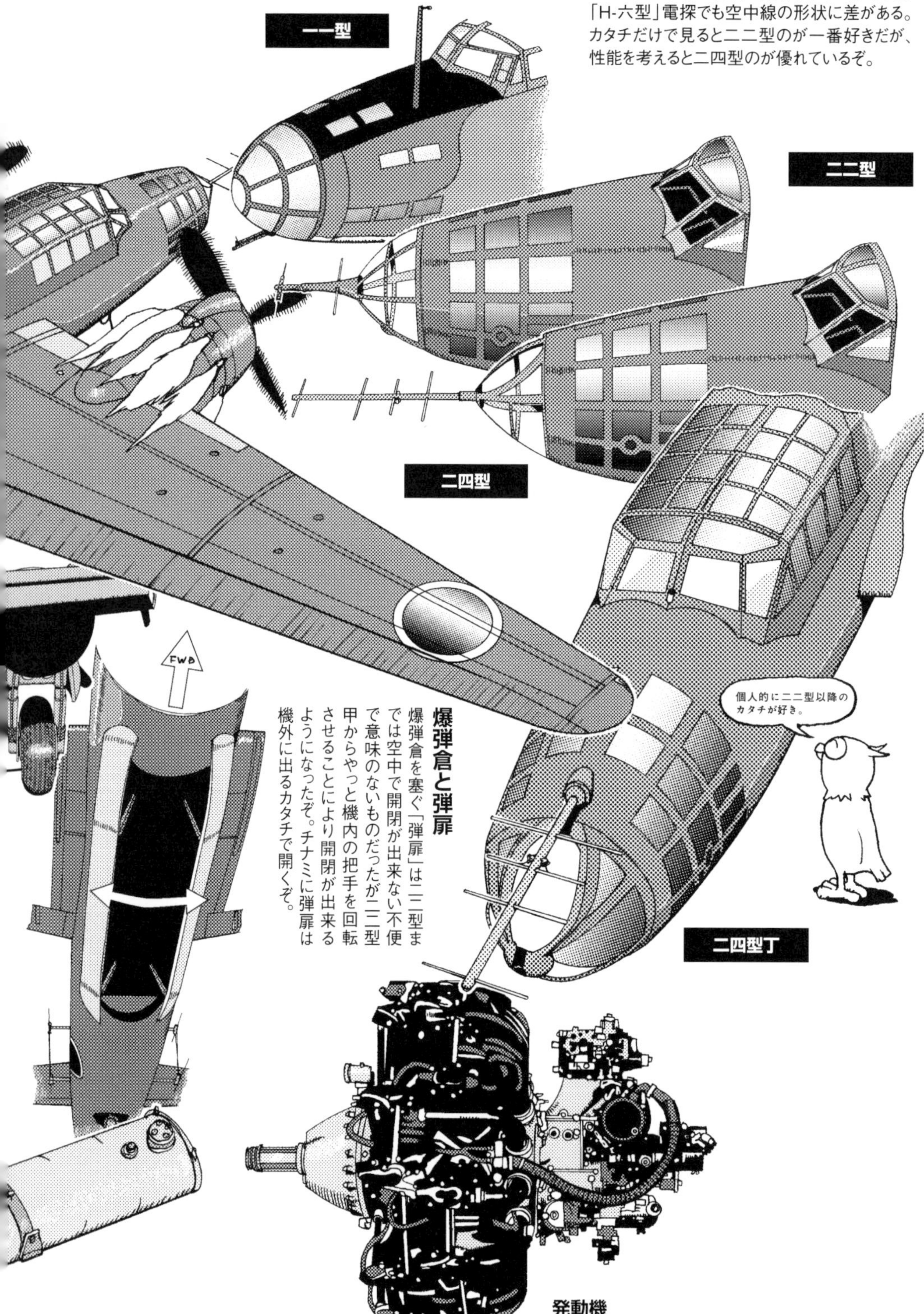
一一型
二二型
二四型
FWD
個人的に二二型以降のカタチが好き。
二四型丁

爆弾倉と弾扉

爆弾倉を塞ぐ「弾扉」は二二型までは空中で開閉が出来ない不便で意味のないものだったが二二型甲からやっと機内の把手を回転させることにより開閉が出来るようになったぞ。チナミに弾扉は機外に出るカタチで開くぞ。

発動機

三菱「火星」系（図は二一型）。離昇出力一八五〇馬力。十四気筒。これを二基搭載。

増槽

意外と知られていないのは「一式陸攻」用の増槽タンクがあったこと。設置場所は爆弾倉。でもこれは一一型のみの装備。当然これを入れると爆弾とかは積めないぞ。

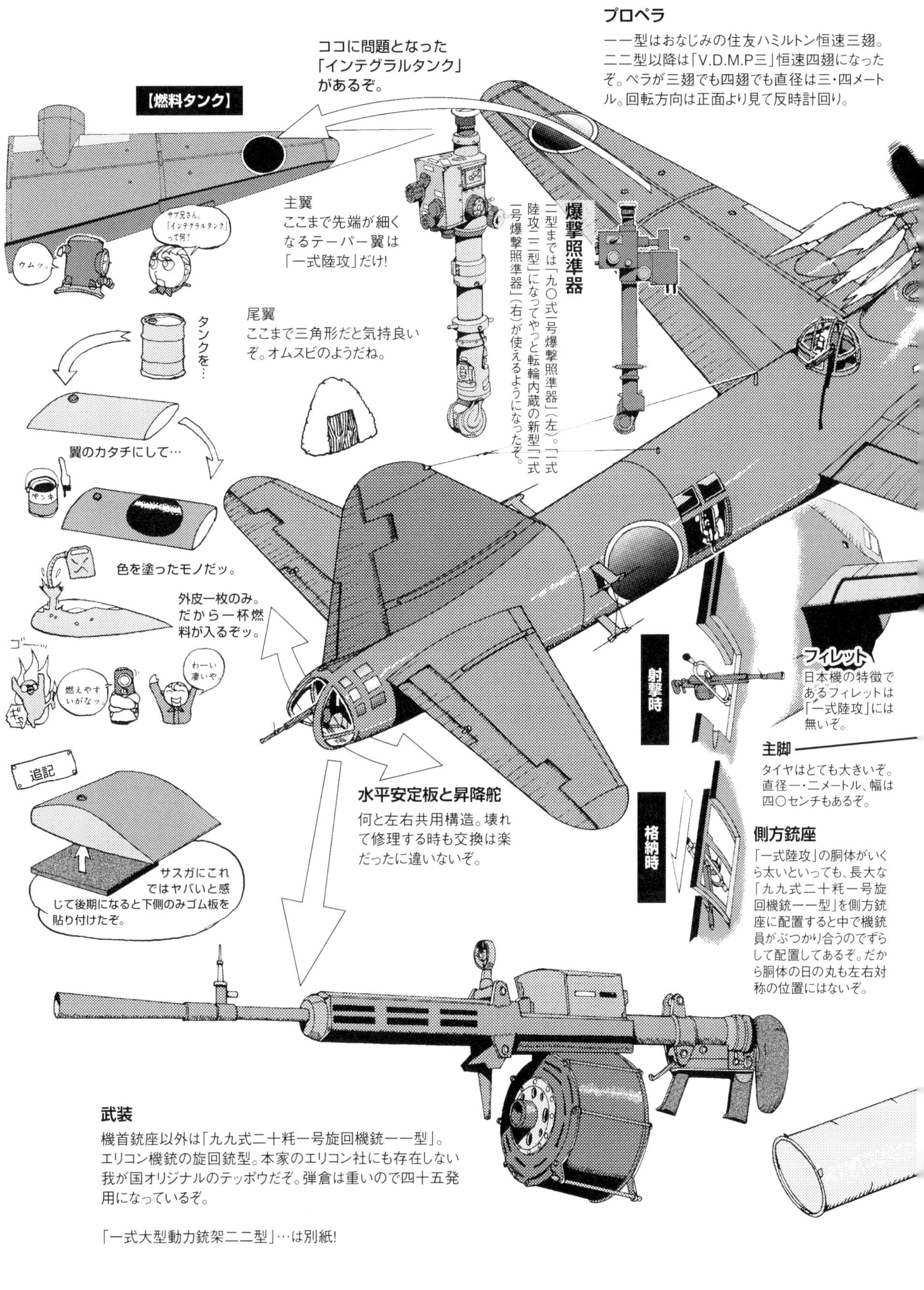
【燃料タンク】
ココに問題となった
「インテグラルタンク」
があるぞ。
主翼
ここまで先端が細く
なるテーパー翼は
「一式陸攻」だけ!
ウムッ。
サブ兄さん。
「インテグラルタンク」
って何?
尾翼
ここまで三角形だと気持良い
ぞ。オムスビのようだね。
タンクを…
翼のカタチにして…
ペンキ
色を塗ったモノだッ。
外皮一枚のみ。
だから一杯燃
料が入るぞッ。
ゴーーッ
ギャ
燃えやす
いがなッ。
わーい
凄いや。
追記
サスガにこれ
ではヤバいと感
じて後期になると下側のみゴム板を
貼り付けたぞ。
爆撃照準器
二型までは「九〇式一号爆撃照準器」(左)。「二式
陸攻二二型」になってやっと転輪内蔵の新型「二式
一号爆撃照準器」(右)が使えるようになったぞ。
プロペラ
一一型はおなじみの住友ハミルトン恒速三翅。
二二型以降は「V.D.M.P三」恒速四翅になった
ぞ。ペラが三翅でも四翅でも直径は三・四メート
ル。回転方向は正面より見て反時計回り。
水平安定板と昇降舵
何と左右共用構造。壊れ
て修理する時も交換は楽
だったに違いないぞ。
射撃時
格納時
フィレット
日本機の特徴で
あるフィレットは
「一式陸攻」には
無いぞ。
主脚
タイヤはとても大きいぞ。
直径一・二メートル、幅は
四〇センチもあるぞ。
側方銃座
「一式陸攻」の胴体がいく
ら太いといっても、長大な
「九九式二十粍一号旋
回機銃一一型」を側方銃
座に配置すると中で機銃
員がぶつかり合うのでずら
して配置してあるぞ。だか
ら胴体の日の丸も左右対
称の位置にはないぞ。
武装
機首銃座以外は「九九式二十粍一号旋回機銃一一型」。
エリコン機銃の旋回銃型。本家のエリコン社にも存在しない
我が国オリジナルのテッポウだぞ。弾倉は重いので四十五発
用になっているぞ。
「一式大型動力銃架二二型」…は別紙!

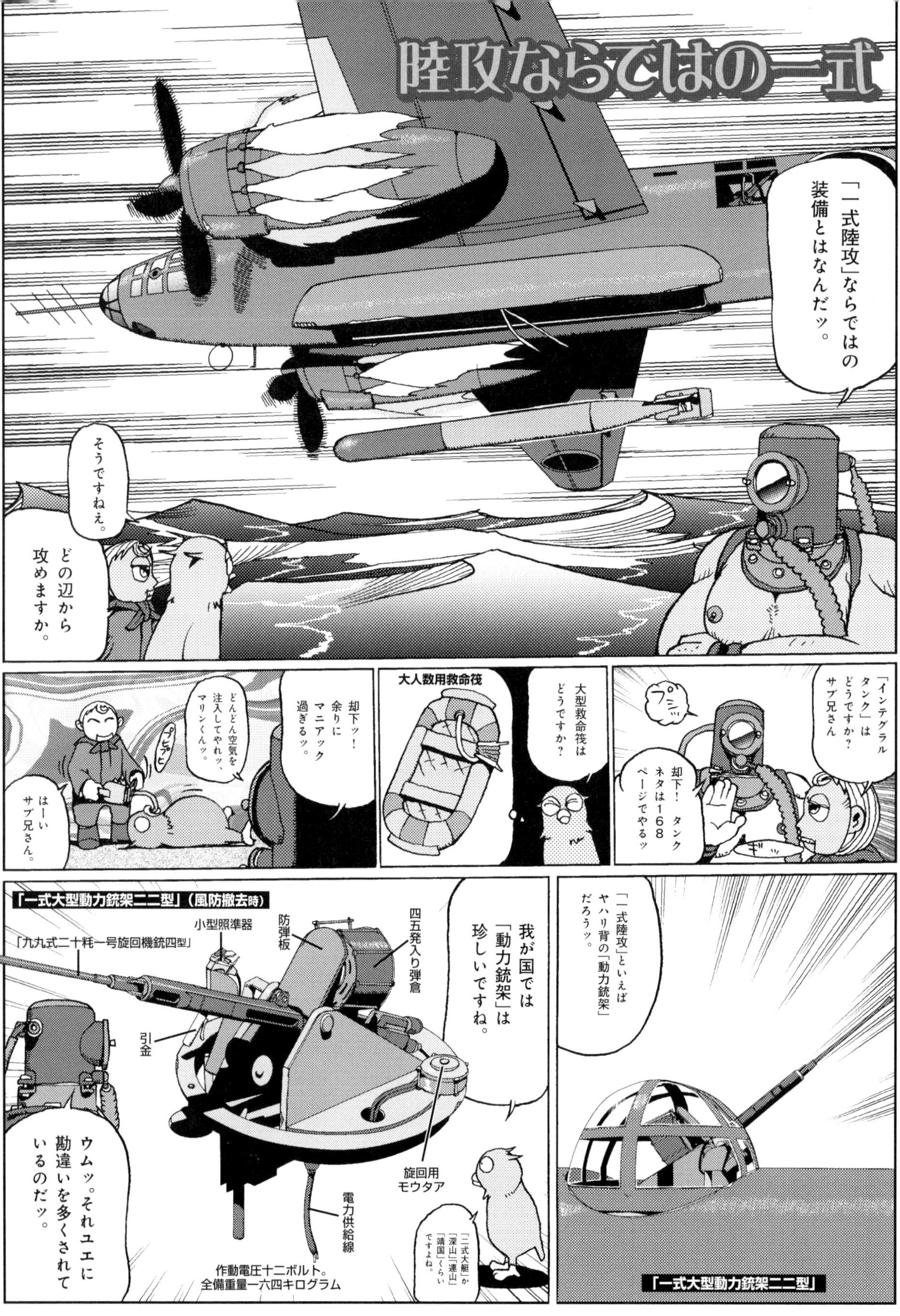
陸攻ならではの一式
「一式陸攻」ならではの装備とはなんだッ。
そうですねぇ。
どの辺から攻めますか。
「インテグラルタンク」はどうですか？サブ兄さん
却下！タンクネタは168ページでやるッ
大型救命筏はどうですか？
大人数用救命筏
却下ッ！余りにマニアック過ぎるッ。
どんどん空気を注入してやれッ、マリンくんッ。
はーいサブ兄さん。
「一式陸攻」といえばヤハリ背の「動力銃架」だろうッ。
「一式大型動力銃架二二型」
我が国では「動力銃架」は珍しいですね。
「二式大艇」か「深山」「連山」「靖国」くらいですよね。
ウムッ。それユエに勘違いを多くされているのだッ。
「一式大型動力銃架二二型」（風防撤去時）
「九九式二十粍一号旋回機銃四型」
小型照準器
防弾板
四五発入り弾倉
引金
旋回用モウタア
電力供給線
作動電圧十二ボルト。
全備重量一六四キログラム

装備されている防弾板だがッ。これは操作要員の身を守るモノではなくッ
敵弾が機銃弾倉に命中してッ
ドド
何だ!?
誘爆を防ぐ為のモノだッ。
銃の旋回は電動機が行ってくれるがッ
仰角と俯角は人力だッ。
ウィィイン
そして次のコレがッ…
一番の勘違いだッ。
「動力銃架」普通のイメージはこのように座ってッ機銃を操作するものだがッ
ぐるぐる
オレ様には狭いッ
ゴッゴッ
「一式大型動力銃架二二型」は立って使うッ。
…何か下半身だけ出ているのは間抜けだなあ…。
オマケに弾倉には四十五発だッ。すぐに撃ち尽くしてしまうッ。
カチッ
あッ弾切れだ！弾倉交換の間、援護をタノムッ
バカッ、オレもだ
弾倉を交換しようとすると重さは十六キログラムを超えるッ。一人であの狭い中、迅速に再装填は無理だッ。
サブ兄さん、弾倉換えている間にやられちゃいますう。
ズシリ
何で軽くてベルト式の「三式十三粍二」アタリを使わなかったんだろう。
当時の搭乗員は大変だったんだなあ。
サブ兄さん。何か「一式陸攻」ならではで目の覚めるのはないですう?
そのコトバ待っていたぞッ。マリンくんッ。

「一式陸攻」は海軍で開発された航空用爆弾・魚雷の全てが搭載出来るッ。
ひみつ
「九八式二五番陸用爆弾一型改一」
「九九式八〇番五号徹甲爆弾」
「八〇番爆弾」
わあッ。やっぱり「一式陸攻」はスゴいですう。
「九一式航空魚雷改七」
「銀河」でも「改七」搭載は無理。「改七」魚雷は陸攻専用。全長は五・七一メートルもあるぞ。実用航空魚雷では一番大きい。
これは誇れるッ。「一式陸攻」ならではだッ。
トコロで奥の『ひみつ』ってナニかなあ。
…ソレに気付いてしまったな、マリンくんッ。
「改七」魚雷は海軍の「銀河」には無理でも陸軍の四式重爆「飛竜」には搭載出来るッ。
しかし、陸海軍広しと言えども「一式陸攻」にしか搭載出来ない『ならでは』があるッ。
それが「桜花」(MXY七)!
人間爆弾だッ。
照準器。自らの命を文字通り命中させる道標だ。
ピトー管
「四式噴進器二〇型」で燃焼したガスが操縦席に入り込まないように換気口が複数設置されている。
「一式陸攻」に懸吊する為、双尾翼を採用。
懸吊具。
炸薬一二〇〇キログラム。必ず炸裂するよう、また効率良く炸薬に点火出来るように信管は弾頭に一つ、弾底に四つ、合計五つある。
「四式噴進器二〇型」一本当りの燃焼時間は九秒。それを三本搭載。
これを作り、これで戦ったということを絶対に忘れてはイケないッ。

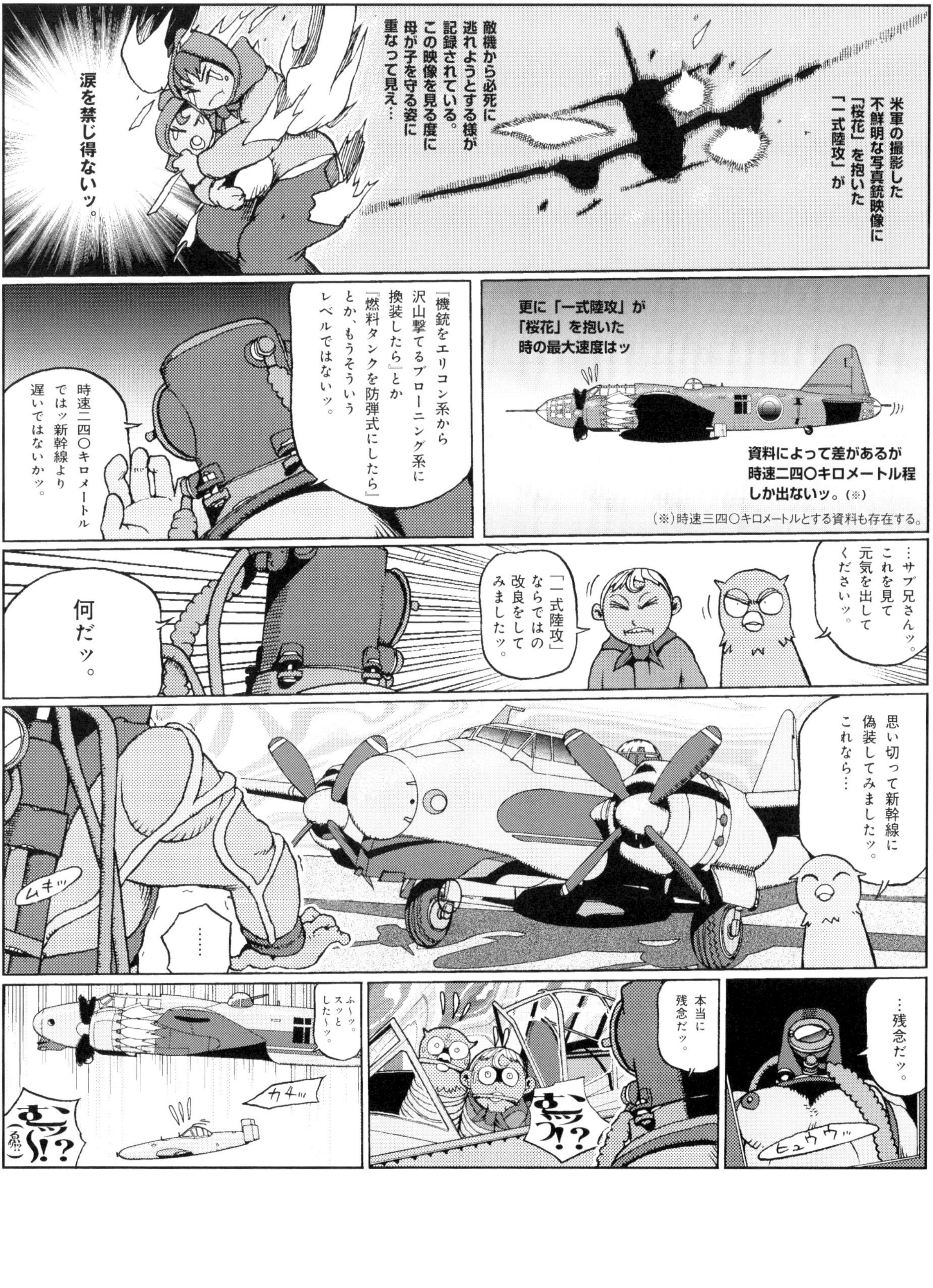
米軍の撮影した不鮮明な写真銃映像に「桜花」を抱いた「一式陸攻」が
敵機から必死に逃れようとする様が記録されている。この映像を見る度に母が子を守る姿に重なって見え…
涙を禁じ得ないッ。
更に「一式陸攻」が「桜花」を抱いた時の最大速度はッ
資料によって差があるが時速二四〇キロメートル程しか出ないッ。(※)
(※)時速三四〇キロメートルとする資料も存在する。
『機銃をエリコン系から沢山撃てるブローニング系に換装したら』とか『燃料タンクを防弾式にしたら』とか、もうそういうレベルではないッ。
時速二四〇キロメートルではッ新幹線より遅いではないかッ。
…サブ兄さんッ。これを見て元気を出してくださいッ。
「一式陸攻」ならではの改良をしてみましたッ。
何だッ。
思い切って新幹線に偽装してみましたッ。これなら…
ムキッ
……
…残念だッ。
ヒュウウ
本当に残念だッ。
ふ〜ッ。スッとした〜ッ。

三式戦闘機「飛燕」

【風防】
ココだけが平面になっている非常に凝った遮風板になっているぞ。同じ「川崎航空機」社製品の「二式複戦」もこの方法を採用しているが…ヤハリ「川崎航空機」という会社は…どこかオカシイ。

「防盾鋼板」だ。

ココの小窓から地上滑走中斜め前の視界を得られるぞ。

【機首砲】
弾倉の都合で左砲が前に出ているぞ。

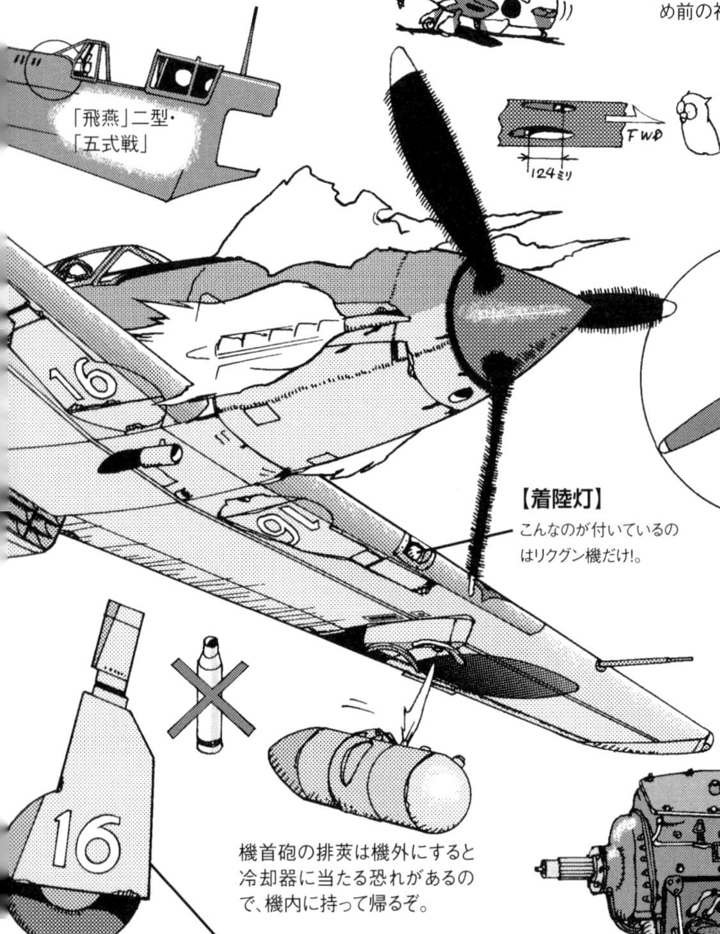

FWD
124ミリ
「飛燕」二型・
「五式戦」

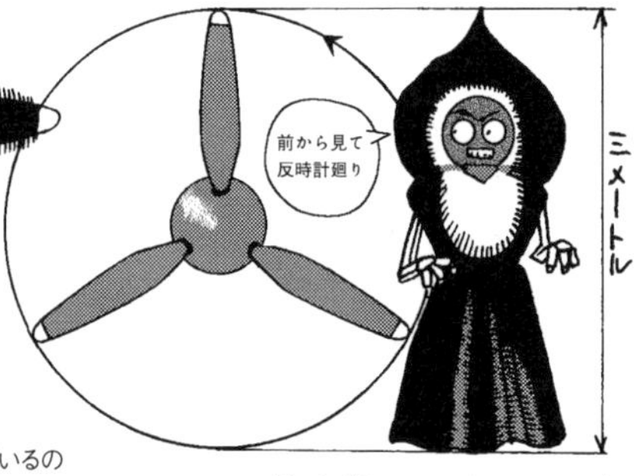

前から見て
反時計廻り
三メートル

ゲスト:「flatwoodsmonster」

【着陸灯】
こんなのが付いているのはリクグン機だけ!。

【プロペラ】
直径は三メートル。回転方向は操縦席から見て時計方向。警戒帯塗装は先端部に施すぞ。カイグン機のように途中にという方式ではないぞ。

機首砲の排莢は機外にすると冷却器に当たる恐れがあるので、機内に持って帰るぞ。

リクグン機は尾翼に機体番号を記入しない機が多いので番号はココに記入するぞ。

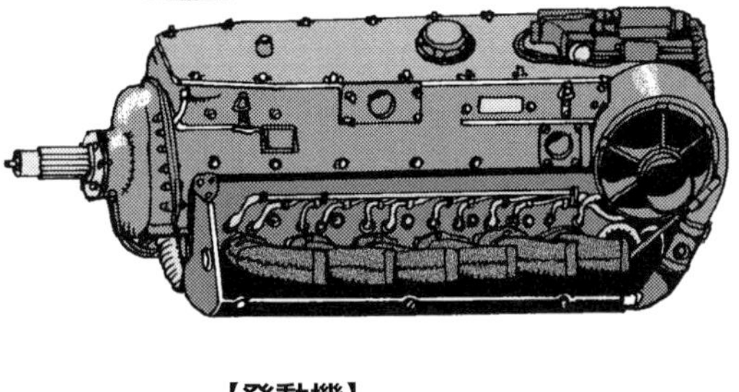

【発動機】
「ハ-四〇」リクグンでの正式名称は「二式一一〇〇馬力発動機」。一言だけ。『アンタ(ハ-四〇殿)には同情するよ』

広い!!

【主脚】
「飛燕」の主脚は他のどの飛行機、航空機にも該当しない非常に裾広がりの形状をしているぞ。ヤハリ「川崎航空機」という会社は…オカシイ。
ここの幅も広くて地上滑走では無類の安定性があったぞ。

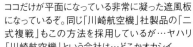

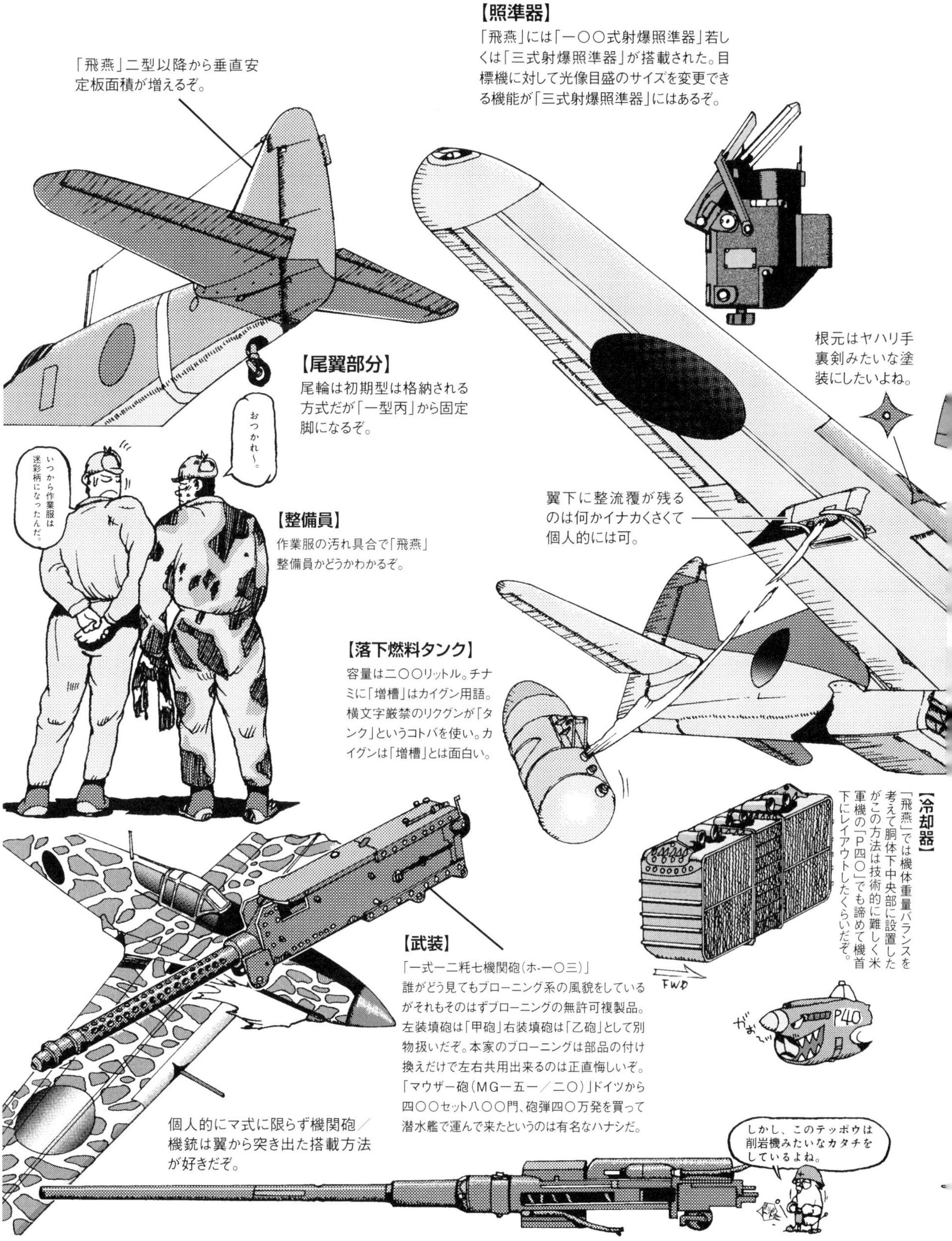

「飛燕」二型以降から垂直安定板面積が増えるぞ。
【照準器】
「飛燕」には「一〇〇式射爆照準器」若しくは「三式射爆照準器」が搭載された。目標機に対して光像目盛のサイズを変更できる機能が「三式射爆照準器」にはあるぞ。
根元はヤハリ手裏剣みたいな塗装にしたいよね。
【尾翼部分】
尾輪は初期型は格納される方式だが「一型丙」から固定脚になるぞ。
おつかれ〜。
いつから作業服は迷彩柄になったんだ。
【整備員】
作業服の汚れ具合で「飛燕」整備員かどうかわかるぞ。
翼下に整流覆が残るのは何かイナカくさくて個人的には可。
【落下燃料タンク】
容量は二〇〇リットル。チナミに「増槽」はカイグン用語。横文字厳禁のリクグンが「タンク」というコトバを使い。カイグンは「増槽」とは面白い。
【冷却器】
「飛燕」では機体重量バランスを考えて胴体下中央部に設置したがこの方法は技術的に難しく米軍機の「P四〇」でも諦めて機首下にレイアウトしたくらいだぞ。
FWD
P40
がぉ〜
【武装】
「一式一二粍七機関砲（ホ-一〇三）」
誰がどう見てもブローニング系の風貌をしているがそれもそのはずブローニングの無許可複製品。左装填砲は「甲砲」右装填砲は「乙砲」として別物扱いだぞ。本家のブローニングは部品の付け換えだけで左右共用出来るのは正直悔しいぞ。
「マウザー砲（MG一五一／二〇）」ドイツから四〇〇セット八〇〇門、砲弾四〇万発を買って潜水艦で運んで来たというのは有名なハナシだ。
個人的にマ式に限らず機関砲／機銃は翼から突き出た搭載方法が好きだぞ。
しかし、このテッポウは削岩機みたいなカタチをしているよね。

平成18年9月に惜しくも物故なさった名俳優・丹波哲郎さん。戦時中「キ61」の整備（武器員）に携っていた…と聞いたぞ。心から御冥福を御祈り致します。（こがしゅうと拝）

一〇〇式司令部偵察機

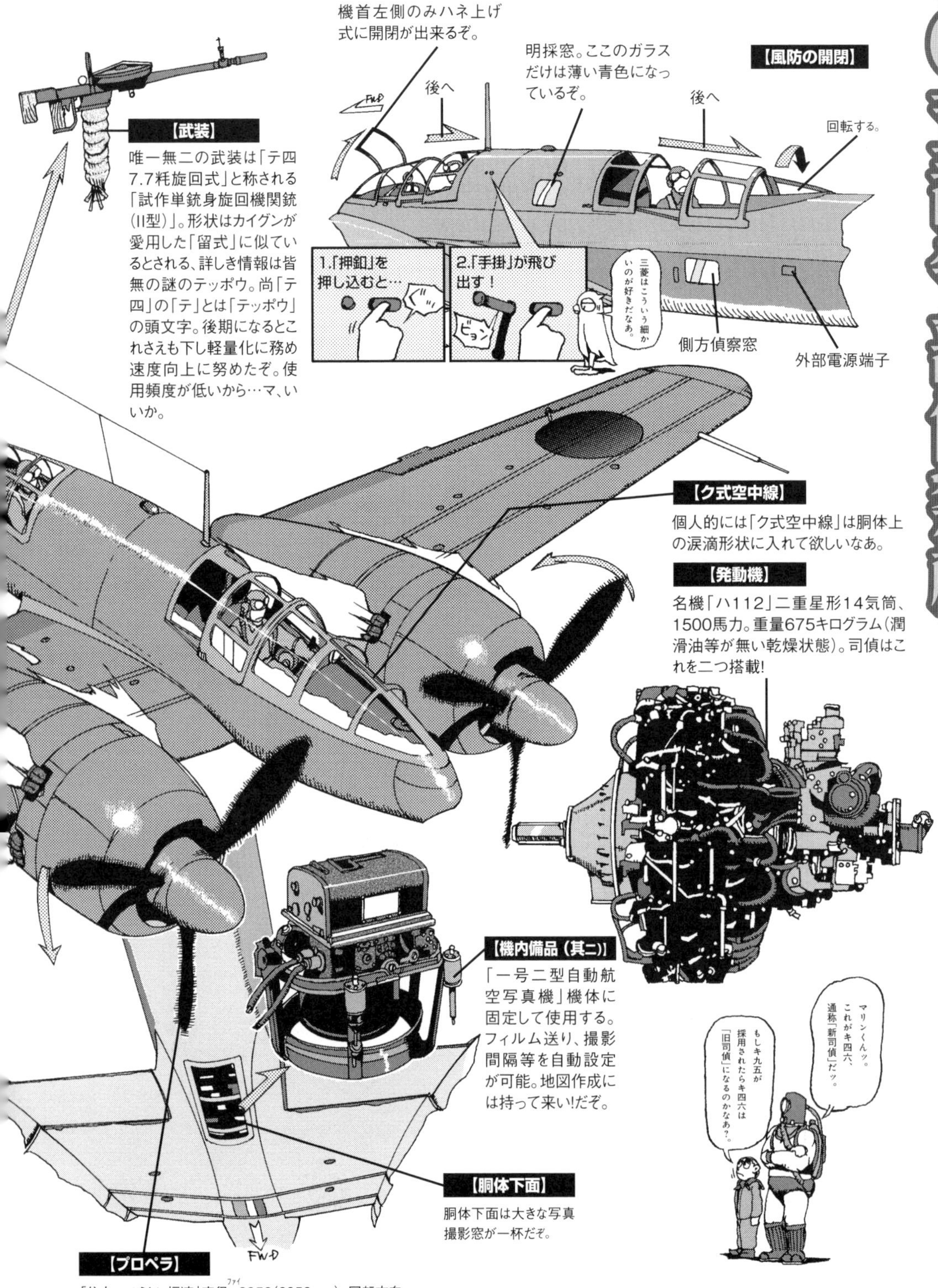
機首左側のみハネ上げ式に開閉が出来るぞ。
後へ
明採窓。ここのガラスだけは薄い青色になっているぞ。
【風防の開閉】
後へ
回転する。
1.「押釦」を押し込むと…
2.「手掛」が飛び出す！
ビョン
三菱はこういう細かいのが好きだなあ。
側方偵察窓
外部電源端子
マリンくんッ。これがキ四六、通称「新司偵」だッ。
もしキ九五が採用されたらキ四六は「旧司偵」になるのかなあ?。
FWD

【武装】

唯一無二の武装は「テ四7.7粍旋回式」と称される「試作単銃身旋回機関銃(II型)」。形状はカイグンが愛用した「留式」に似ているとされる、詳しき情報は皆無の謎のテッポウ。尚「テ四」の「テ」とは「テッポウ」の頭文字。後期になるとこれさえも下し軽量化に務め速度向上に努めたぞ。使用頻度が低いから…マ、いいか。

【ク式空中線】

個人的には「ク式空中線」は胴体上の涙滴形状に入れて欲しいなあ。

【発動機】

名機「ハ112」二重星形14気筒、1500馬力。重量675キログラム(潤滑油等が無い乾燥状態)。司偵はこれを二つ搭載!

【機内備品(其ニ)】

「一号二型自動航空写真機」機体に固定して使用する。フィルム送り、撮影間隔等を自動設定が可能。地図作成には持って来い!だぞ。

【胴体下面】

胴体下面は大きな写真撮影窓が一杯だぞ。

【プロペラ】

「住友ハルミトン恒速」直径φ《ファイ》2950(2950mm)。回転方向は左右とも正面より見て反時計廻り。ペラ先端の警戒帯はあったりなかったり。偵察機だと目立つからかな。

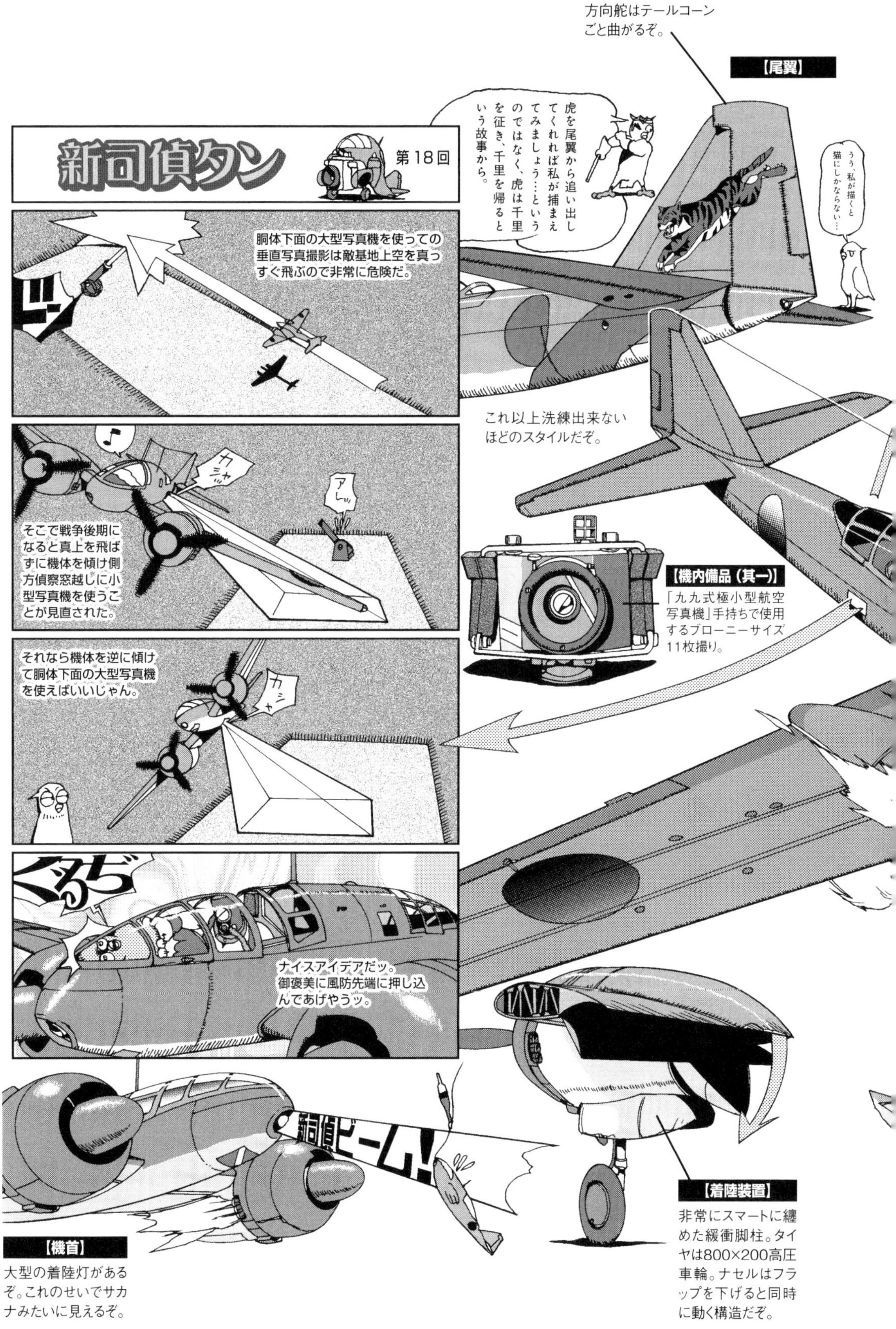
方向舵はテールコーン
ごと曲がるぞ。
【尾翼】
虎を尾翼から追い出してくれれば私が捕まえてみましょう…というのではなく、虎は千里を征き、千里を帰るという故事から。
うう、私が描くと猫にしかならない…
新司偵タン
第18回
胴体下面の大型写真機を使っての
垂直写真撮影は敵基地上空を真っ
すぐ飛ぶので非常に危険だ。
カシャ
アレッ
そこで戦争後期に
なると真上を飛ば
ずに機体を傾け側
方偵察窓越しに小
型写真機を使うこ
とが見直された。
それなら機体を逆に傾け
て胴体下面の大型写真機
を使えばいいじゃん。
カシャ
これ以上洗練出来ない
ほどのスタイルだぞ。
【機内備品（其一）】
「九九式極小型航空
写真機」手持ちで使用
するブローニーサイズ
11枚撮り。
ナイスアイデアだッ。
御褒美に風防先端に押し込
んであげやうッ。
新司偵ビーム!
【機首】
大型の着陸灯がある
ぞ。これのせいでサカ
ナみたいに見えるぞ。
【着陸装置】
非常にスマートに纏
めた緩衝脚柱。タイ
ヤは800×200高圧
車輪。ナセルはフラ
ップを下げると同時
に動く構造だぞ。

司偵のタンク

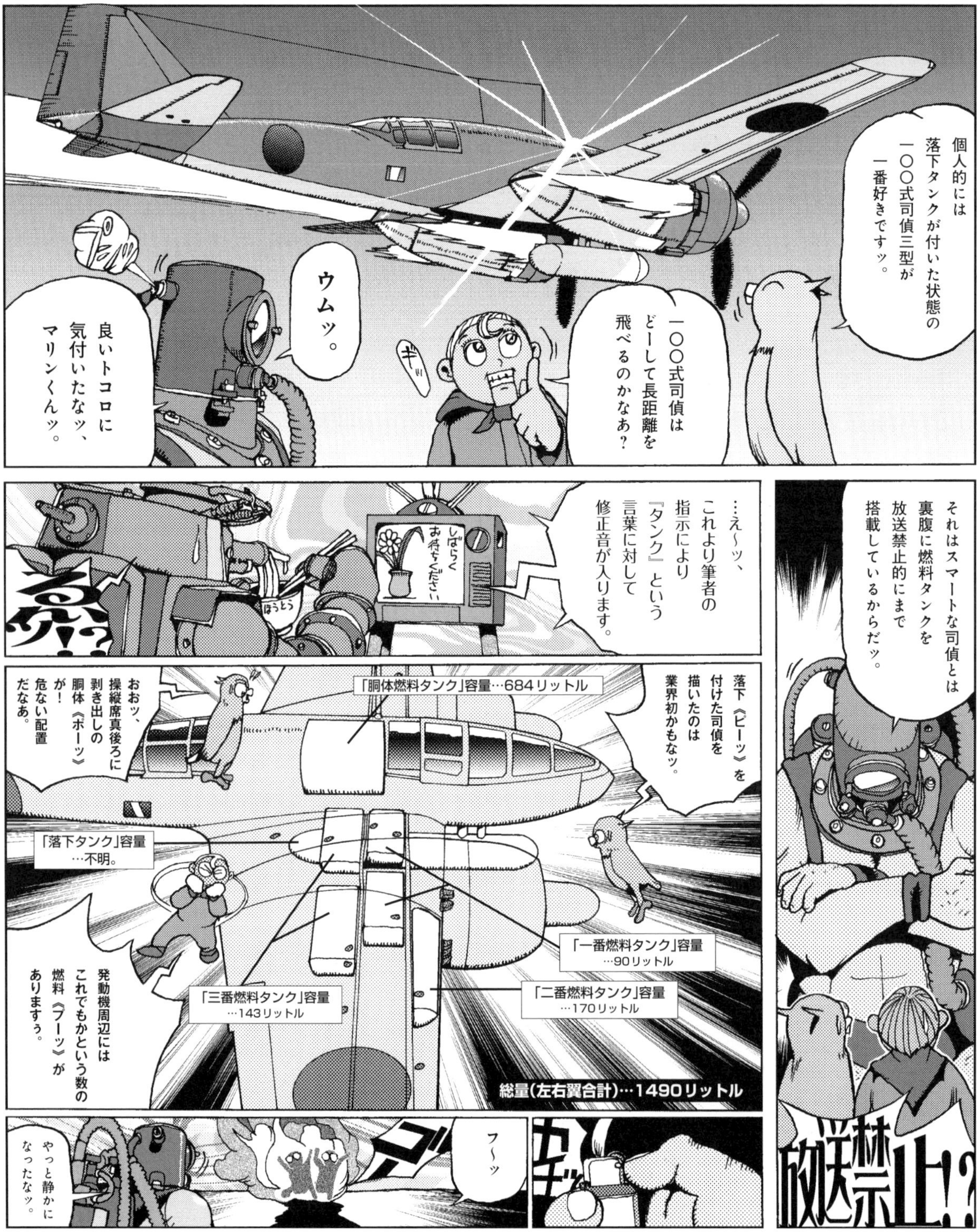
個人的には落下タンクが付いた状態の一〇〇式司偵三型が一番好きですッ。
一〇〇式司偵はどーして長距離を飛べるのかなあ？
ウムッ。
良いトコロに気付いたなッ、マリンくんッ。
それはスマートな司偵とは裏腹に燃料タンクを放送禁止的にまで搭載しているからだッ。
放送禁止!?
…え〜ッ、これより筆者の指示により『タンク』という言葉に対して修正音が入ります。
しばらくお待ちください
ほうとう
落下《ピーッ》を付けた司偵を描いたのは業界初かもなッ。
おおッ、操縦席真後ろに剥き出しの胴体《ポーッ》が！危ない配置だなあ。
「胴体燃料タンク」容量…684リットル
「落下タンク」容量…不明。
「一番燃料タンク」容量…90リットル
「二番燃料タンク」容量…170リットル
「三番燃料タンク」容量…143リットル
発動機周辺にはこれでもかという数の燃料《ブーッ》がありますぅ。
総量(左右翼合計)…1490リットル
カチッ
フ〜ッ
やっと静かになったなッ。

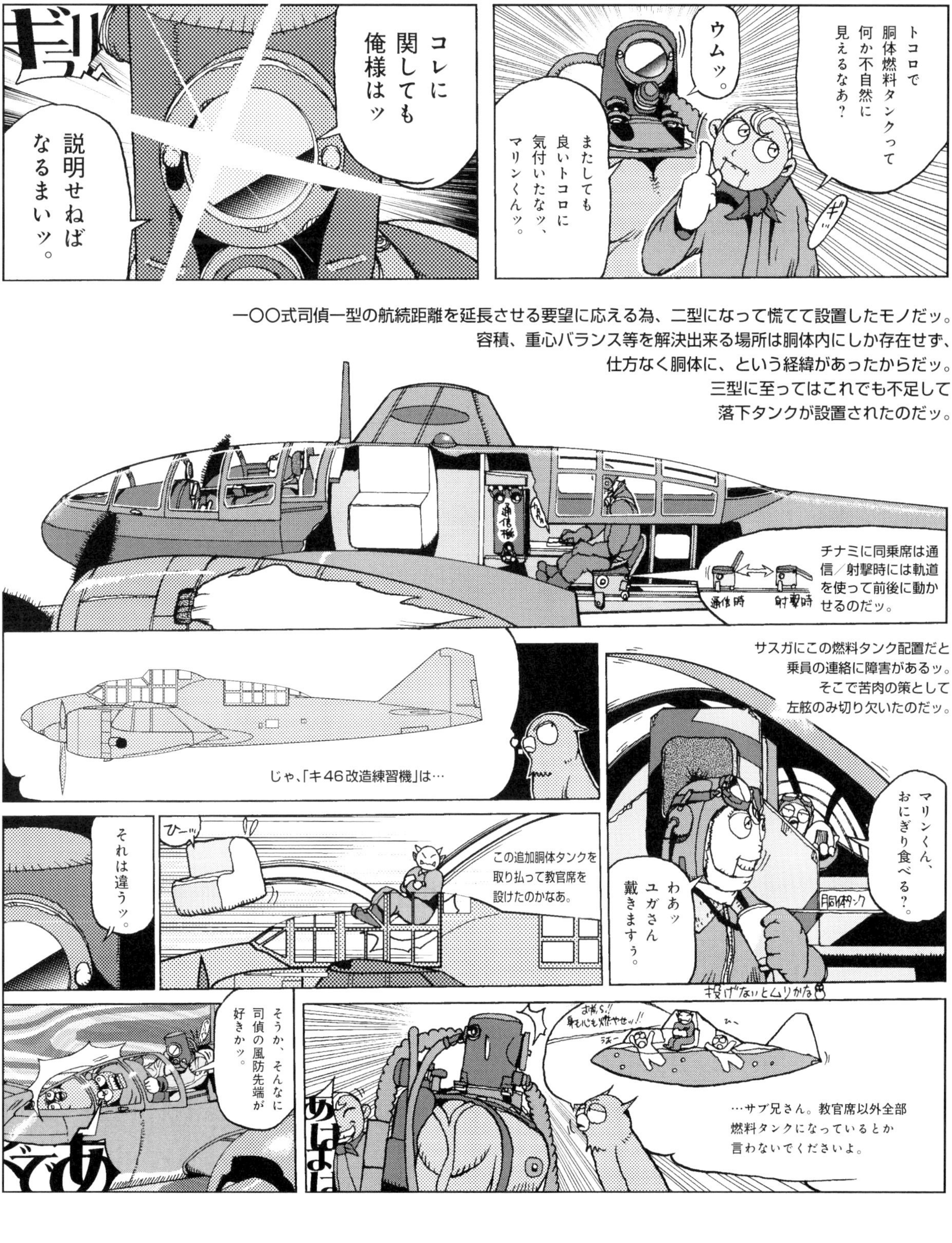

トコロで胴体燃料タンクって何か不自然に見えるなあ？
ウムッ。
またしても良いトコロに気付いたなッ、マリンくんッ。
コレに関しても俺様はッ
説明せねばなるまいッ。
一〇〇式司偵一型の航続距離を延長させる要望に応える為、二型になって慌てて設置したモノだッ。
容積、重心バランス等を解決出来る場所は胴体内にしか存在せず、
仕方なく胴体に、という経緯があったからだッ。
三型に至ってはこれでも不足して
落下タンクが設置されたのだッ。
通信機
チナミに同乗席は通信／射撃時には軌道を使って前後に動かせるのだッ。
通信時
射撃時
サスガにこの燃料タンク配置だと
乗員の連絡に障害があるッ。
そこで苦肉の策として
左舷のみ切り欠いたのだッ。
マリンくん、おにぎり食べる？。
わあッ ユガさん 戴きますぅ。
胴体タンク
じゃ、「キ46改造練習機」は…
この追加胴体タンクを取り払って教官席を設けたのかなあ。
ひーッ
それは違うッ。
投げないとムリかな
そうか、そんなに司偵の風防先端が好きかッ。
身も心も燃やせッ!!
ひ～
…サブ兄さん。教官席以外全部燃料タンクになっているとか言わないでくださいよ。

九七式中戦車チハ

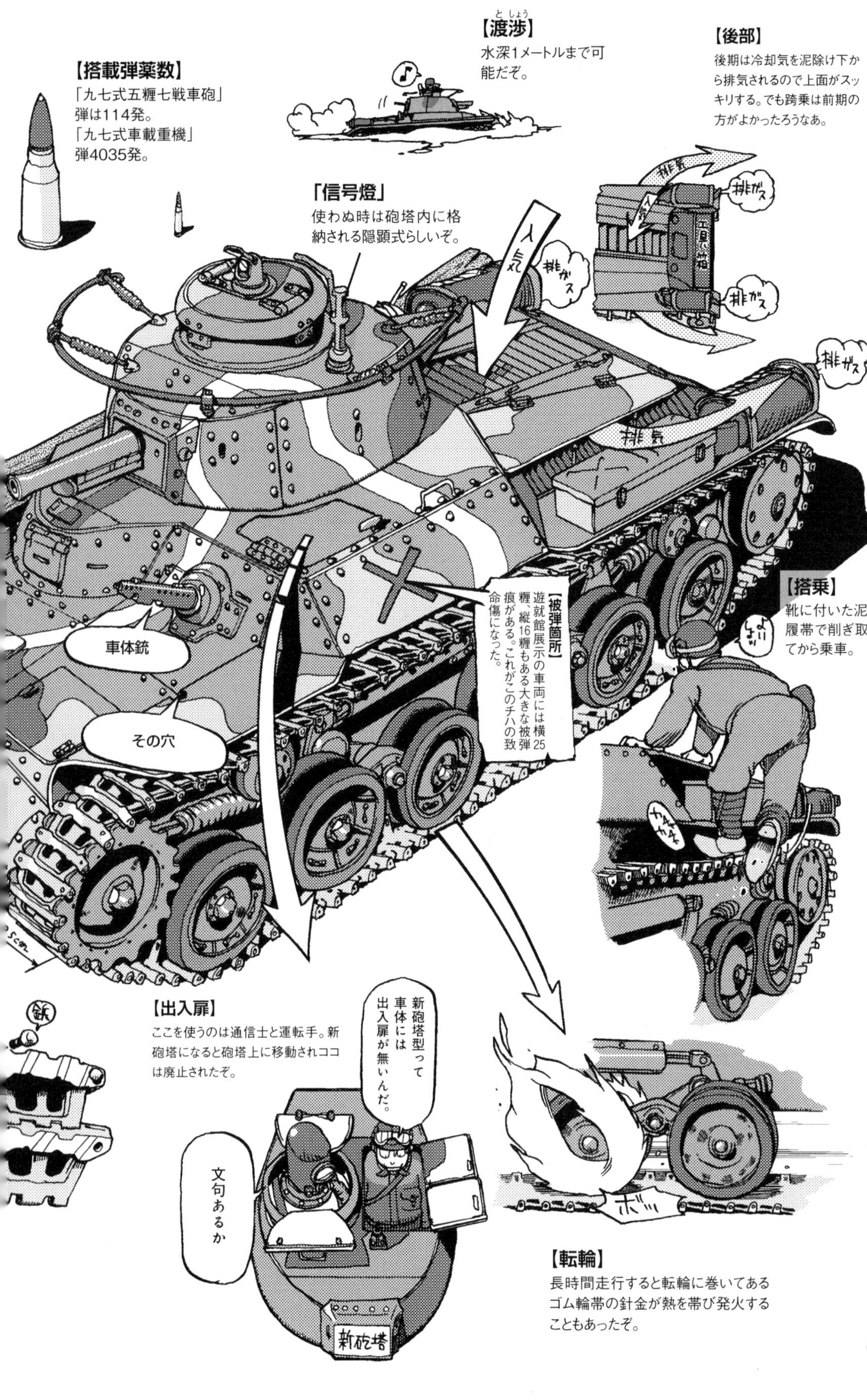
【搭載弾薬数】
「九七式五糎七戦車砲」弾は114発。
「九七式車載重機」弾4035発。
【渡渉《としょう》】
水深1メートルまで可能だぞ。
【後部】
後期は冷却気を泥除け下から排気されるので上面がスッキリする。でも跨乗は前期の方がよかったろうなあ。
排気
排ガス
排ガス
排ガス
「信号燈」
使わぬ時は砲塔内に格納される隠顕式らしいぞ。
入気
排ガス
排気
【被弾箇所】
遊就館展示の車両には横25糎、縦16糎もある大きな被弾痕がある。これがこのチハの致命傷になった。
車体銃
その穴
【搭乗】
靴に付いた泥は履帯で削ぎ取ってから乗車。
よいしょ
【出入扉】
ここを使うのは通信士と運転手。新砲塔になると砲塔上に移動されココは廃止されたぞ。
新砲塔型って車体には出入扉が無いんだ。
文句あるか
新砲塔
ボッ
【転輪】
長時間走行すると転輪に巻いてあるゴム輪帯の針金が熱を帯び発火することもあったぞ。

【展望塔】
展望塔に付くパノラマ眼鏡は複数種あり、凝った作りのもあるぞ。

【車載工具】
「ヂャッキ」「打上機」当時の文章を見ると両方の記載があるぞ。どっちがオフィシャルなのかな。

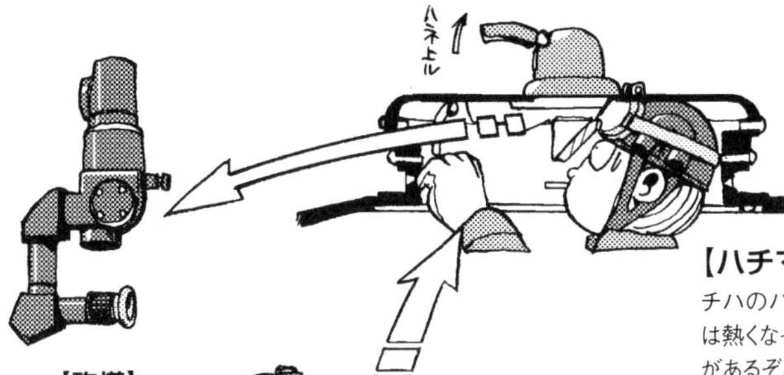
ハネトル

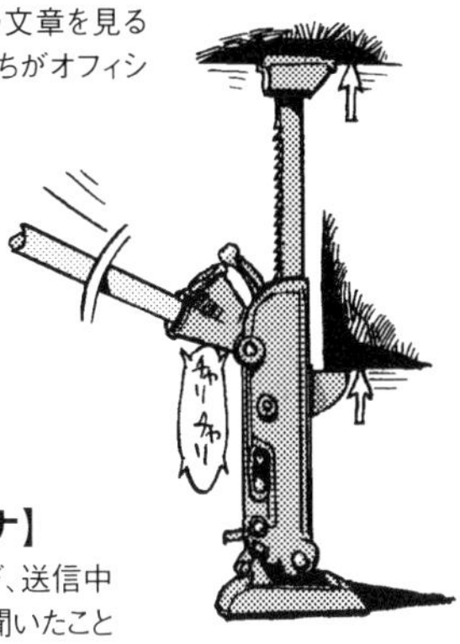

【ハチマキアンテナ】
チハのハナシではないが、送信中は熱くなって触れないと聞いたことがあるぞ。

【泥除け】
丸太やムシロを縛る穴。本当は旗を立てるモノらしいが、これは貨車や二等輸送艦積載時、泥濘地等でエンコした時に履帯に噛ませる為だぞ。左にもあるぞ。

【砲塔】

【砲塔銃】

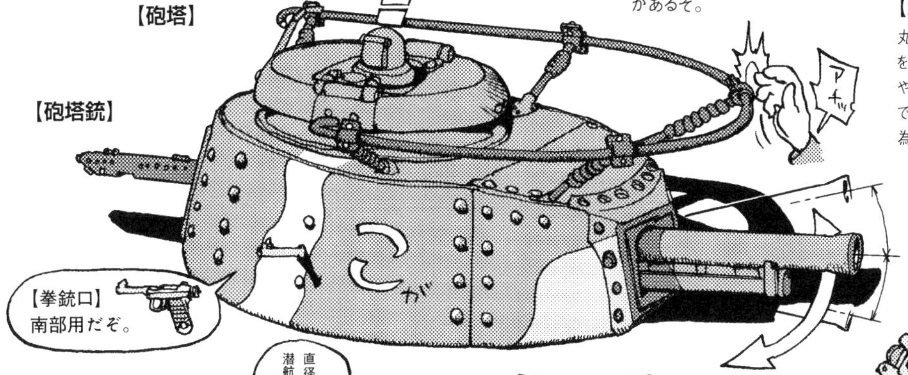
アチッ
【拳銃口】
南部用だぞ。

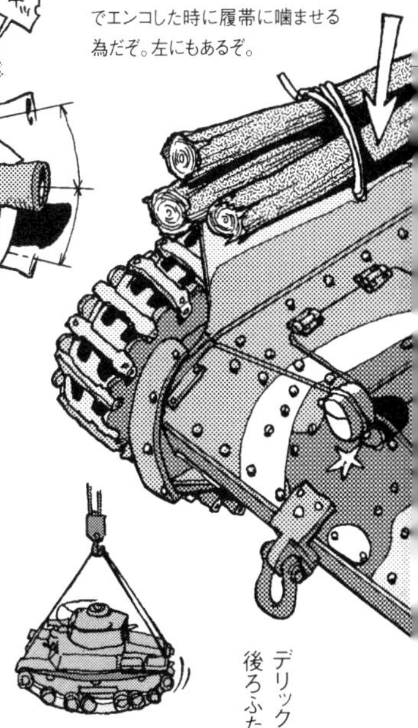

砲塔を固定していても左右に10度、上に20度、下に15度動くぞ。

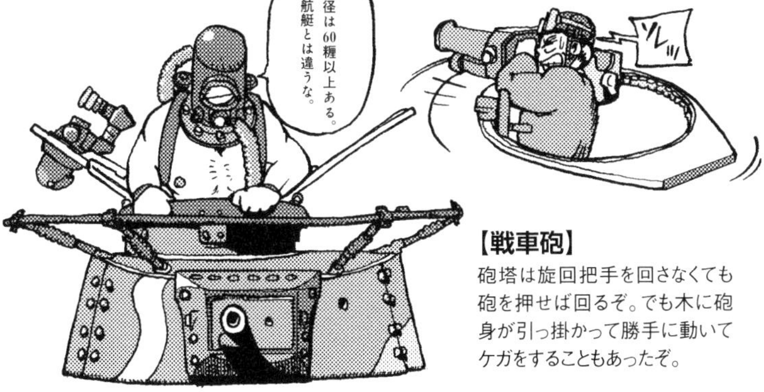
直径は60糎以上ある。潜航艇とは違うな。
ツルッ

【戦車砲】
砲塔は旋回把手を回さなくても砲を押せば回るぞ。でも木に砲身が引っ掛かって勝手に動いてケガをすることもあったぞ。

デリックに吊る時は前にひとつ、後ろふたつの索引鈎を使うぞ。

【車長天蓋】
二枚構成のハッチは数多けれどここまで凝ったのはチハだけ!

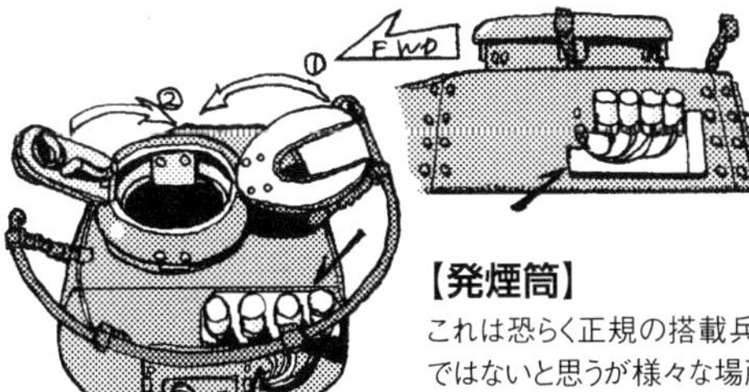
FWD
①
②

【発煙筒】
これは恐らく正規の搭載兵器ではないと思うが様々な場所、色々な発煙筒を付けていたぞ。

モア〜
モア〜

【履板】
遊就館に展示中のチハはサイパン島からの里帰りだが、良く見ると履板には氷上用の防滑鋲が打ち込んである。これは大陸の戦車部隊が急遽、同島戦に引き抜かれ、これを取る時間も無いまま投入され散華した証拠でもある。履帯の幅は32・5糎だ。

悲しいね

穴

グサッ
スルッ

車体に使用されているボルトや鋲の頭はテーパーが付けられているぞ。これは被弾を考えてのこと。あと二次的なものとして幾らかの重量を軽減出来るぞ。

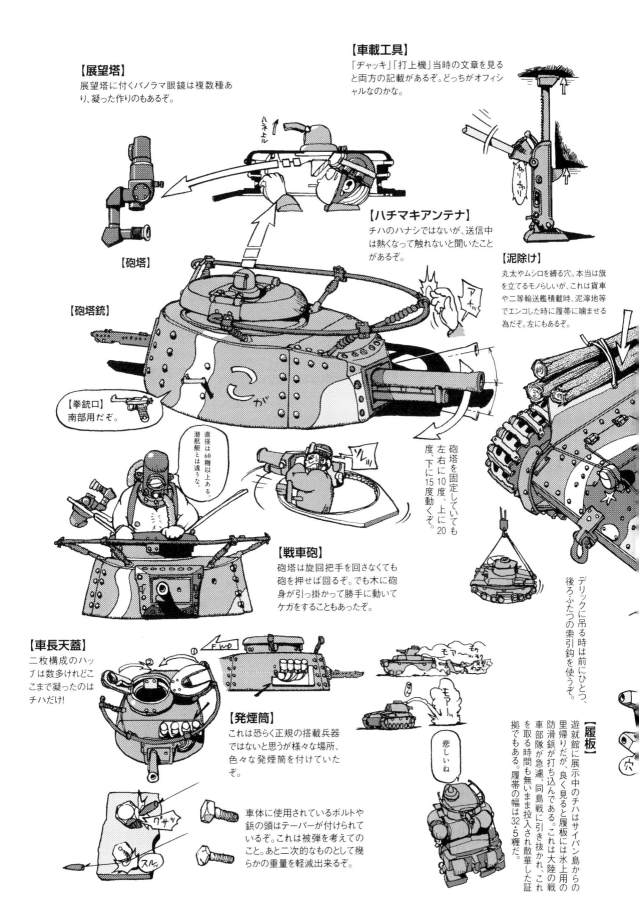

チハ車のチ

今回は…
靖国神社遊就館のチハ車本物を取材する機会を得たッ
…何をしている、二人とも
靖國神社
ああ、サブ兄さん。こんな機会は滅多に無いので取材腕章を写真に収めていました
ねーマリンくん
そうそう
靖國神社
来てイキナリそれかッ。
どくどく
そんなでは今日来る講師に笑われるぞッ
ウッシシシ貴方等が今日の取材者かッ
今ハヤリのギジン化だッ
このチハ兄さんがチハ車のチの字からギューッと教えて進ぜようシッ
まず、チューセンシャの三番目だからチハ車だようシッ
因《ちな》みに軽戦車は「ケ」砲戦車は「ホ」
…ホントに「チ」からだ。
時間もページも限られているようなんで…勝手に。
オ、エンジンが見える。座席は無くなっているね。
ホントだ
ああ、モー。これからイイトコロなのに
今回、特別に関係者のご厚意によりチハ車の内部を見ることが出来ました。
ありがとうございました!
なのにナゼその図解が無いッ!?
でも前頁に外見はッ…
蹂躙ッ
蹂躙ンンッ

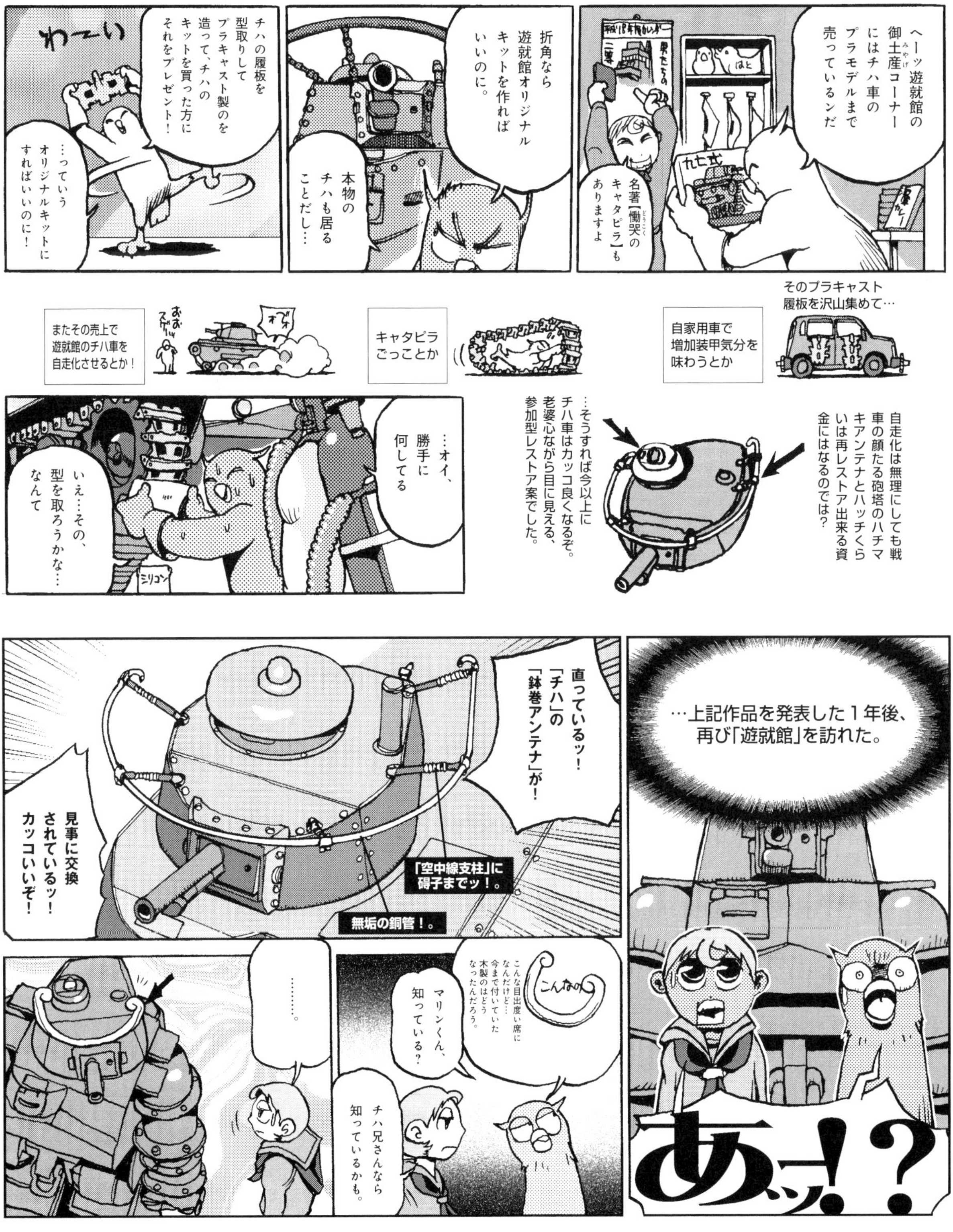

ヘーッ遊就館の御土産《みやげ》コーナーにはチハ車のプラモデルまで売っているンだ
九七式
名著「慟哭《どうこく》のキャタピラ」もありますよ
折角なら遊就館オリジナルキットを作ればいいのに。
本物のチハも居ることだし…
チハの履板を型取りしてプラキャスト製のを造って、チハのキットを買った方にそれをプレゼント！
わーい
…っていうオリジナルキットにすればいいのに！
そのプラキャスト履板を沢山集めて…
自家用車で増加装甲気分を味わうとか
キャタピラごっことか
またその売上で遊就館のチハ車を自走化させるとか！
自走化は無理にしても戦車の顔たる砲塔のハチマキアンテナとハッチくらいは再レストア出来る資金にはなるのでは？
…そうすれば今以上にチハ車はカッコ良くなるぞ。老婆心ながら目に見える、参加型レストア案でした。
…オイ、勝手に何してる
いえ…その、型を取ろうかな…なんて
シリコン
…上記作品を発表した１年後、再び「遊就館」を訪れた。
あっ!?
直っているッ！「チハ」の「鉢巻アンテナ」が！
見事に交換されているッ！カッコいいぞ！
「空中線支柱」に碍子までッ！。
無垢の銅管！。
こんな目出度い席になんだけど…今まで付いていた木製のはどうなったんだろう。
こんなの
マリンくん、知っている？
チハ兄さんなら知っているかも。
……。

硫黄島・水際特火点見学

【図一】

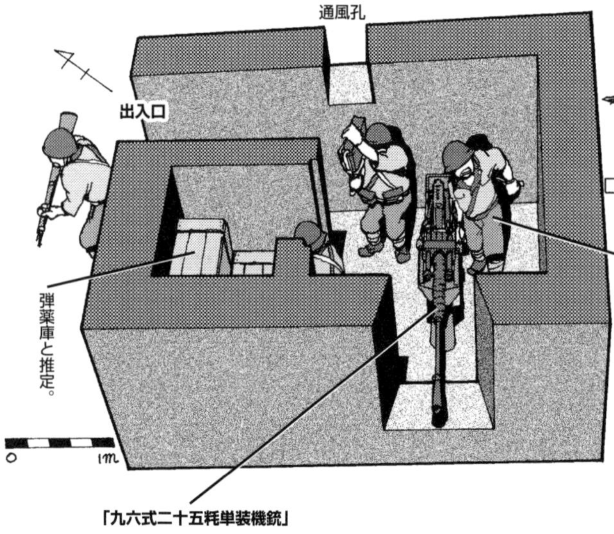

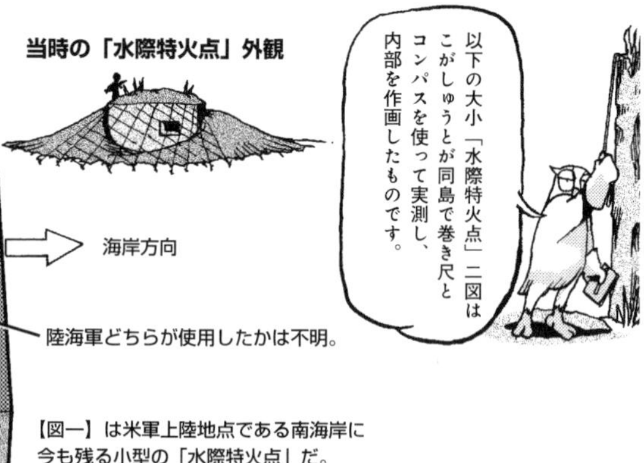

【図一】は米軍上陸地点である南海岸に
今も残る小型の「水際特火点」だ。
この地区のものは艦砲等で徹底的に破壊されたが
唯一原型を保っていたのを計測した。
図では天井を取り去った俯瞰図だが
実際には厚さ一メートル以上あるベトンで覆われている。

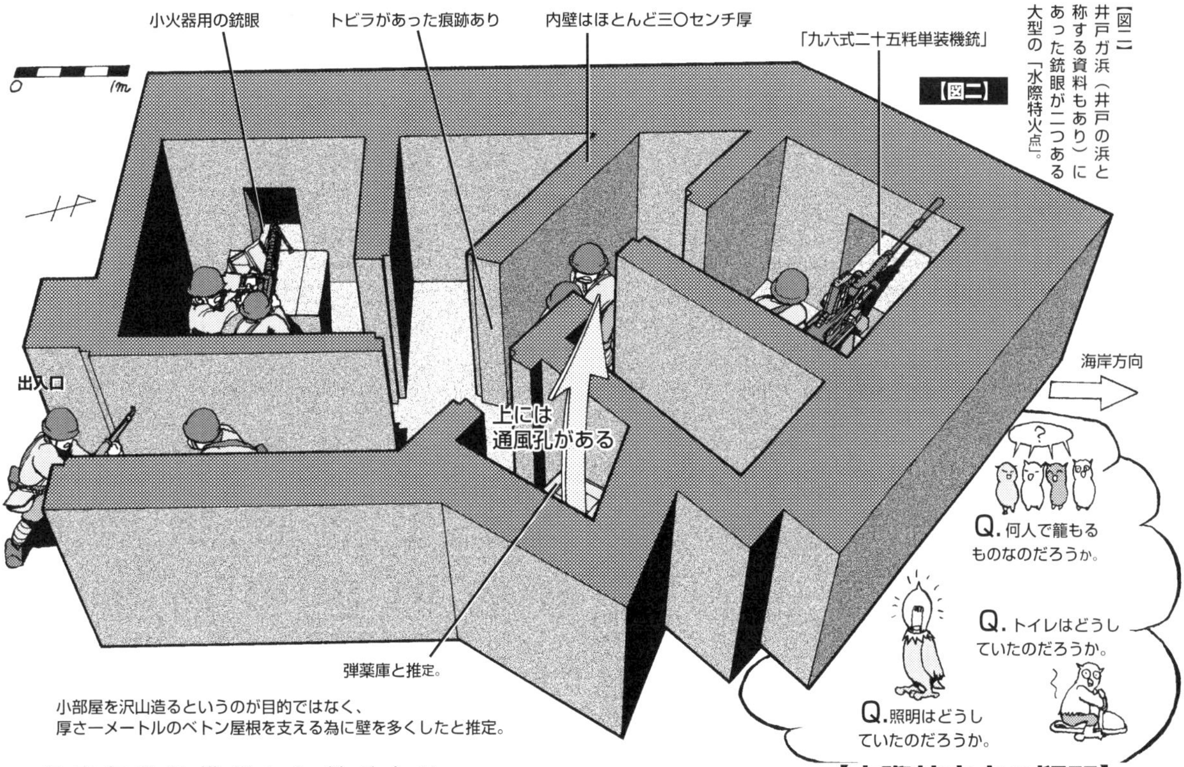

小火器用の銃眼
トビラがあった痕跡あり
内壁はほとんど三〇センチ厚
「九六式二十五粍単装機銃」
【図二】
0 1m
出入口
上には
通風孔がある
海岸方向
弾薬庫と推定。
小部屋を沢山造るというのが目的ではなく、
厚さ一メートルのベトン屋根を支える為に壁を多くしたと推定。
?
Q.何人で籠もるものなのだろうか。
Q.トイレはどうしていたのだろうか。
Q.照明はどうしていたのだろうか。

【図二】井戸ガ浜（井戸の浜と称する資料もあり）にあった銃眼が二つある大型の「水際特火点」。

【水際特火点の疑問】

右の写真を見て戴きたい。南海岸に今も残る「水際特火点」の外壁だが上に行くほどベトンに交ぜる疎石の質が悪くなり大きくなっていく様が良く判ると思う。米軍上陸に間に合わせるための突貫作業に欠乏しそうになるベトンの量を水増しさせようとする苦労が見て取れるではないか。…苦労して構築したこれら「水際特火点」の多くは上陸初日までの猛烈なる艦砲射撃で殆どが破壊されてしまったが、これら無人の「水際特火点」達が甘んじて被害担当することにより他施設への着弾を緩和できたと考えたい。

スゴい、スゴ過ぎるッ
生々し過ぎるッ
この島の戦後はまだ…
来てはいいな…
誰かッ …アレ、何だお前か。
もう来たのか
ゑ
一級河川
三途の川

萌えの自動消火装置

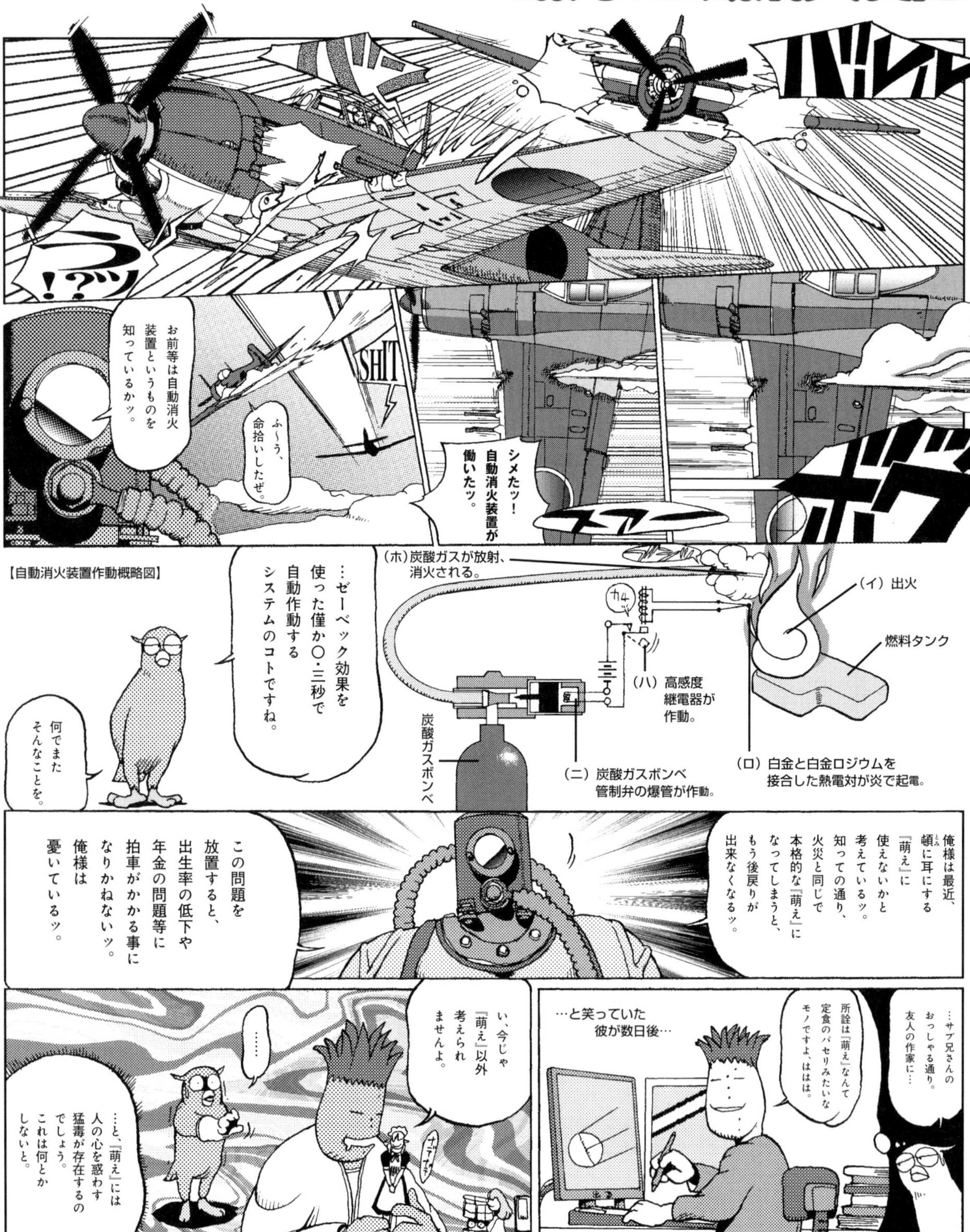
うッ!?
SHIT
シメたッ!
自動消火装置が
働いたッ。
ふ～う、
命拾いしたぜ。
お前等は自動消火装置というものを知っているかッ。
【自動消火装置作動概略図】
(ホ)炭酸ガスが放射、消火される。
(イ)出火
燃料タンク
(ハ)高感度継電器が作動。
(ロ)白金と白金ロジウムを接合した熱電対が炎で起電。
(ニ)炭酸ガスボンベ管制弁の爆管が作動。
炭酸ガスボンベ
…ゼーベック効果を使った僅か〇・三秒で自動作動するシステムのコトですね。
何でまたそんなことを。
俺様は最近、頓《とん》に耳にする『萌え』に使えないかと考えているッ。知っての通り、火災と同じで本格的な『萌え』になってしまうと、もう後戻りが出来なくなるッ。
この問題を放置すると、出生率の低下や年金の問題等に拍車がかかる事になりかねないッ。俺様は憂いているッ。
…サブ兄さんのおっしゃる通り。友人の作家に…
所詮は『萌え』なんて定食のパセリみたいなモノですよ、ははは。
…と笑っていた彼が数日後…
い、今じゃ『萌え』以外考えられませんよ。
……
…と、『萌え』には人の心を惑わす猛毒が存在するのでしょう。これは何とかしないと。

そこでだッ。イカロス出版技術部が苦心して開発した『萌え』を感知すると起電する金属、
サッ
「モエニウム」を使って『萌え』の初期消火を目的とした自動消火装置を作るッ。
…で、『萌え』を感知すると、どーなるのかなあ。
ギッ
ウムッ 良いトコロに気付いたなッ、マリンくんッ。
マイルドな『萌え』にするガスを吸入させる予定だが、まだ完成していないので今日は炭酸ガスで代用するッ。
炭酸
ウウッ。
吸入はそのガスが完成してからにしてください！
では既に完成している『萌え』強化火焔放射器をお見舞いだッ。
高圧萌え
萌えッ!?
こッこれは!?
たッ助けて！チハ兄さんッ。
萌えからッ
触手
うでだッ
俺様も楽しそうなので『萌え』に参加することにするッ。
スチャッ
チナミにこれは腐女子装備（眼鏡とスーツ）だッ。

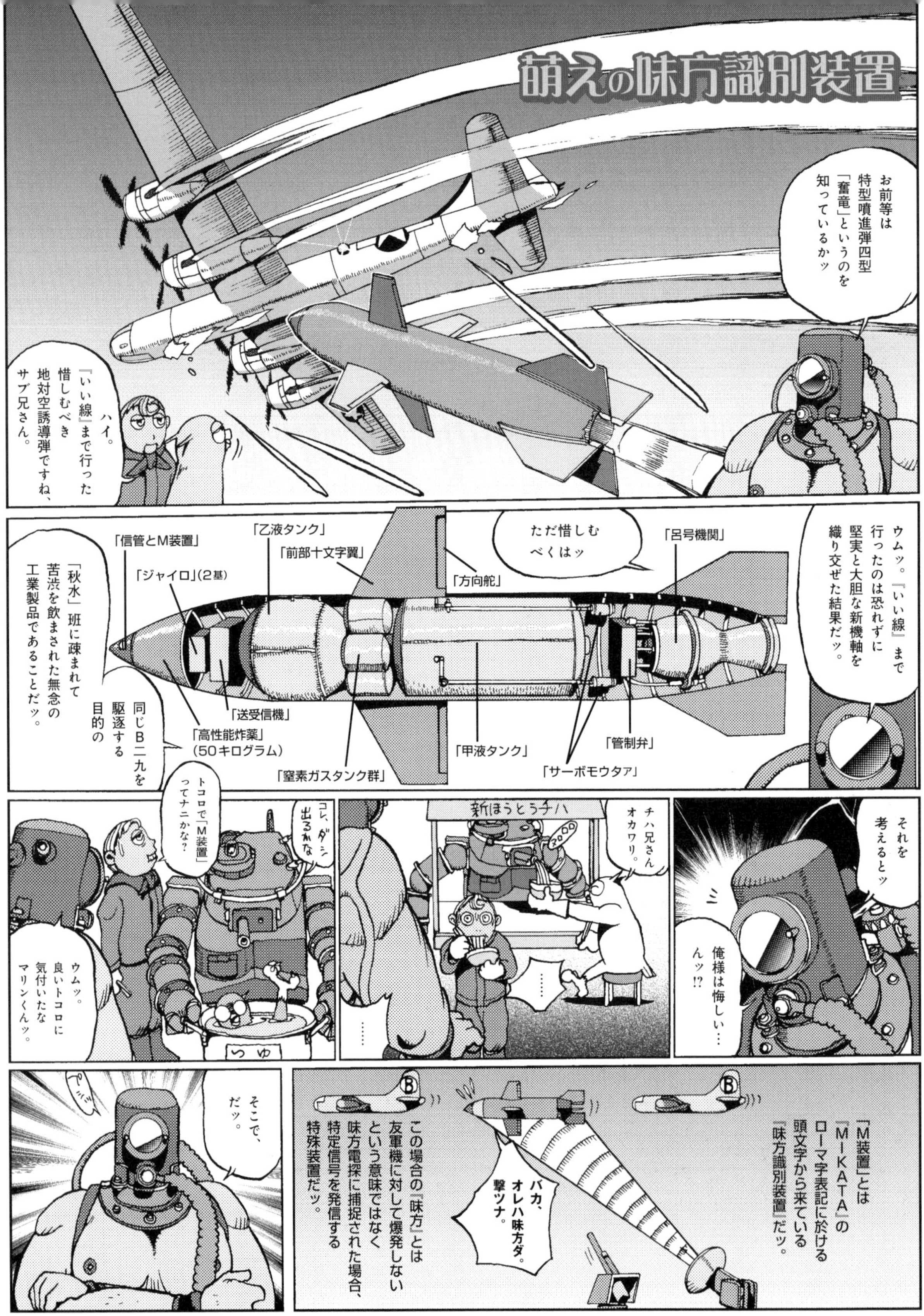
萌えの味方識別装置
お前等は特型噴進弾四型「奮竜」というのを知っているかッ
ハイ。『いい線』まで行った惜しむべき地対空誘導弾ですね、サブ兄さん。
ウムッ。『いい線』まで行ったのは恐れずに堅実と大胆な新機軸を織り交ぜた結果だッ。
ただ惜しむべくはッ
同じB二九を駆逐する目的の
「秋水」班に疎まれて苦渋を飲まされた無念の工業製品であることだッ。
「呂号機関」
「方向舵」
「前部十文字翼」
「乙液タンク」
「信管とM装置」
「ジャイロ」(2基)
「送受信機」
「高性能炸薬」(50キログラム)
「窒素ガスタンク群」
「甲液タンク」
「サーボモウタァ」
「管制弁」
それを考えるとッ
俺様は悔しい……
んッ!?
新ほうとうチハ
チハ兄さんオカワリ。
……
……
コレ、ダシ出るかな
トコロで「M装置」ってナニかな?
ウムッ。良いトコロに気付いたなマリンくんッ。
つゆ
「M装置」とは『MIKATA』のローマ字表記に於ける頭文字から来ている『味方識別装置』だッ。
バカ、オレハ味方ダ。撃ツナ。
この場合の『味方』とは友軍機に対して爆発しないという意味ではなく味方電探に捕捉された場合、特定信号を発信する特殊装置だッ。
そこで、だッ。

本書では この「M装置」を 改良しッ
『MOE』(萌え)を 感知すると 敵か味方かを識別する 「改M装置」を作ったッ。これから テストをするッ。
そこで マリンくんッ。これとこれを 身に付け 口にしてッ
このセリフを 口にして 欲しいッ。
タタッッ
いッ いやあッ
ガシャガシャ
いや ああん、転校初日から 遅刻ぅ
いやああん、転校初日から 遅刻ぅ
…
よしッ 予定通り来たなッ、
あとは決め台詞を 口にしつつ、この辻で激突し、「改M装置」が 作動すれば 完璧だッ。
それッ 遅刻ッ (決め台詞《ぜりふ》)
ハッ
…
パン
うう、マリンくん、大丈…
パカッ♥
あッ!
ウムッ。こちらは 無駄に なったなッ。
教室オープン セット。

しめたッ
目標は現在
燃料補給中
だッ。目標、
零時。距離、
至近。
了解。
目標、燃料
補給中の
歩兵支援用…
歩兵支援用アニキ、
「チハ兄さん」
撃てッ
ドタ
あれッ
ザゥザゥ
ドクァ…ッ
ゾラゾラ
貴様等、
悪戯が過ぎた
ようだなッ
ググ、
戦艦は自らの主砲に
堪えるよう
設計がしてある
ものですが…
ググ、チハ砲の
「九七式五糎七戦車砲」は
チハ兄さんに
抗堪出来るか試して
みたくなってしま…
ブラリ
!?
…気付いた
ようだなッ

……
……
は、配線が同じなので…つい。
蹂躙ッ!
ぎゃあ
ドドッ
散兵やチハ兄さんには絶大な威力を発揮する「九七式五糎七戦車砲」も対戦車戦には全く用をなさないッ。
どくどく
「九七式五糎七戦車砲」
砲身
引鉄
眼鏡
頬当板
肩当被
「一式四十七粍戦車砲」
次に開発された「一式四十七粍戦車砲」も海外戦車の装甲に一歩後れを取っているッ。
そこで注目されたのが同盟国独逸からもたらされた技術で開発した「穿甲榴弾《せんこうりゅうだん》」だッ。
信管
炸薬
空間
「タ弾」とも呼称するぞ。
「穿甲榴弾」は変った性質があるッ。高初速弾だと威力が下がるッ。口径も大きい方が効果もデカイッ。そこで再び「九七式五糎七戦車砲」が脚光を浴びることになったッ。
この新型砲弾が量産、各車に行き渡るまでの時間を稼ぐ為ッ、味方の反撃態勢を整える為ッ、チハ車達は車体の前面に爆薬を付けッ
車体より1メートル程の支柱架先に20キロ炸薬を装着。
見通しの悪い峠道等で敵戦車に体当たり攻撃を仕掛けたッ。
ちぇすとぉ!!
ガー
比島ではホントに実施されたぞ
このようになッ。
ドドド
ばくだん
ばくだん
蹂躙ッ!
……

独逸式マムシ

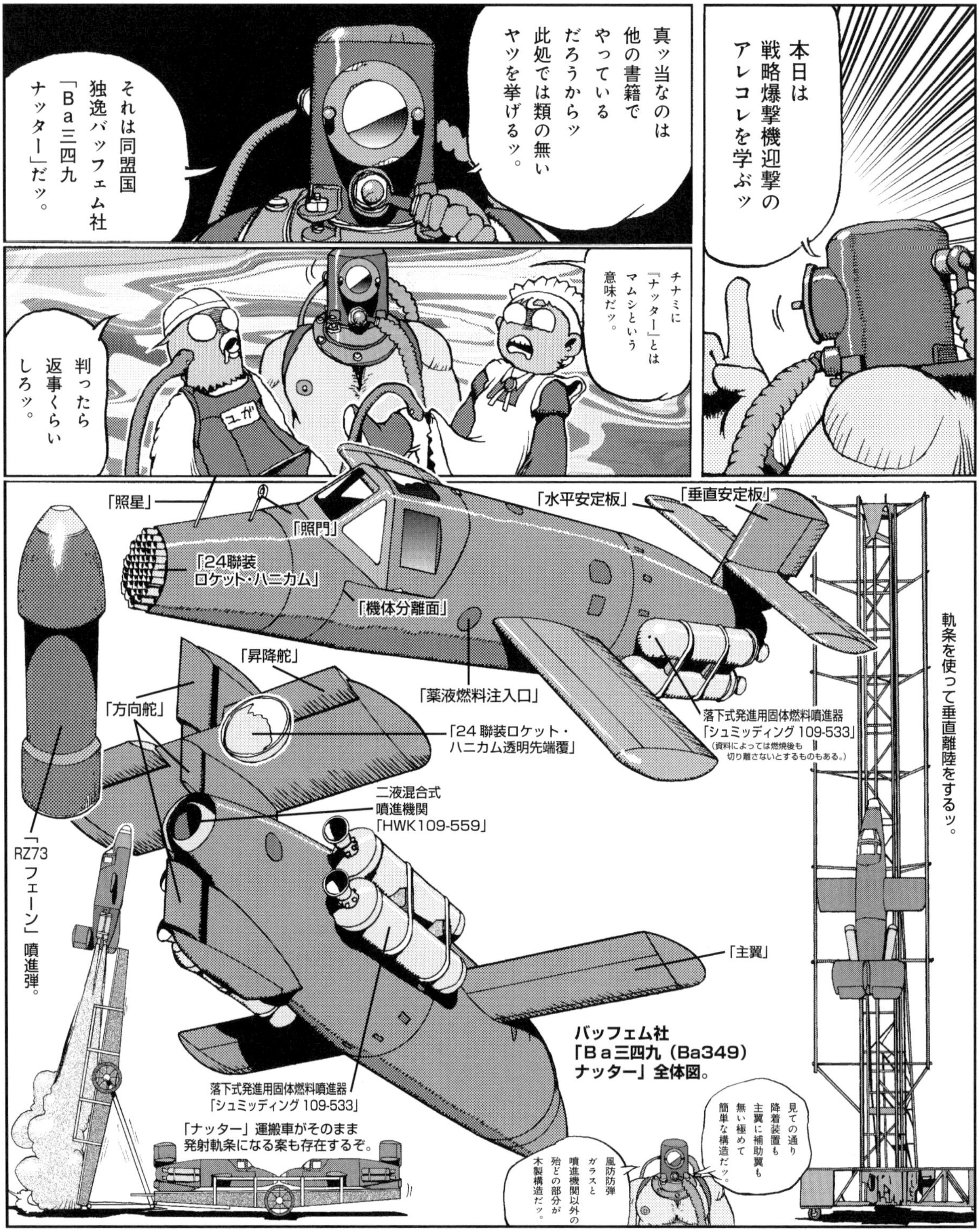
本日は戦略爆撃機迎撃のアレコレを学ぶッ
真ッ当なのは他の書籍でやっているだろうからッ此処では類の無いヤツを挙げるッ。
それは同盟国独逸バッフェム社「Ba三四九ナッター」だッ。
チナミに『ナッター』とはマムシという意味だッ。
判ったら返事くらいしろッ。
ユが
軌条を使って垂直離陸をするッ。
「水平安定板」
「垂直安定板」
「照星」
「照門」
「24聯装ロケット・ハニカム」
「機体分離面」
「薬液燃料注入口」
落下式発進用固体燃料噴進器「シュミッディング 109-533」（資料によっては燃焼後も切り離さないとするものもある。）
「昇降舵」
「方向舵」
「24 聯装ロケット・ハニカム透明先端覆」
二液混合式噴進機関「HWK109-559」
RZ73「フェーン」噴進弾。
「主翼」
バッフェム社「Ｂａ三四九（Ba349）ナッター」全体図。
落下式発進用固体燃料噴進器「シュミッディング 109-533」
「ナッター」運搬車がそのまま発射軌条になる案も存在するぞ。
見ての通り降着装置も主翼に補助翼も無い極めて簡単な構造だッ。
風防防弾ガラスと噴進機関以外の殆どの部分が木製構造だッ。

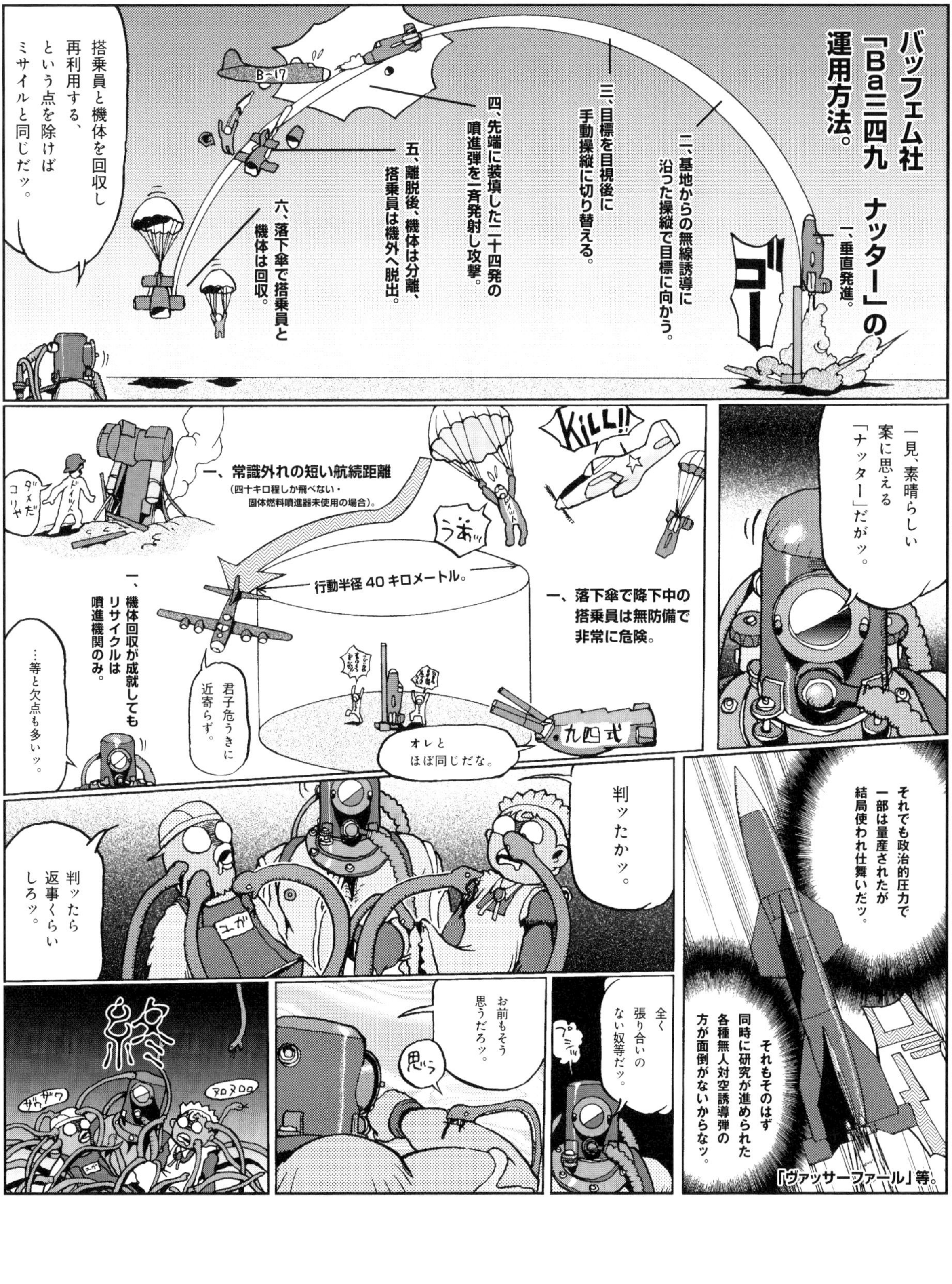

バッフェム社「Ba三四九 ナッター」の運用方法。
一、垂直発進。
ゴー
二、基地からの無線誘導に沿った操縦で目標に向かう。
三、目標を目視後に手動操縦に切り替える。
四、先端に装填した二十四発の噴進弾を一斉発射し攻撃。
五、離脱後、機体は分離、搭乗員は機外へ脱出。
六、落下傘で搭乗員と機体は回収。
B-17
搭乗員と機体を回収し再利用する、という点を除けばミサイルと同じだッ。
一見、素晴らしい案に思える「ナッター」だがッ。
KiLL!!
うあッ
一、常識外れの短い航続距離
（四十キロ程しか飛べない・固体燃料噴進器未使用の場合）。
ダメだコリャ
行動半径 40 キロメートル。
一、落下傘で降下中の搭乗員は無防備で非常に危険。
一、機体回収が成就してもリサイクルは噴進機関のみ。
君子危うきに近寄らず。
九四式
オレとほぼ同じだな。
…等と欠点も多いッ。
それでも政治的圧力で一部は量産されたが結局使われ仕舞いだッ。
判ッたかッ。
判ッたら返事くらいしろッ。
それもそのはず同時に研究が進められた各種無人対空誘導弾の方が面倒がないからなッ。
「ヴァッサーファール」等。
全く張り合いのない奴等だッ。
お前もそう思うだろッ。
思ぅ
ザワザワ

あとがき

　事の顛末はこうだ。令和に入った年の秋、イカロス出版御中へ出頭要請があり、その時に『まけた側の良兵器集』の改訂版の出版を打診された。担当であるA編集長は『旧版が絶版となっているため需要はあるだろうし、改訂版だから早く出来るだろう』という思いがあっての打診であっただろうが、筆者としてみれば十五年前の作品も含まれる。
　様々な理由でどうしても描き直したい部分があるという思いがあったが、筆者を拾い育ててくれたイカロス出版御中とA編集長の下知には逆らえない。『簡単ではないだろうが難しいものでもないだろう』という思いもあった。しかし実際に本作を手掛け思い知ったのは『色々大変』という思いだ。
　それをここでぶちまけようと思う。加えて『改訂版』に到る段階で色々と決断することがあった。『旧版』を御持ちという奇特な方は少ないと思うが『旧版』には『地の潜水艦』と『狙撃した銃』、そして「桜花」と「回天」図説が入っていたが、これらは全て収録から外した。
　地対空誘導弾「奮竜」が登場する『地の潜水艦』と『狙撃した銃』二作品は続編を描こうと思っているので、続編発表時に本作を入れようという思いと、「桜花」と「回天」は当時に慌てて描いたものだし、コミックパートが無いということで収録をしなかった。
　では個々の作品について述べて行こうと思う。何分冒頭でも述べたとおり旧版は十一年前の発行だ。記憶も薄れてきていること、まずは断っておく。

【特二式のカミひとえ】

平成十八年（二〇〇六年）八月作品＋
令和二年に図説部分描き下ろし

　本作は筆者がライフワークにしている自費出版誌を単行本に収録したものだ。本作は非常に多くの想い出がある。
　他誌でもこの辺の経緯は記したので簡単に述べるに留めたいが、本作発表後に日本戦車を研究する集まりに参加を許され、その集まりでオルモック逆上陸作戦の御遺族と邂逅出来た。その折りに本作を見せたところ、大変に喜ばれ在庫の全てをその御遺族に提供した。
　その十数年後に公開された人気アニメーション映画『ガールズ&パンツァー 最終章』に「特二式内火艇 カミ」が登場するということで、制作スタジオ御中の門を潜ることが許された。
　制作スタッフ各位は…本作『特二式のカミひとえ』をコミックパートも図説パートも非常に読み込まれており、申し訳ない気持ちと嬉しい気持ちが入り交じった複雑な思いの時間だった。『申し訳ない気持ち』というのは、今とは異なるスタンスで作画していた件に対してだ。
　現在は曲線や円弧は専用の定規を当て描くスタンスが定着となったのだが、当時はこれを嫌い『定規を当てた線は死んでいる』という世間で言われたコトバを妄信し、フリーハンドのヨレヨレの線で描いていたし、不明箇所は真っ黒に塗ってやり過ごしていた。…『定規を当てた線は死んでいる』という発言は何万枚も描いたプロが全て悟った上で言うセリフであり、『上手い素人』や『下手な素人』が判ったような調子で妄信するセリフではないと、やっと商業誌の仕事を戴くようになってから『悟った』のだ。
　この制作スタッフ各位との会合で『こんな凄い人達がオレの作品を読んでくれているんだ、しっかりしたモノを描かなければダメだ』と思い直し、近々にどんな形であれ、「カミ」は今の技量と考証で描き直そうと決意した。この思考から本単行本前に発行した『まけた側の良兵器集Ⅳ』の描き起し作品に「カミ」を選定した。
　しかし、これは『ガールズ&パンツァー 最終章』制作陣並《ならびに》協力陣各位との間で再び催された会合時で資料提供を受ける前に描いたもので、少々不満の残るものだが、筆者の持てる情報を全て注ぎ込んだ作品に変わりはない。
　その後『ガールズ&パンツァー 最終章』制作陣各位が発行した『皆様お疲れさまでした本』にて「カミ」の内部を提供資料で描き、そして本単行本掲載の『特二式の外図』三点が筆者『こがしゅうと』にとって「カミ」の決定版セットと宣言したい（ここだけの話、下面図だけは描いていないのだこれを描いて完全版としたい）。
　『特二式のカミひとえ』には「カミ」図説パート『カミ小感』（十二ページ作品）が掲載していたが、前述の理由により手直しというレベルでは御し切れず全破棄とし、全描き直しと細部図説を加え、二十ページ作品の『特二式の外図』とした。タイトルも当初『カミ小感』としていたが全描き直し、テキストも全打ち直ししたのにタイトルだけ流用するのはカッコよくないということで改題したという経緯がある。

【一等は二番】

平成十八年八月作品＋
令和二年に図説部分描き下ろし

　「一輸」は好きなフネだ。均しく好きな「二等輸送艦」の続編として本作を描いた。その後、「一輸」は他社雑誌連載で描いたが、慌てて描いたので細部も描き切れず、加えて画数もテキストも誌面の都合で少数となり消化不良な思いであった。
　本『まけた側の良兵器集Ⅰ』が発行されると決まった時に「カミ」部分図説と「丁型甲標的」図説、そして「一輸」図説部は絶対に直すと決意していた。この三つ、描き直しが不可ということであれば持てる知恵の全てを使って発行を阻止しようとまで思っていた。
　ここまで思い詰めたのは前年に『ガールズ&パンツァー 最終章』制作陣各位と逢い、筆者の作品を熟読してくださった恩に報いたい、『変なものは描けないぞ』という思いだ。ここだけの話、「一輸」図説部は当初『手直し』でイケるのではないかと考えていた。部屋に埋もれた旧版を発掘し手にするまで少なくない割合でそう思っていた。
　しかし旧版を目にした瞬間、その淡い思いは断ち斬られた。描くに当たり資料を揃えるにつれ、『これはエライテーマを選定したぞ』と戦慄する思いに到った。『大変だった』と感じた「カミ」の図説パートを描き終えた段階だったがこれの何倍もの労力が必要だと覚悟を決め描き始めた。
　トコロが筆者はどうやら前世に途方もない悪行をしたらしく、この重要な時期に限って次々と問題が発生、作画を妨害することになった。それは『遅々として』というレベルではなく停滞に近いものになってしまった。
　それに加え「一輸」を図説するという行為はもうこれから先は無いだろう、ならば本作を「一輸」図説の決定版としようという自身に掲げた思いも遅筆を更に遅筆化させる理由となった。
　世の中、『描けなくなる理由』は沢山あると思う。使い古された『気力が沸かない』や『情熱が無くなった』という才能溢れる者が遠くを見て口にするような、カッコ良いものではなく、筆者の場合は『家電が壊れた』だ。
　家電のブッ壊れはどういう訳か連鎖するもので手始めに電気ポットが壊れ抹茶が口に出来ない自体に陥ったが、直ぐに新品を購入し切り抜けたが、次の『冷蔵庫が壊れた』は筆者の精神を陥れるには十分なものであった。
　「一輸」の描き直しを手掛ける頃から冷蔵庫から冷蔵している食料品の匂いがするようになり、冷やした筈の食材が妙に温いという状態に到り、やがて室温と大差ない温度になってしまった。
　筆者は生まれたときから冷蔵庫が有る生活だ。筆者より一回り上の世代だと冷蔵庫は産まれた時には無かったというハナシを聞いたが、まさか筆者に、そして令和の時代にこれを経験することになろうとは！ 加えて…世間ではこのコロナ禍で外出出来ない生活だ。『何故、この時期に冷蔵庫が壊れるかね!?』と思わず恨み言を口にした。
　元から閉所愛好家で引き篭り生活なので外出出来ない生活は全く苦ではなかったが、食べるものが無いというものは…心底、精神を消沈させるものだと痛感した。具体的に記すとパンケーキ一つ作るにも卵と牛乳が必要だ。しかし冷蔵庫が無いと買い込んだ食材はすべて短時間で食い切らないとダメだ。しかし多忙故に買物にも行けない。加えて外出自粛だ。単なる電気を消費する白い筐《はこ》は買い込んだ冷凍食品の保冷で辛うじて冷えているだけだったが、五日も経過すると冷凍庫ですら室温近くにしか冷えなくなってしまった。
　しかたなく遠き昔に買い込んだ賞味期限が遠に過ぎた保存食などを食べ、「一輸」の作画に挑んでいた。缶詰めなどは二年くらい過ぎたのでも食べられると知人は得意顔で述べていたが、筆者は同じく二年過ぎたパック赤飯を食べたが…これは切ない位に旨かった。
　赤飯万歳！ という話ではなく、いよいよこれは冷蔵庫を買うしか脱する手段はないと思い立ち家電店に駆け込んだが、コロナ禍で冷蔵庫の在庫を探す人も運ぶ人も確保出来ないと言われ、背中を丸めて逃げ帰ろうとしたが、帰宅したらA編集長からの『早くしろ』との御叱りの電話やメールが待っている。
　『オマエは早く描く為にここに来たのだろう』と思い直し縋《すが》る思いで店員さんに訴え、一週間待つ事になったが、待望の冷蔵庫が来た。運搬業者各位はこの緊急事態宣言下にも関わらず見事当家に輸送してくれた。各位を抱きしめたかったが密接を避けよとの御達しがある中で仕方なく新着の冷蔵庫を抱きしめた。ひんやりとしていた。五月の話だ。
　その後、緊急事態宣言も解除され作画も徐々に進んできたが、「一輸」の檣が円管ではなく山形鋼であると判明し下描きをやり直したり、山形鋼の向きなどを考えたりして中々加速度的に進捗しない日々が続いた。当初『まけた側の良兵器集Ⅰ』の発行は六月ということであったが現段階でまだペン入れに部分的に入ったという遅筆ぶりであり、日々、状況を伺う連絡に頭が爆発しそうな思いになってしまった。
　冷静になって当時を振り返ると、このコロナ禍で出版界は壊滅的な売上げとなり、縮小撤退が基本方針になっている中に、筆者の単行本を発行することに日々拍車を掛ける催促の伺いがあるということは、相応に『戦力』として見てくれているという有り難い証であるということなのだが…当時の筆者は振る賽子《サイコロ》の目が必ず悪い目であり、三竦《さんすく》みみたいな状態であった故に真っ当な判断が出来ない状態であった。

加えて筆者が『生きている』と実感する空間の同人誌即売会イベントも軒並み中止となった事も筆者をダメな方向に合力させた。それでも長い隧道《すいどう》を彫刻刀で掘り進めるような作画も完了し、愛用のMacに取り込んだら今度はこのMacが途中でブツンと勝手にシャットアウトする謎現象が日に最低二度は起きた。

それは走っているときに突然、首根っこを掴まれ道路に押し付けられるような感じであり、そのタイミングも作業が宴もタケナワな時にこれが起きるのだ。

怒るのも疲れ『重なる時は重なるもんだ』と悟りの境地を垣間見るようになり段々と平常心を取り戻すようになった。取り込んだ線画を見つつテキストを打ち始めたが、作画で苦労した分、その思いは停まることがなくどんどんと増え、約三万字という膨大なものになってしまった。

当初「一輸」の図説パートは十八ページを想定し、それに合わせた作画であったが、テキストの分量が予定ページに収容出来ない事態に際してA編集長が決断したのは、「一式陸攻」や「白菊」で描き足す分のページを「一輸」のテキストに充てるという苦渋の決断であった。

気付けば「一輸」は二十四ページ作品となり、作中で文字だけのパートが続くのはこういう理由からだ。A編集長が筆者の作品と作画を愛していなかったら、こんな面倒なことはしていないだろう。チクチクと描いた「一輸」カットはさっさとハガキ大サイズ以下に縮小し所定ページに納めていたに違いない。筆者も編集各位もそしてイカロス出版御中という出版社も含めて七転八倒を味わせ味わった本作だ。だが「一輸」の決定版という思いは遂げられたと思う。

こんな思いがあり、『一等は二番』図説パートである『一等全画』というタイトルも破棄、新たに銘々となった。本『まけた側の良兵器集Ⅰ』の労力の七割くらいが本作の描き直しであったと思う。

【白菊で一番だ】

平成十八年十二月作品

本作の図説パート、これは正直描き直したかったが、「カミ」や「一輸」で時間の殆どを使ってしまったので旧版のままとなったこと、ここにお詫びしたい。せめて背面図だけは描き起そうと下描きまでしたが、前述の理由により破棄した。本作は続編を描こうとして長年放置している作品のひとつだ。再開の折りこそ今の技量で描き直す!

【特潜の使われ方】

平成十九年（二〇〇七年）八月作品＋令和二年に一部カット描き下ろし

本作の図説パートである『的の画記』は半分程描き直した。しかし時間的制約と下記の理由により意図的に残したカットもある、筆者の様々な思いが入ったパートだ。

本作も想い出深い作品だ。本作発行前より元「甲標的」関係者らが戦後集った『特潜会』に筆者も参加が許され、色々な知恵を得始めた頃の自費出版誌作品だ。

『特潜会』は一度解散したが、筆者が顔を出すところにまた集い始めた経緯があった。その中で知りあった代表のU氏、会員のY氏、そして資料編纂で尽力したK氏、御三方には大変に可愛がってもらった。Y氏は「甲標的」搭乗員だったことに高いプライドを持っていた。加えて尊父が絵師だったこともあり、御自身の御子息よりも年下の筆者にライバル心を持たれていた。

掲載作品の『的の画記』オープニングの「丁型」カットだが、これはY氏に宛てた年賀状カットで元はカラー画だ。程なくしてY氏から『アレはどうやって描いたのか!?』と詰問に近い電話があり、筆者は『ペン画で描いたあとにパソコンで着色したものです』と返答した。

すると程なくしてY氏より『ノートパソコンを買った！　これでコガくんと対等だな』と何とも挑戦的な電話があり、当時の筆者は『勝ち気な人だなあ』と思っていたが多分、Y氏なりの愛情の示し方だったんだな、と思え…もっと甘えておけばよかったと心底後悔している。

というのもY氏は直後、体調を崩し入院、そしてそのまま鬼籍に入られてしまった。葬儀後に仏前に合掌すべく伺ったのだが、勝ち気なY氏は病床でノートパソコンを目の前にしても手を出すことが出来なかった程に病状が重かったとのことだ。泣けた。心底泣いた。

『的の画記』のオープニング画は正直、形状把握が甘い。今ならもっとキチンとしたのが描ける自信がある。だが、このカットを差し替えてしまうとY氏との想い出が消されてしまう気持ちになる。故に敢てそのままの掲載とし、タイトルもそのままにした。そう遠くない先に筆者も三途の川を渡河するだろう。その時に冥界でパソコン使って凄い作家さんになっているY氏と逢うのが楽しみだ。

【比叡編】

平成十七年（二〇〇五年）十月作品

方位盤を題材にした作品が掲載されているが、当時、筆者と御付合いしていた女性が仕事で偶々《たまたま》接した大手光学メーカー技術者から聞いた話を本作に絡めた経緯がある。この頃、開館した呉の『大和ミュージアム』に行き、余りの凄さに筆者は茹で上がってしまった。その茹で上がってしまった頭は歯止めが利かず、同館のお偉方に掲載作品のシミュレーターを作ってくれと真剣に提案し絶句させてしまった経緯も思い出した。恥ずかしい。でも作って欲しい。

【雲龍編】

平成二十年（二〇〇八年）一月作品

この作品の見開き作品で少々詰め込み過ぎ感が出てしまった。商業誌作品というのは読みやすくなければならないという基本概念を完全に忘れていたように思う。だから大変に見辛い作品で申し訳ない限りだ。「雲龍」型は嫌いなフネではない。それの愛情が『詰込む』という悪癖になってしまったのは反省する次第だ。

【高雄編】

平成十九年四月作品

本作は思い入れがある。本作を発表したあと、他社担当氏から連絡があり『ウチで描かないか』と連絡があった。曰く本作の全体像を見ての仕事依頼だった。お陰様でこの他誌の連載も今も続く長期連載になった。有り難いことだ。余り他誌のことを書くと本誌A編集長から遠回しや直接的に嫌味を戴くことになるのでこれくらいにしておく。「高雄」型が嫌いな人はこの世に居ないと思う(※)。今の技量で舐めるようにもう一度描きたいと思う。

【雪風編】

平成十八年七月作品

この頃も解像度は三五〇dpiだ。だが、描く大きさは大分慣れてきたように思え筆者の悪癖たる『狭いところに沢山押込む』というのが出てきてしまった。筆者は駆逐艦という艦種が大好物だ。だがそれを前面に出すのをまだ当時は恥ずかしかったのだろう、水雷装備に逃げたのが感じられ何とも嘴《くちばし》が黄色く感じられる。

【ドイッチュラント編】

平成十七年七月作品

本誌掲載作品で『ミリタリー・クラシックス』誌掲載作品で最も古い作品となる。何でこんな回りくどい言い方をしたかは文末を御覧になっていただきたい。

本艦作品は筆者が好き勝手に描いた作品のデビュー作とも言える。読み返してみると今ならもっと小図を大きく描き、本誌編集デザイナー各位に気を吐いてもらうのだが、当時はそんな『知恵』など無く、この見開き画を一枚絵でチクチク描いた記憶がある。この頃から作品はデジタル仕上げ・デジタル提出となっており、解像度は三五〇dpiとしていたので拡大するとよりザラザラ感が目立つだろう。

もう十五年以上前の話なので記憶が曖昧なのだが、厳密には日本海海戦の旗艦「三笠」が初の左右ページぶち抜き初作品だったように記憶しているのだが…本作自体も、そしていつ描いたかの記録も無いのだ。本作よりも更に古くなる。見つけずに記憶だけに留めておくのが『吉』だな。

【シャルンホルスト編】

平成十八年四月作品

「ドイッチュラント」に引き続いて独軍艦艇の第二弾だ。「ドイッチュラント」時かは失念したが、本誌『ミリタリー・クラシックス』誌の別特集が艦爆「彗星」だった。筆者はこの機材を心底愛していたが、まだイカロス出版御中の門を潜って日も浅いので、『ボク、スイセイカキタイデス♡』とは言えなかった。きっと神様が『オマエには「彗星」はまだ早い』ということだろうと思うようにした記憶がある。今作も見開きで小図も含めた一枚画でチクチク描いた。だからとても小さい。デザイナー様の手腕を借りるという技法を知らないが故の無知の所業だ。当時と今では多少は賢くなっているのだなあ…と微かに思う。

【二式水上戦闘機・強風・水際特火点見学編】

平成十八年九月作品

本作は『ミリタリー・クラシックス』誌第十五號に掲載された作品だ。同號は水上機特集と硫黄島特集二本立ての両方に描くということをやってしまった。どれかに集中した作品を描くべきなのに…と今なら思う。当時の筆者は欲張りだったのだなあ。「強風」は今描き直したいと思う。本作を描く前に「強風」搭乗員と逢い、話を聞いていたのだ。何故、それを描かなかったのかと当時の筆者を問い詰め叱りたい。

筆者は過去何度か心霊体験をしたことがある。それの大部分は自宅周辺だったが、遠く離れた硫黄島でも経験した。本作に描いた『誰何《すいか》と勝鬨《かちどき》』とは違う事を同島で複数回体験した。恐怖心は全く無く、ただ悲しかった。この体験も、そして硫黄島の戦いも筆者が生きている間に必ず描きたいと思っている。

【一式陸上攻撃機編】

平成十九年十月作品

「一式陸攻」を描くと「桜花」が描きたくなるという『病』は本作から発症していた

（※）編集部のOは「高雄」型は艦橋が大きすぎて嫌いだと言ってました。

のかと改めて思う。後期型「一式陸攻」は筆者の大好物だ。内情を記すと、本改訂版を発行する段階で今の技量で本機材は描き足す予定であり、下描きまで済ませていた。しかし「一輸」で述べた理由により、これは叶わなかった。「一式陸攻」は人気の有る機材だ。また『ミリタリークラシックス』誌でそう遠くない未来で特集されるだろう。そのときまでに筆者の作家生命が続いている間なら描いてみたいと思う。

【飛燕編】
平成十九年一月作品

この頃のA編集長はとても優しく、年末に開催される大イベントに作品集を発表する筆者を『描けないでしょう、従いまして今回は二ページで』と気遣ってくださった結果、見開きのみとなっている。『フラットウッズモンスター』（通称・三メートルの宇宙人）が描けたから良しとしよう。

【一〇〇式司偵編】
平成十九年七月作品

前半に載った『特潜の使われ方』と本作は繋がっている。掲載順は逆となったが描いた順はこちらの方が先だった。「新司偵」を『ミリタリー・クラシックス』誌で描き、その姿に『斬られた』故に『特潜の使われ方』で描いたという感じだ。「新司偵」は魚のように美しい。今の技量で描き直したいとも思う。

【九七式中戦車チハ編】
平成十八年一月作品

本作も大きな想い出がある。靖国神社に隣接する『遊就館』に展示してある「九七式中戦車」の取材をするというミリタリー・クラシックス編集部に加えてもらったのだ。取材章を腕に巻き柵の内側に入ったことは今でも鮮明に思い出す。平成十七年の事だ。あれから十五年。同施設の「九七式中戦車」は有志の手によって少しずつだが着実に往年の姿を取り戻しつつある。この取材後に本車輌を日本に持ち帰ることに御尽力なさった下田四郎氏と逢うことが叶ったのも文字通り縁だろう。

【萌えの自動消火装置編】
平成十九年六月作品

本作は『MC☆あくしず』で初めて描いたコミック作品だ（厳密には同年前回號で「翔鶴」型空母のカラー画を描いたのが初だが、本単行本未収録なので割愛）。『MC☆あくしず』とは『ミリタリー・クラシックス』誌の増刊的な雑誌であったが、『萌え』成分を抽出した濃い雑誌で、創刊と共に熱狂的ファンが多数付き、今や本家『ミリタリー・クラシックス』を越える勢力となった。

そんな『萌え』全開な雑誌に筆者のような明らかに『逆萌え』な作品が掲載されることに一抹の不安と言い知れぬ公開処刑感があり、A編集長にその意図を訊いた。曰く『総じて甘いケーキばかり食べていると不意に塩分の利いた漬物が食べたくなるでしょう、それがア・ナ・タの作品♡』。…褒められたと取っておくことにした。本作で数コマ「紫電改」を描いた。

【萌えの味方識別装置編】
平成十九年九月作品

本作も『MC☆あくしず』掲載作品だ。何故、「奮竜」を選定したか全く思い出せない。ただ、物凄い悪乗りして描いた記憶だけはある。…本単行本の元になった旧版に収録されていた『地の潜水艦』で「奮竜」を描いたのでその勢いで描いたのかもしれない。

【チハ砲編】
平成二十年三月作品

本作も『MC☆あくしず』掲載作品だ。本誌特集が「九七式中戦車」だったので筆者もそれに助力したという感じだったように記憶している。歩兵支援用アニキ『チハ兄さん』が主役になった初のハナシだ。この頃『チハ兄さん』のデザインを決めかねていた。今とはかなり形状が異なっている。正直、今の技量で描き直したかった。

【独逸式マムシ編】
平成二十年六月作品

本作も『MC☆あくしず』掲載作品だ。

昭和の時代、筆者が小学生だった頃に、両親に頼み込んで独軍の秘密兵器が掲載された本を買ってもらった。その中に「Ba三四九ナッター」が紹介してあった。その本には「ナッター」ではなく「ナッテル」とあったので本作を描くまで筆者はずっと「ナッテル」と口語していた。この差は独語／英語発音の差だとのことだ。

それはともかく「Ba三四九」は小学生だった筆者の心を鷲掴みした。この頃の日記には「桜花」と「Ba三四九」、「甲標的」を描いていた。こんなガキがカラダだけ成人すると筆者のようなニンゲンになるというアカシだ。『アンデルセン物語』とか『泣いた赤鬼』を読ませる重要性が今になって判る。小学生だった頃の筆者に言ってやりたい。『商業誌で描いたぞ！』と。

【あとがきのあとがき】

莫大なあとがきになってしまいましたがこれでメです。古い作品を打ち直した本作を御手にしてくださった奇特な貴兄貴女等に深く御礼申し上げます。そして本誌の莫大な分量のテキストを漏れなくレイアウトしてくださったデザイナーの御園さま、常に叱咤激励を旨とする浅井編集長さま、この緊急事態下でも本作を発行する決断をしたイカロス出版御中、そして深夜でもトーンを貼ってくれた満月亭さかな氏ら各位に深く御礼申し上げます！

『ありがとうございました。』

まけた側の良兵器集Ⅰ

まけたがわのりょうへいきしゅうⅠ

完全改訂版

2020年9月30日発行

著者――こがしゅうと

装丁、本文DTP――御園ありさ（イカロス出版制作室）
発行人――塩谷茂代
編集――浅井太輔
発行所――イカロス出版株式会社
〒162-8616東京都新宿区市谷本村町2-3
[電話] 販売部 03-3267-2766
編集部 03-3267-2868
[URL] https://www.ikaros.jp/
印刷所――図書印刷株式会社
Printed in Japan